# Entwurf integrierter 3D-Systeme der Elektronik

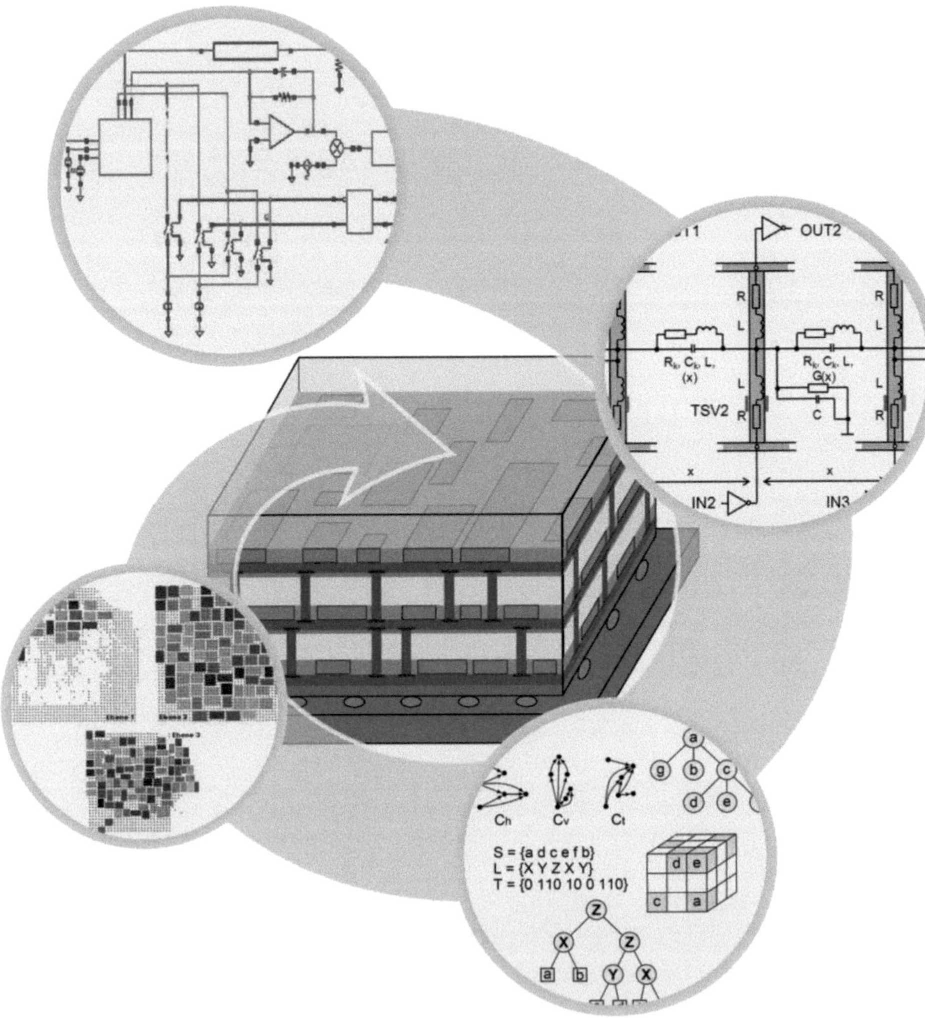
OUT2
TSV2
IN2
IN3
Ch
Cv
Ct
S = {a d c e f b}
L = {X Y Z X Y}
T = {0 110 10 0 110}

Jens Lienig · Manfred Dietrich
(Hrsg.)

# Entwurf integrierter 3D-Systeme der Elektronik

Springer Vieweg

*Herausgeber*
Jens Lienig
Institut für Feinwerktechnik und
Elektronik-Design
TU Dresden
Dresden, Deutschland

Manfred Dietrich
Fraunhofer-Institut für Integrierte Schaltungen
Institutsteil Entwurfsautomatisierung
Dresden, Deutschland

ISBN 978-3-642-30571-9 ISBN 978-3-642-30572-6 (eBook)
DOI 10.1007/978-3-642-30572-6

Die Deutsche Nationalbibliothek verzeichnet diese Publikation in der Deutschen Nationalbibliografie; detaillierte bibliografische Daten sind im Internet über http://dnb.d-nb.de abrufbar.

Springer Vieweg


Gedruckt auf säurefreiem und chlorfrei gebleichtem Papier

Springer Vieweg ist eine Marke von Springer DE. Springer DE ist Teil der Fachverlagsgruppe Springer Science+Business Media
www.springer-vieweg.de

# Vorwort

Hochintegrierte Schaltungen mit hunderten Millionen Transistoren sind die Kernstücke fast aller modernen elektronischen Geräte. Dieser bemerkenswerte Fortschritt wurde hauptsächlich durch das Verkleinern der Halbleiterstrukturen erreicht. Die Kosten für jede weitere Strukturverringerung steigen jedoch stark an. Um die Leistung zukünftiger Schaltkreise weiterhin zu erhöhen, gewinnen daher zunehmend neue Technologien und Entwurfsmethoden an Bedeutung.

Eine Möglichkeit, den Integrationsgrad von Schaltungen zu steigern, sind dreidimensionale elektronische Systeme (3D-Systeme), bei denen 3D-Integrationstechnologien es erlauben, mehrere Ebenen aktiver Bauelemente übereinander anzuordnen. Das Hinzufügen der dritten Dimension gestattet höhere Integrationsdichten, kürzere Verbindungsleitungen und den Aufbau heterogener Systeme in einer Baugruppe. Der Übergang von zweidimensionalen (2D) zu dreidimensionalen integrierten Systemen (3D) ist auch ein topologischer Wandel, womit der Entwurf dieser Systeme neu auszurichten ist.

Dieses Buch stellt die neuartigen Herausforderungen sowie aktuelle Ergebnisse beim Entwurf von 3D-Systemen vor. Diese beruhen auf Forschungen am Institut für Feinwerktechnik und Elektronik-Design der Technischen Universität Dresden und dem Fraunhofer-Institut für Integrierte Schaltungen/Institutsteil Entwurfsautomatisierung. Die Arbeiten sind zum Teil innerhalb von Förderprojekten des Bundesministeriums für Bildung und Forschung durchgeführt worden. Dies sind die BMBF-Projekte *V3DIM* und *NEEDS* und die EU-Projekte *Therminator* und *e-Brains*, in denen das Fraunhofer-Institut als Partner mitwirkt. Ebenfalls zu nennen ist hier das *Graduiertenkolleg 1401* der DFG, in dessen Rahmen viele der Arbeiten an der TU Dresden erfolgten. Wir danken den Fördergebern für die Möglichkeit, die Forschungen mit ihrer Unterstützung intensiv vorantreiben zu können.

Die Herausgeber möchten sich bei den Autoren für die geleistete Arbeit sowie für ihre wertvollen Beiträge und ihr Engagement bei der Vorbereitung des Buches herzlich bedanken. Damit ist ein Werk entstanden, das einen umfassenden Einblick in die Entwurfsmethoden für die Eroberung der dritten Dimension gibt. Dank gilt auch dem Springer-Verlag, der das schnelle Erscheinen ermöglichte. Die Herausgeber hoffen, dem Leser eine gute Hilfestellung für den Einstieg in die Welt der dreidimensionalen Systemintegration zu geben.

Jens Lienig
Technische Universität Dresden

Manfred Dietrich
Fraunhofer-Gesellschaft

# Inhaltsverzeichnis

# Teil I
# 3D-Systeme

# 1 Einführung

Jens Lienig und Manfred Dietrich

Die Mikroelektronik ist nach wie vor einer der wichtigsten Treiber von Innovationen. Die gewünschte Qualität und Funktionalität vieler Produkte wird erst durch die Anwendung von Schaltkreisen erreicht. Diese sind für viele Zweige der Industrie der Motor der technischen Entwicklung, und ihr geschickter Einsatz bildet letztlich ein Unterscheidungsmerkmal gegenüber Wettbewerbern. Technische Innovationen, wie das Mobiltelefon und die Play Station, wären ohne die Mikroelektronik undenkbar. Bereits heute lässt sich beispielsweise das Auto als rollendes Mehrprozessorsystem auffassen. Die Realisierung der Sicherheitsfunktionen rund um das Auto und die damit verbundene Senkung der Anzahl der Verkehrstoten bei ständig zunehmendem Verkehr wären ohne die Produkte der Mikroelektronik nicht möglich. Aber auch die Energietechnik, die Medizintechnik und die Automatisierungstechnik profitieren mehr und mehr von dieser Entwicklung. Intelligente elektronische Systeme, gekoppelt mit leistungselektronischen Bauelementen, helfen im Haushalt und in Produktionsanlagen, Energie zu sparen. Der Einsatz regenerativer Energieerzeuger wäre ohne diese Systeme nicht sinnvoll. Neue technische Hilfsmittel in der Medizin ermöglichen komplexere Untersuchungen und neue Therapien. Die minimalinvasive Therapeutik, die von der Kleinheit integrierter Schaltkreise profitiert, erspart dem Patienten Schmerzen und lange Krankenhausaufenthalte. Die Reihe der Aufzählungen ließe sich über die Robotik und Sensornetze beliebig fortsetzen.

Auch in der Zukunft werden neue Anwendungen neuartige Herausforderungen erzeugen. Die Miniaturisierung in der Mikroelektronik schreitet stetig voran und stellt sich damit den Anforderungen zukünftiger Systeme. War bis in das 21. Jahrhundert hinein die

---

J. Lienig (✉)
Institut für Feinwerktechnik und Elektronik-Design, Technische Universität Dresden,
Dresden, Deutschland
E-Mail: jens.lienig@tu-dresden.de

M. Dietrich
Fraunhofer-Institut für Integrierte Schaltungen, Institutsteil Entwurfsautomatisierung,
Dresden, Deutschland
E-mail: manfred.dietrich@eas.iis.fraunhofer.de

J. Lienig, M. Dietrich (Hrsg.), *Entwurf integrierter 3D-Systeme der Elektronik*,
DOI 10.1007/978-3-642-30572-6_1, © Springer-Verlag Berlin Heidelberg 2012

Mikroelektronik sehr stark von dem Moore'schen Gesetz geprägt, das aussagt, dass alle 18 Monate sich die Anzahl der Transistoren auf einem Chip verdoppelt, gewinnt in den letzten zwei Jahrzehnten ein zweiter Trend an Bedeutung: Um den Weg der Integration fortzusetzen, ist es erforderlich, ganze Systeme zu integrieren. Die Systeme, also aus einzelnen Komponenten bestehende funktionelle und konstruktive Einheiten, sind jedoch sehr heterogen aufgebaut. Die sie bildenden verschiedenen Komponenten zeichnen sich durch jeweils spezielle Anforderungen an ihre Funktionalität und anderen Eigenschaften aus. Klassischerweise bestehen solche Systeme aus

- Sensoren, welche die Messwerte aus der Umwelt aufnehmen,
- analogen Schaltungen, die die Verbindung zur digitalen Welt der Elektronik herstellen,
- Baugruppen für die digitale Signalverarbeitung und
- Bauelementen der Leistungselektronik, die letztlich Aktoren steuern, welche auf die Umwelt rückwirken.

Aufgrund der sich z. T. widersprechenden Anforderungen an die Komponenten moderner Systeme lassen sich diese nicht mehr in einem Herstellungsprozess, d. h. auf einem Chip, fertigen, da ansonsten zu viele Kompromisse hinsichtlich der Qualität der Einzelkomponenten einzugehen wären. Auch ist eine Ein-Chip-Variante viel zu teuer, die Ausbeute bei der Herstellung würde drastisch sinken und die Zuverlässigkeit der Systeme wäre nicht gewährleistet. Der Einsatz von Leiterplatten, auf denen eine Vielzahl von Einzelschaltkreisen untergebracht werden können, bildet keine Alternative, da trotz beachtlicher Fortschritte in der Leiterplattentechnik deren Größe ein oft unüberwindliches Hindernis ist.

Aus diesem Dilemma heraus wurde nach neuen Ansätzen für die Integration gesucht, die man heute unter dem Begriff „More than Moore" zusammenfasst. „More than Moore" beinhaltet neben der Integration auf dem Chip auch Verfahren zur Integration von mehreren Chips oder anderen elektronischen Bauelementen in möglichst einem Gehäuse. Diese Systemintegration kann über verschiedene Wege beschritten werden. Die einfachste und vielfach schon genutzte Technologie ist die sogenannte System-in-Package-Integration. Dabei werden mehrere Chips und eventuell passive und aktive Einzelbauelemente auf einem Interposer, einer isolierenden Zwischenschicht mit eingebetteten Leiterzügen, platziert. Diese Chips lassen sich dann mittels Leitbahnen auf dem Interposer elektrisch kontaktieren. Die so verbundenen Chips werden abschließend in einem Gehäuse untergebracht, so dass eine kompakte Komponente entsteht, die ein ganzes System enthält. Der Vorteil dieser Methode besteht darin, dass Chips aus verschiedenen Herstellungstechnologien auf engstem Raum miteinander verbunden sind. Außerdem lassen sich andere Verbindungstechniken, wie z. B. optische Leiter, zwischen den Chips nutzen. Aber auch dieser zweidimensionalen Integration sind klare Grenzen gesetzt:

- Die Anzahl der integrierbaren Chips ist aufgrund der zunehmenden notwendigen Fläche für die Unterbringung der Einzelchips begrenzt.
- Die Anzahl der Anschlüsse zwischen den Chips ist limitiert (die Parallelität der Signalübertragung ist eingeschränkt).

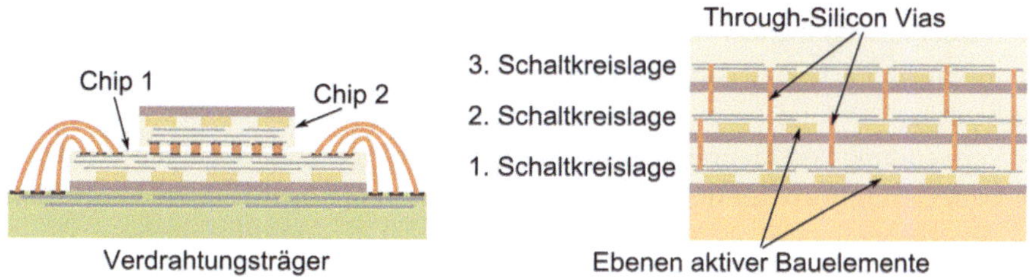


**Abb. 1.1** Das Spektrum moderner 3D-Systeme reicht von 3D-Baugruppen, bestehend aus unabhängig voneinander hergestellten Chips (*links*), bis hin zu 3D-Schaltkreisen, die sich durch Wafer-Integration herstellen lassen (*rechts*). Während 3D-Baugruppen die vertikale Integration verschiedener heterogener Technologien fördern (z. B. System-in-Package), ermöglichen 3D-Schaltkreise dichter gepackte Bauelemente aufgrund kürzerer Vertikalabstände

- Die relativ langen Leitungen erzeugen große parasitäre Effekte und erfordern höhere Energien zur Signalübertragung.

Unter Einbeziehung der dritten Dimension in die Systemintegration lassen sich diese Nachteile überwinden. Die Nutzung der dritten Dimension wird beispielsweise durch *3D-Baugruppen* (Abb. 1.1, links) und *3D-Schaltkreise* (Abb. 1.1, rechts) möglich. Dabei werden die einzelnen Schaltkreislagen übereinander angeordnet, z. B. auf Chipebene (3D-Baugruppen) oder auf Waferebene (3D-Schaltkreise). Um die nun mehrfach vorhandenen Schaltkreislagen elektrisch leitend zu verbinden, sind sogenannte *Through-Silicon Vias* (TSVs) zu erzeugen. Dazu ätzt man Löcher in die Wafer. Diese Löcher werden dann mit metallischen Substanzen gefüllt, so dass eine leitende Verbindung zwischen den einzelnen Schaltkreislagen entsteht.

Begrenzt werden die Möglichkeiten zur 3D-Integration durch mechanische Festigkeitsprobleme, durch das Herstellungsverfahren (je mehr gestapelte Wafer, desto höher ist die Wahrscheinlichkeit für Fehler in der Fertigung) und insbesondere durch den thermischen Energieumsatz innerhalb des Stapels. Die auftretenden Verlustleistungen führen zur Erwärmung des Stapels, wobei höhere Temperaturen sich negativ auf die Zuverlässigkeit der Bauelemente auswirken. Die damit notwendige Wärmeabfuhr ist jedoch aus den inneren Wafern heraus nur eingeschränkt möglich. Eine optimierte Stapelung der Wafer und das Verwenden zusätzlicher Wärmeabfuhrmechanismen sind daher bei komplexen 3D-Systemen unabdingbar. Eine weitere Grenze ist die Sicherung der Testbarkeit des Stapels. Nach der Herstellung muss die vollständige Prüfung und eventuell eine Fehlerdiagnose möglich sein. Dies ist eine besondere Herausforderung, da der Stapel oftmals aus verschiedenartigen Chips besteht.

Diesen Grenzen bzw. Herausforderungen bei der 3D-Integration stehen jedoch eine Reihe von Vorteilen gegenüber:

- Die hohe Integrationsdichte pro Volumeneinheit,
- die hohe Parallelität (theoretisch sind bis zu einigen tausend Durchkontaktierungen zwischen zwei Ebenen möglich),
- die kurzen Leitungswege, die zu einer Verringerung der Treiberleistungen führen,

- die Wiederverwendbarkeit von Standardschaltkreisen zur Kostensenkung (z. B. Speicher),
- die mögliche Partitionierung in mehrere kleine Chips statt eines großen (erhöht die Ausbeute),
- die Verwendung von mehreren preiswerten Technologien, die auch von verschiedenen Herstellern stammen können, statt einer sehr teuren (kleine Chips sind sehr homogen und benötigen nur wenige Herstellungsschritte).

Aufgrund der Komplexität der sich aus der 3D-Integration ergebenden neuartigen 3D-Systeme ist deren Entwurfsfluss, also die Schrittfolge ihrer Entwicklung, grundlegend zu überarbeiten. Neben dem Entwurf des Gesamtsystems schließt dieser 3D-Designflow auch den Entwurf von Einzelchips ein, sind diese doch nun als integrale Systembestandteile mit speziellen Anforderungen, wie z. B. deren Kontaktierung, zu entwickeln. Außerdem ist eine Vielzahl von neuen, zusätzlichen Aktivitäten erforderlich, auf die nachfolgend eingegangen wird.

Besondere Anforderungen ergeben sich bereits bei der Definition des Gesamtsystems, das weit mehr Komponenten enthält als bisherige System-on-Chip-Systeme. Auch besitzt es eine größere Vielfalt von Komponenten. Dieses System ist zu simulieren und zu verifizieren. Nachdem die Fehlerfreiheit des Gesamtsystems festgestellt worden ist, muss man dieses mittels einer zielgerichteten Planung bezüglich der geometrischen Anordnung und Stapelung partitionieren. Bei der Partitionierung ist bereits darauf zu achten, dass eine sinnvolle Platzierung von Komponenten auf den Einzelchips erfolgen kann. Hierbei sind die Zieltechnologie für den jeweiligen Chip, die Testbarkeit, Wärmeverhältnisse und Timing-Anforderungen zu berücksichtigen. Der Partitionierung schließt sich das 3D-Floorplanning an, bei dem die grobe Anordnung von Komponenten auf den Einzelchips, einschließlich der Platzierung der erforderlichen Durchkontaktierungen, erfolgt.

Die Partitionierung und das Floorplanning liefern auch die Daten für den Einstieg in den konventionellen 2D-Entwurf der einzelnen Chips. Dabei sind neben der funktionellen Sicherstellung auch die Kosten der Fertigung in die Betrachtung einzubeziehen. Außerdem ist zu beachten, dass die Testfähigkeit sowohl der einzelnen Chips als auch des gesamten Stapels erhalten bleibt.

Aus diesen einführenden Bemerkungen erkennt man, dass im Rahmen von 3D-Systemen eine Vielzahl neuer Entwurfsaktivitäten notwendig werden. Auch sind die bisherigen Schritte beim konventionellen 2D-Design an die speziellen Erfordernisse für den 3D-Entwurf anzupassen bzw. zu erweitern. Dieses Buch stellt die sich damit ergebenden neuartigen Herausforderungen beim Entwurf von 3D-Systemen vor. Es soll Entwerfern helfen, sich mit der Problematik der dritten Dimension auseinanderzusetzen und erste Eindrücke vom Herangehen an den Entwurf zu gewinnen. Außerdem soll es anregen, sich intensiv mit den Möglichkeiten der 3D-Integration auseinanderzusetzen und auch eigene Forschungen auf diesem Gebiet zu starten oder auszubauen. Die einzelnen Teile sind so gestaltet, dass der Leser sich auf bestimmte, für ihn wichtige Aspekte konzentrieren kann. Dies sind insbesondere die Modellierung von technologienahen neuen Aspekten und ein durchgängiges Konzept zum Layoutentwurf.

Um den Umfang des Buches nicht zu sprengen, wurde bewusst auf die Darstellung bestimmter Entwurfsaktivitäten verzichtet (Abb. 1.2). Dies betrifft die Schritte, die vom

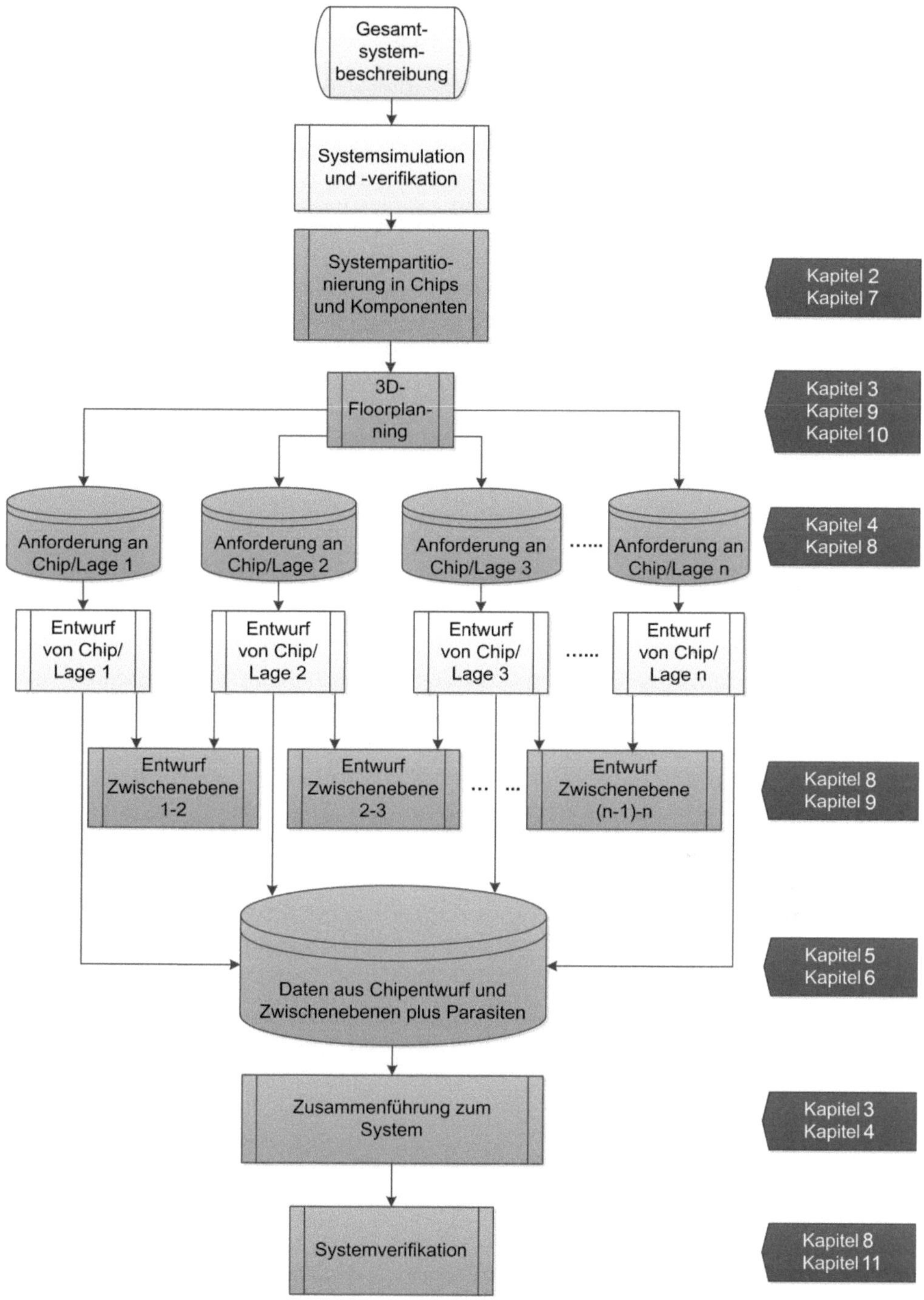


**Abb. 1.2** Vereinfachtes Flussdiagramm eines 3D-Entwurfes, mit Hervorhebung der in diesem Buch beschriebenen Schritte

konventionellen 2D-Entwurf beibehalten werden, wie z. B. die Platzierung und die Verdrahtung von Standardzellen.

Der erste Teil des Buches gibt eine Übersicht zu den Möglichkeiten und Herausforderungen des 3D-Entwurfs. Er erläutert anhand von Beispielen, wie ein Übergang von der 2D-Integration zur 3D-Integration gemeistert werden kann. Außerdem wird eine kurze Einführung zu vorhandenen und neu entwickelten Entwurfsverfahren gegeben. Auch erhält der Leser eine kurze Übersicht über die technologischen Möglichkeiten und Varianten der 3D-Integration. Dabei wird anhand der Herstellungsverfahren das Verständnis vermittelt, wie bei einer Entscheidungsfindung zur Auswahl einer 3D-Integrationsvariante vorzugehen ist.

Im zweiten Teil werden Anforderungen an die Modellierung von neuartigen 3D-Systemen beschrieben. Dazu geben die einzelnen Kapitel einen Einblick in die Anwendung von 3D-Analysen und -Simulationen für die Modellgenerierung zur Simulation eines Gesamtsystems. Die Autoren zeigen Wege auf, wie man elektromagnetische und thermische Einflüsse bestimmt und, ausgehend von diesen Analysen, mittels moderner Modellierungsmethoden zu anwendungsgerechten und vereinfachten Modellen kommt. Dabei wird u. a. das elektrische Verhalten der Verbindungsstrukturen untersucht. Ebenfalls zu betrachten sind die thermischen Eigenschaften eines 3D-Stapels. Dabei spielt einerseits die thermische Interaktion zwischen den Stapeln und andererseits die Wärmeabfuhr aus dem Stapel eine wichtige Rolle. Es werden Analysemöglichkeiten vorgestellt und Vorschläge für die Lösung der thermischen Probleme aufgezeigt. Das letzte Kapitel im zweiten Teil stellt einen neuen Ansatz für die Beschreibung von geometrischen 3D-Strukturen vor, da bei diesen angepasste Beschreibungssprachen bisher fehlen. Mittels der Sprache XML wird ein Beschreibungskonzept entwickelt, das flexibel den Anforderungen von 3D-Systemen gewachsen ist.

Im dritten Teil wenden sich die Autoren dem Layoutentwurf zu. Hier sind einschneidende Maßnahmen erforderlich, um den Anforderungen der dritten Dimension gerecht zu werden. Das erste Kapitel im dritten Teil (Kap. 8) erläutert detailliert die sich aus der 3D-Integration ergebenden wesentlichen Herausforderungen und zeigt neuartige Lösungsansätze auf. Die nachfolgenden Kapitel dieses Teils gehen auf die 3D-spezifischen Anforderungen bei der Layoutgenerierung vertiefend ein. Beginnend mit der weiteren Nutzung von klassischen IP-Blöcken auch in 3D-Systemen sowie einem Ansatz für die 3D-Verdrahtungsvorhersage bis hin zu thermischen Lösungsansätzen wird der Bogen gespannt.

Ein Glossar mit wichtigen Fachbegriffen des 3D-Entwurfs schließt das Buch ab.

# Möglichkeiten und Herausforderungen moderner 3D-Systeme

**2**

Uwe Knöchel

## 2.1 Einleitung

Funktionsumfang, Größe und Preis eines Smartphones veranschaulichen die technologische Entwicklung, die in der Mikroelektronik in den vergangenen Jahren stattgefunden hat. Grundlage dafür war vor allem die System-on-Chip (SoC) Technologie, die es erlaubte, immer mehr Funktionen in einer einzelnen integrierten Schaltung zu realisieren. Durch die gleichzeitige Verkleinerung der Prozessstrukturen konnte die Fläche eines Schaltkreises trotz steigender Transistorzahlen konstant gehalten werden. Mit aktuellen Halbleitertechnologien ist das Potenzial der Strukturverkleinerung weitgehend ausgeschöpft. Besonders analoge Schaltungen, die in modernen Systemen zur Ansteuerung von Sensoren und zur Kommunikation mit der Umgebung benötigt werden, lassen sich nicht weiter verkleinern. Deshalb wird neben dem SoC seit einigen Jahren ein alternativer Integrationsansatz entwickelt, der es ermöglicht, mehrere integrierte Schaltkreise (ICs) in einem gemeinsamen Gehäuse zu integrieren. Auf diese Weise lassen sich verschiedene Halbleitertechnologien auf engstem Raum zu einem System zusammenfügen. Das ist besonders vorteilhaft, wenn ein System sehr unterschiedliche Funktionen erfüllen muss, oder wenn es aufgrund seiner Komplexität nicht mehr wirtschaftlich als IC gefertigt werden kann.

Heute existieren verschiedene 3D-Integrationstechnologien, die sich hinsichtlich ihrer technologischen Reife und Leistungsfähigkeit unterscheiden. Neben der Beherrschung der Fertigungstechnologie stellt der Entwurf dieser Systeme eine große Herausforderung dar. Ohne die Neu- und Weiterentwicklung von Entwurfsverfahren und -werkzeugen können die Vorteile der 3D-integrierten Systeme nicht ausgeschöpft werden.

U. Knöchel (✉)
Fraunhofer-Institut für Integrierte Schaltungen, Institutsteil Entwurfsautomatisierung, Dresden, Deutschland
E-Mail: uwe.knoechel@eas.iis.fraunhofer.de

J. Lienig, M. Dietrich (Hrsg.), *Entwurf integrierter 3D-Systeme der Elektronik*,
DOI 10.1007/978-3-642-30572-6_2, 

## 2.2 Evolution vom integrierten Schaltkreis (IC) zum 3D-System

Wie keine andere Branche hat die Mikroelektronik die Leistungsfähigkeit ihrer Systeme vervielfacht, ohne dabei mehr Materialien und Energie zu verbrauchen.

Bei diskreten Bauelementen entfällt ein größerer Teil des Volumens auf Gehäuse und Anschlussdrähte. Es war naheliegend, diese Bauelemente auf einem gemeinsamen Siliziumchip anzuordnen, entsprechend der gewünschten Funktion zu verbinden und zu fertigen. Erste integrierte Schaltungen (ICs) umfassten nur wenige Logiktransistoren. Mit fortschreitender Miniaturisierung werden heute ganze Systeme auf einem Chip gefertigt. Man bezeichnet diese als *System-On-Chip* (SoC). Vertreter sind zum Beispiel moderne Mikrokontroller, die das Herzstück vieler Anwendungen sind. Sie vereinen einen Prozessor, Speicher und Analog-Digital- und Digital-Analog-Wandler, die das Auswerten von Sensordaten oder die Steuerung von Prozessen erlauben.

Die Integration analoger und digitaler Schaltungen in einem gemeinsamen Halbleiterprozess ist eine große Herausforderung im Entwurf. Während für Digitalschaltungen immer kleinere Strukturbreiten zur Anwendung kommen, lassen sich analoge Schaltungen kaum skalieren, da hier die Transistordimensionen den zu treibenden Strömen angepasst werden müssen. Die Integration verschiedenartiger Teilsysteme erfordert deshalb oft Kompromisse hinsichtlich Leistungsfähigkeit, Energieverbrauch und Entwurfs- sowie Herstellungskosten. Moderne Integrationsverfahren, die verschiedene ICs in einem Gehäuse vereinen, schließen diese Lücke.

### 2.2.1 Integration mehrerer Einzelchips (Dies) in einem Gehäuse (MCM und SiP)

Die Idee, mehrere Dies in einem Gehäuse anzuordnen, ist nicht neu. Bereits in den 70er Jahren wurden einzelne ICs in einem gemeinsamen Gehäuse, dem *Multi-Chip-Modul* (MCM) integriert. Ein Stapeln von Chips erfolgt dabei nicht. Im einfachsten Fall werden alle Anschlüsse der ICs nach außen geführt. Die Zusammenfassung der Chips im Modul bringt funktionell kaum Vorteile, vereinfacht aber die Fertigung der Leiterplatte, da weniger Bauteile zu bestücken sind.

Werden zusätzlich passive Bauelemente, Sensoren oder spezielle Interface-Schaltkreise verbaut, spricht man vom *System-In-Package* (SiP) [Tum06]. Im Unterschied zum MCM werden Schaltkreise und passive Bauelemente über das Substrat des SiP untereinander verschaltet. Nur die für die Verbindung zur Peripherie erforderlichen Anschlüsse werden nach außen geführt. Als Substrate kommen meist dünne Laminate zum Einsatz, die zwei bis vier Verdrahtungsebenen besitzen. Die ICs werden auf das Substrat geklebt und gebondet oder in Flip-Chip-Technik verlötet. Mit geeigneten Klebe- und Bondtechniken lassen sich außerdem wenige ICs übereinander stapeln. Die Platzierung nebeneinander überwiegt jedoch. Zusätzlich zu den ICs können passive Bauelemente in SMD-Form im SiP untergebracht werden. Dazu zählen beispielsweise Stützkondensatoren oder Oszillato-

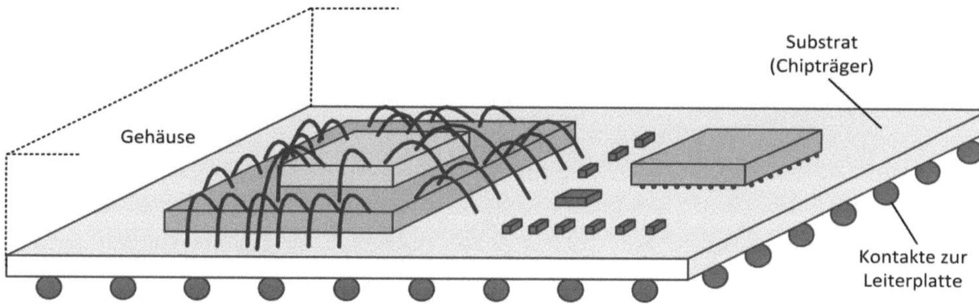


**Abb. 2.1** Aufbau eines System-In-Package (SiP)

ren, die sich monolithisch auf einem IC schlecht integrieren lassen, jedoch als Standardbauelemente kostengünstig verfügbar sind. Abbildung 2.1 zeigt den prinzipiellen Aufbau eines SiP.

Wenn beim Entwurf der SiP auf existierende und erprobte Einzelschaltkreise zurückgegriffen werden kann, lassen sich auf diese Weise komplexe Systeme verhältnismäßig schnell entwerfen und auf den Markt bringen. Die Möglichkeit, Teilsysteme unterschiedlicher Halbleitertechnologien miteinander zu kombinieren, ist ein großer Vorteil gegenüber monolithisch integrierten SoC.

### 2.2.2 Durchkontaktierung von Wafern mittels Through-Silicon Vias

Die Entwicklung der Durchkontaktierung von Silizium-Dies, *Through-Silicon Vias* (TSVs) genannt, ist die entscheidende Voraussetzung für das Stapeln von integrierten Schaltkreisen. Die TSVs sind elektrisch leitende Durchkontaktierung durch den Substratwerkstoff zur Verbindung mehrerer Schaltkreislagen.

Die Verdrahtung der Bauelemente eines einzelnen ICs und der Kontakt zu Bonddrähten oder Lötkugeln (Pads) erfolgt in den Metallisierungsebenen oberhalb der aktiven Halbleiterschichten. Um ein Stapeln zu ermöglichen, müssen die Kontaktflächen durch die Siliziumschicht an die Unterseite des ICs gebracht werden. Dazu sind Löcher in das Silizium einzubringen, die mit leitfähigem Kupfer oder Wolfram gefüllt werden. Die Herstellung dieser Durchkontaktierung kann vor (*Via-First-TSV*), zwischen und nach den herkömmlichen Prozessschritten (*Via-Last-TSV*) erfolgen. Beim nachträglichen Prozessieren der Vias lässt sich der einzelne IC bei einem beliebigen Halbleiterhersteller fertigen.

Die Herstellung der TSVs erfolgt heute überwiegend durch reaktives Ionentiefenätzen, auch Bosch-Prozess genannt, der aus wiederholten Ätz- und Passivierungsvorgängen besteht [Tum10]. Da das Ätzmittel nicht nur in die Tiefe, sondern auch an den Rändern des zu fertigenden TSV wirkt, kann dieser nicht in einem Schritt geätzt werden. Nach einer bestimmten Ätztiefe muss zunächst eine Passivierung der Seitenwand erfolgen, um das geforderte Aspektverhältnis aus TSV-Tiefe und -Durchmesser zu erreichen.

**Abb. 2.2** Schnitt durch einen im Boschprozess gefertigten Through-Silicon Via (TSV)

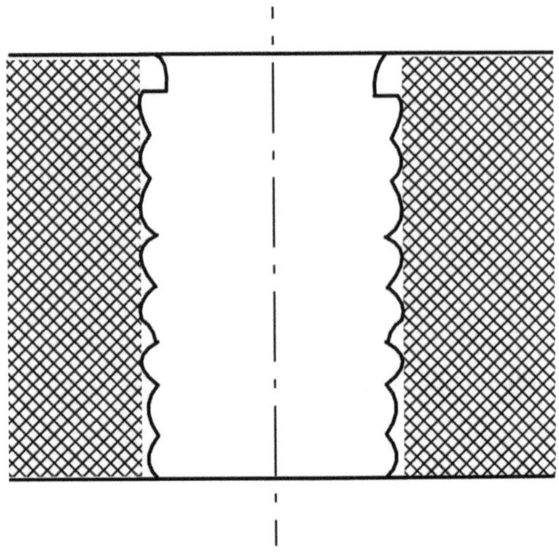

Die Anzahl der Zyklen im Boschprozess beeinflusst die Rauigkeit der TSV-Seitenwand und das Verhältnis von Durchmesser und Tiefe (Abb. 2.2). Eine hohe Zyklusanzahl verbessert die Eigenschaften des TSV, verursacht jedoch höhere Herstellungskosten.

Die Eigenschaften gegenwärtiger TSV-Technologien sind:

- Durchmesser: d = (5…20) µm, Durchmesser Kupfer-TSV bis 100 µm
- Aspektverhältnis Durchmesser/Tiefe: bis 1/10
- Isolation: $SiO_2$ 0,4 µm
- Mindestmittenabstand benachbarter TSVs: 3–4facher Durchmesser

Aufgrund des begrenzten Aspektverhältnisses werden die durchzukontaktierenden Wafer auf 20 bis 100 µm Dicke gedünnt. Neben der elektrischen Leitfähigkeit unterstützen TSVs die Wärmeableitung (s. Kap. 11).

### 2.2.3 Verbindungstechniken zwischen Dies

Nachdem die Dies übereinander positioniert wurden, erfolgt ihre elektrische und mechanische Verbindung durch Druck und Wärme. Eine Möglichkeit ist das Aufbringen sehr kleiner Lötkugeln, die als Balls oder Bumps bezeichnet werden. Das Verbinden mit der solid-liquid interdiffusion (SLID) Technik hingegen benötigt flache Kontaktflächen. Abbildung 2.3 veranschaulicht beide Verbindungstechniken.

Insbesondere wenn mehrere Dies nacheinander gestapelt und verlötet werden, ist zu beachten, dass diese Kontakte ihre Form und Eigenschaften bei mehrmaligem Erwärmen verändern. Die Größe der Kontaktflächen bestimmt die erforderliche Positioniergenauig-

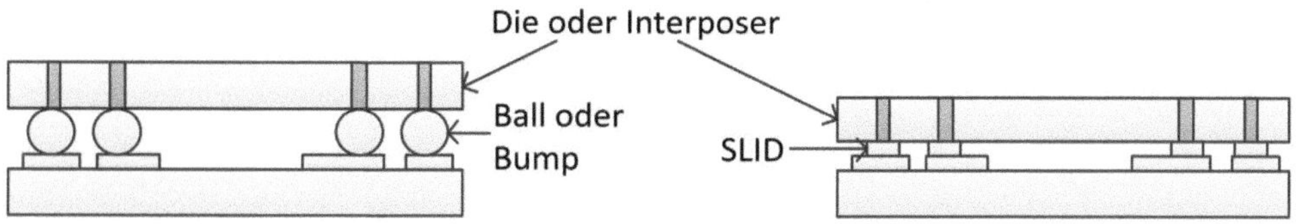


**Abb. 2.3** Verbindungstechniken zwischen Dies durch Lötkugeln (*links*) oder Solid-liquid Interdiffusion (SLID) *rechts*

**Tab. 2.1** Größen von Verbindungselementen zwischen Dies

| | Ball/Bump | Mikroball | SLID |
|---|---|---|---|
| Minimale Größe (μm) | 200 | 50 | 30 |
| Maximale Größe (μm) | 500 | 200 | 200 |

keit und hat damit Einfluss auf die Fertigungskosten. Tabelle 2.1 zeigt die Eigenschaften dieser Elemente. Der Mindestabstand zwischen zwei benachbarten Kontaktierungen entspricht deren doppelten Durchmesser.

### 2.2.4 3D-Integration durch direktes Stapeln oder mit Interposer

Beim direkten Stapeln von ICs ist es unerlässlich, dass sich die Kontaktflächen des unteren ICs exakt an den Positionen befinden, an dem der obere IC angeschlossen wird. Dabei müssen nicht nur Signalleitungen, sondern auch Stromversorgungsanschlüsse bereitgestellt werden. Das bedeutet, dass beide ICs nicht nur hinsichtlich ihrer Funktion, sondern auch in der Platzierung ihrer Baugruppen (Layout) aufeinander abgestimmt sind. Abbildung 2.4a zeigt die direkte Stapelung. Mit Ausnahme des obersten ICs müssen in alle Dies TSVs eingebracht werden. Dadurch ist die Wiederverwendung existierender Entwürfe nicht ohne Überarbeitung möglich. Im Idealfall werden alle einzelnen ICs gemeinsam entworfen. Gelingt es, miteinander verschaltete Baugruppen in der Nachbarschaft auf horizontaler oder vertikaler Ebene zu platzieren, können Signalwege deutlich verkürzt und damit Taktraten und Performanz gesteigert werden. Diese technisch anspruchsvollste Art der 3D-Integration befindet sich heute noch im Entwicklungsstadium.

Eine Alternative zum direkten Stapeln ist das Einfügen eines *Interposers*, die eine Zwischenschicht zur Verbindungsrealisierung darstellt. Über seine zwei bis vier Verdrahtungsebenen und TSVs können die Verbindungen zwischen verschiedenen Dies hergestellt und, wenn nötig, umgeordnet werden. Er besteht aus einem gedünnten Silizium Die und enthält in der Regel keine aktiven Bauelemente. Im Vergleich zur Leiterplatte oder dem SiP sind die Verdrahtungsstrukturen wesentlich feiner. Dadurch können das resultierende System sehr kompakt aufgebaut und kurze Leitungslängen erreicht werden. Abbildung 2.4b zeigt eine Aufbauvariante, bei der zwei Dies in Flip-Chip-Technik mit Mikroballs auf dem Interposer montiert werden. Eine Montage mit Kleben und Bonden wäre ebenso denkbar.

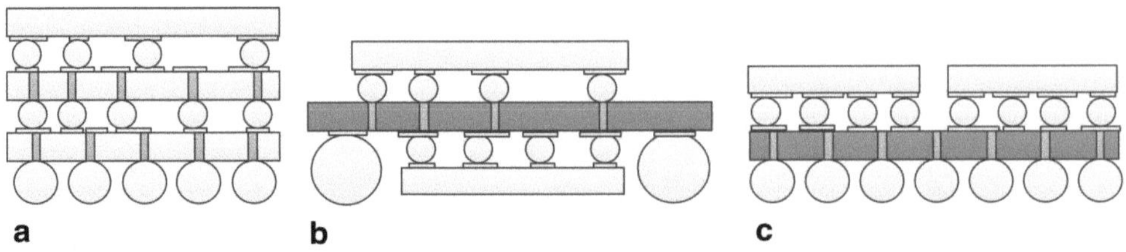

**Abb. 2.4** Aufbauvarianten mehrerer ICs (Dies) ohne und mit Interposer, **a** Stapel ohne Interposer, **b** Stapel mit Interposer, **c** Nebeneinander auf Interposer

Da in die Dies keine TSVs eingebracht werden müssen, ist die Wiederverwendung existierender ICs möglich. In bestimmten Fällen kann es sinnvoll sein, ICs nebeneinander auf einem Interposer zu platzieren (Abb. 2.4c), was man oft als 2.5D-Integration bezeichnet.

Auf den ersten Blick erscheint die interposerbasierte Systemintegration einfach realisierbar zu sein. Beim Entwurf eines Interposers stoßen aktuelle Werkzeuge aufgrund seiner Verdrahtungsdichte und der wenigen zur Verfügung stehenden Metallebenen an ihre Grenzen. Eine besondere Herausforderung stellt die Gewährleistung der Signalintegrität und die Stabilität von Betriebsspannungs- und Masseanschlüssen dar.

## 2.3 Beispiele für 3D-integrierte Systeme

Die Entscheidung für eine bestimmte 3D-Integrationstechnik wird vom Einsatzgebiet, den daraus resultierenden Anforderungen und den zu erwartenden Stückzahlen bestimmt. Im Folgenden werden erfolgreiche Beispiele von 3D-integrierten Systemen vorgestellt.

### 2.3.1 System-In-Package für Medizintechnik

Innerhalb eines Forschungsprojekts Dionysys [RKJ09] wurde der in Abb. 2.5 gezeigte Prototyp [WES10] eines Elektrokardiogrammgerätes als SiP entwickelt. Auf dem $2{,}4 \times 2{,}4\ \text{cm}^2$ großen Substrat sind folgende Teilsysteme aufgebaut:

- drei empfindliche Eingangsverstärker zur Aufbereitung der EKG-Eingangssignale, davon zwei gestapelt, der dritte wurde über dem Dezimator montiert,
- ein Dezimator zur Digitalisierung,
- ein Mikrocontroller zur Signalverarbeitung und Steuerung,
- ein IEEE 802.15.4 Funkmodul, das im 2.4 GHz ISM-Band sendet,
- ein Oszillator zur Takterzeugung sowie weitere passive Bauelemente.

Während die Eingangsverstärker und der Dezimator speziell entwickelte ICs sind, wurden für Mikrocontroller und Funkmodul Standardschaltkreise in ungehäuster Version (bare die) eingesetzt.

**Abb. 2.5** Drahtloses EKG System in SiP-Realisierung

**Abb. 2.6** Seitenansicht des EKG-SiP

In der Seitenansicht (Abb. 2.6) des Systems sind die Bonddrähte für die untere und obere Schaltkreisebene erkennbar. Die oberen ICs werden durch den Klebstoff mit Abstand zu unteren ICs fixiert. Die Glasplättchen auf den ICs dienen lediglich zu deren Schutz, da für den Prototyp kein Vergießen vorgesehen war.

Nach Stromversorgung durch eine Batterie und Anschluss der Elektroden können die bioelektrischen Signale erfasst und an einen PC übertragen werden. Aufgrund der Verwendung erprobter Teilsysteme war die Inbetriebnahme unkritisch. Die messtechnische Untersuchung des Systems zeigte, dass die in der zweiten Ebene montierten Eingangsverstärker etwas schlechtere Rauscheigenschaften und eine geringere Genauigkeit haben. Als Ursachen werden die langen Bonddrähte vermutet.

System-in-Package-Systeme besitzen ein großes Potenzial für medizintechnische Anwendungen, bei denen ein miniaturisierter Aufbau erforderlich ist. Dazu zählen diagnostische Geräte, die am Körper getragen werden und im zunehmendem Maß Implantate. Für die dabei vorherrschenden kleinen Stückzahlen bietet SiP das günstigste Verhältnis von erreichbarer Miniaturisierung und notwendigem Entwurfsaufwand. Dieser liegt nur wenig über dem des Leiterplattenentwurfs, da Standardschaltkreise in das System integriert werden können. Lediglich die Beschaffung ungehäuster Schaltkreisversionen in den für Prototypen nötigen Kleinstmengen kann derzeit problematisch sein.

### 2.3.2 Anwendungen in der Bildsensorik

Zu den ersten Anwendungen der 3D-Integration zählt die Bildsensorik. Bildsensoren erfassen mehrere Millionen Bildpunkte, die in Bruchteilen einer Sekunde gespeichert wer-

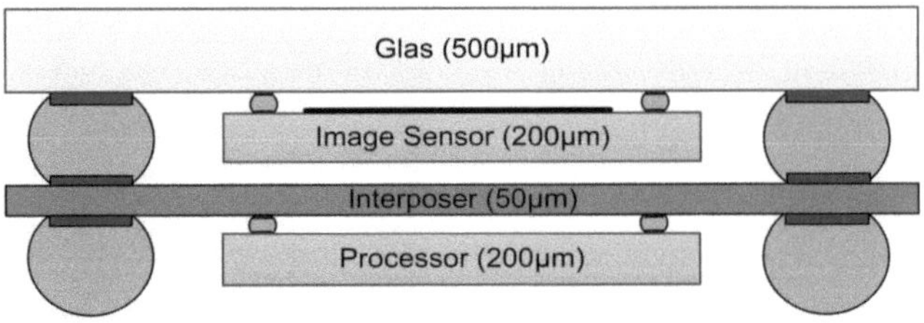


**Abb. 2.7** Aufbau des Kamerastapels

den müssen. Zur Datenkompression kommen Algorithmen wie JPEG oder MPEG zum Einsatz, die auf speziellen Prozessoren ausgeführt werden. Neben den hohen Anforderungen an die Rechengeschwindigkeit der Prozessoren, ist das Auslesen und Übertragen der Daten vom Sensor zum Prozessor eine Herausforderung. Es ist ein naheliegender Wunsch, die Signalwege zwischen Sensor und Prozessor zu verkürzen und die Übertragungsbandbreite zu vergrößern.

Eine geeignete Lösung dafür ist das Stapeln von Sensor und Prozessor. Im Projekt KASS wurde die interposerbasierte Integration eines Kamerachips und eines speziellen Prozessors demonstriert [LWK09]. Abbildung 2.7 zeigt den Aufbau des Stapels, Abb. 2.8 den Prototyp.

Im System wurde ein mit Leitbahnen versehener Glasträger in den Aufbau einbezogen. Er trägt und schützt den Bildsensor. Auf diese Weise kann die Erwärmung des Sensors durch den Prozessor reduziert werden, die eine Erhöhung des Bildrauschens zur Folge hätte.

Das Beispiel zeigt, dass in der 3D-Integration je nach den Erfordernissen unterschiedliche Technologien und Materialien zum Einsatz kommen können.

### 2.3.3 3D-Integration von High-End-FPGA

Die Firma Xilinx führte 2011 3D-Integrationsverfahren in die Produktion von Field Programable Gate Arrays (FPGA) ein. FPGA sind programmierbare Logikschaltkreise, die zum Prototypbau oder zur hardwaregestützten Simulation von Schaltungsentwürfen eingesetzt werden.

Die Modelle der leistungsstärksten FPGA-Familie Virtex 7 enthalten bis zu 2 Millionen programmierbare Logikzellen und insgesamt 68 MB Speicher. Auch in fortschrittlichen Halbleitertechnologien übersteigen diese FPGA die Siliziumfläche, die mit kostendeckender Ausbeute auf dem Wafer gefertigt werden kann. Bei der gegebenen Defektdichte eines Halbleiterprozesses sinkt die Ausbeute mit steigender Fläche des Dies.

Um dem wachsenden Bedarf an FPGA-Leistung gerecht zu werden, brachte Xilinx 2011 die ersten interposerbasierten FPGA auf den Markt. Dabei werden mehrere einzelne in 28 nm-Technologie gefertigte FPGA-Dies auf einem in 65 nm-Technologie gefertigtem Siliziuminterposer integriert und zusammengeschaltet. Die Anordnung der Dies erfolgt nebeneinander (Abb. 2.9). Obwohl bei diesem Produkt auf ein Stapeln der Dies verzichtet wurde, wird ein deutlich höherer Datendurchsatz zwischen den FPGA erreicht, als wenn diese einzeln verpackt und auf einer Leiterplatte zusammengeschaltet würden. Grundlage sind die im Interposer realisierten Verbindungen, die eine hohe Bandbreite bei geringer

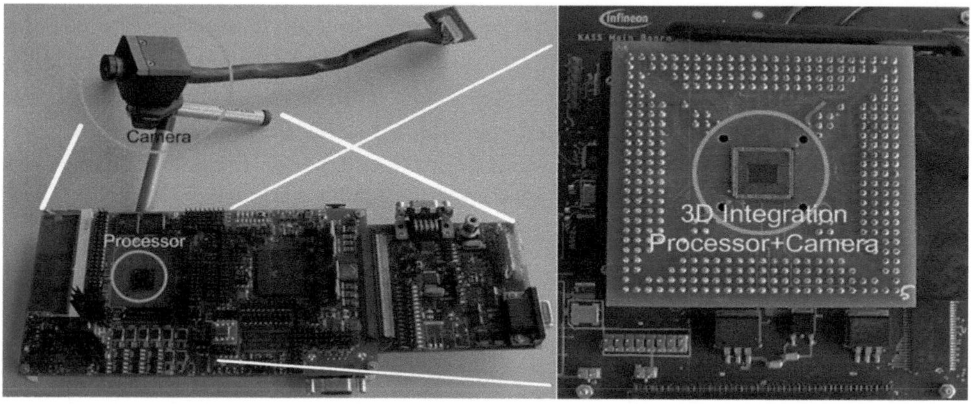


**Abb. 2.8** 3D-integriertes Kamerasystem (Infineon AG)

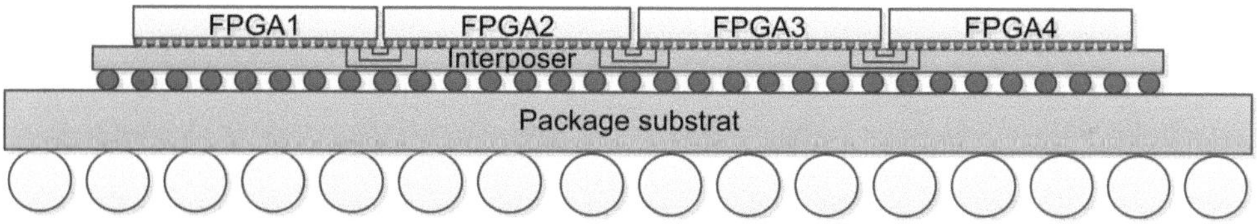


**Abb. 2.9** Aufbau der Hochkapazitäts-FPGAs von Xilinx

Latenz ermöglichen. Aus Sicht des Anwenders ergibt sich kein Unterschied zu einem monolithisch integrierten FPGA.

Dieses Beispiel zeigt, dass 3D-Integrationstechnologien auch bei sehr großen Schaltkreisen, die in einer Technologie herstellbar sind, Vorteile bieten. Um die Ausbeute bei der Fertigung zu erhöhen, werden zunächst die einzelnen FPGA getestet und fehlerhafte Dies aussortiert, bevor das Gesamtsystem gefertigt wird. Xilinx hat diese Entwicklung in einem White Paper [Sab11] veröffentlicht.

## 2.4 Vorteile der 3D-Integration

Wie in der Einleitung schon kurz erwähnt, bietet die Einführung der 3D-Integration verschiedene Vorteile sowohl gegenüber der monolithischen Integration als auch dem Aufbau von Systemen auf der Leiterplatte.

### 2.4.1 Kompakte Integration unterschiedlicher IC-Technologien

In vielen Anwendungsbereichen, wie dem Fahrzeugbau, der Automatisierungs- und der Medizintechnik, ist heute das Zusammenwirken von Sensoren, Stellgliedern, Prozessoren und Netzwerkschnittstellen gefordert. Diese Systeme werden heute überwiegend auf Leiterplatten realisiert. 3D-Integrationstechniken erlauben eine weitere Reduzierung des Volumens und des Gewichts. Miniaturisierte Systeme eröffnen neue Anwendungsgebiete wie zum Beispiel intelligente Implantate in der Medizin. Aber auch im Automobil-, Flugzeug- und Maschinenbau können Sensoren durch Miniaturisierung dichter am Messort platziert werden und damit genauere Ergebnisse liefern.

### 2.4.2 Wiederverwendung existierender integrierter Schaltkreise

Mit der stetig steigenden funktionellen Komplexität von Systemen vergrößert sich der Arbeitsaufwand für den Schaltkreisentwurf. Besonders bei großen SoC stellt das Zusammenführen der verschiedenen Systemteile ein Problem dar. Mit steigenden Transistorzahlen vervielfachen sich oft Simulationszeiten zur Entwurfsverifikation. Die Wiederverwendung erprobter Teilschaltung im Silizium bietet die Möglichkeit, den Aufwand für den Entwurf und die Zeit bis zur Markteinführung zu verkürzen. Davon profitieren besonders Anwendungen in kleineren und mittleren Stückzahlen, für die eine SoC-Entwicklung zu aufwändig wäre.

### 2.4.3 Leistungssteigerung und Reduzierung des Energieverbrauchs durch kürzere Verbindungen

Durch die Miniaturisierung des Aufbaus verkürzen sich die Leitungslängen zwischen den Baugruppen im System von (5…10) cm bei Leiterplattenaufbau auf (2…3) cm bei interposerbasierten Realsierungen bis hin zu wenigen Millimetern beim direkten Stapeln. Auf diese Weise verringert sich die Verzögerungszeit auf den Leitungen bei einer Erhöhung der Taktrate und des Datendurchsatzes. Gleichzeitig lässt sich die Signalintegrität beim Entwurf sicherstellen. Eine Reduzierung der Treiberleistung und damit des Energieverbrauchs wird möglich.

### 2.4.4 Schutz des geistigen Eigentums oder sensitiver Daten

Der Entwurf und Aufbau von 3D-integrierten Systemen erfordert heute vielfältiges Wissen. Dadurch wird die Nachahmung von Produkten erschwert. Insbesondere gegenüber Leiterplatten bieten alle hier vorgestellten Formen der 3D-Integration einen besseren Schutz geistigen Eigentums.

Im Bereich sicherheitskritischer Anwendungen, wie zum Beispiel Chipkarten, eröffnet das Stapeln von Dies neue Möglichkeiten des Schutzes von Daten vor unbefugtem Auslesen und Manipulation. Datentragende Schichten lassen sich im Inneren eines Stapels unterbringen. Es sind Mechanismen vorstellbar, welche die Daten beim Öffnen des Stapels zerstören.

## 2.5 Herausforderungen beim Entwurf

Leistungsfähigkeit, Zuverlässigkeit und Kosten eines gestapelten Systems hängen in wesentlich stärkerem Maß von seinem Aufbau ab, als dies beim traditionellen SoC-Entwurf der Fall ist. Die Vielfalt der Realisierungsvarianten öffnet einen großen Entwurfsraum, in dem es schwer fällt, eine günstige Implementierungsvariante zu identifizieren. Erschwerend kommt hinzu, dass die Entwurfswerkzeuge den 3D-Entwurf nur ungenügend unterstützen und auf wenig Erfahrung bei der Implementierung solcher Systeme zurückgegriffen werden kann. Im Folgenden werden wichtige Probleme des 3D-Entwurfs genannt.

### 2.5.1 Vielfalt der Technologievarianten

Während beim SoC-Entwurf die Auswahl einer Halbleiter- und einer Gehäusetechnologie erforderlich ist, gibt es beim 3D-Entwurf komplexere Fragestellungen:

- Anzahl der Dies im System,
- Technologieauswahl der einzelnen Dies,
- Aufteilung der Systemfunktionen auf die Dies,
- Anzahl der benötigten Interconnects zwischen Dies,
- Verbindungstechnologien zwischen den Dies,
- Gehäuse-Gesamtkonzept,
- Herstellungsreihenfolge,
- Testkonzept für individuelle Dies und das Gesamtsystem.

Zum Teil bedingen diese Entscheidungen einander. Jede davon beeinflusst die Leistungsfähigkeit, die Zuverlässigkeit und die Herstellungskosten des Systems. Um die Potenziale der 3D-Integration voll auszuschöpfen, sind Werkzeuge zur Bewertung des Entwurfsraums (Design Space Exploration) erforderlich. Diese sollen auf der Basis von Kostenfunktionen die Eigenschaften von Realisierungsvarianten hinsichtlich verschiedener Kriterien abschätzen und den Systemdesigner bei der Technologieauswahl unterstützen.

### 2.5.2 Multi-physikalische Wechselwirkungen im Stapel

Während im klassischen 2D-Entwurf unerwünschte Effekte, wie die parasitäre Verkopplung benachbarter Leitungen, bekannt und modellierbar sind, bewirkt die 3D-Integration eine Reihe neuer multi-physikalischer Effekte. Diese können in elektrische/elektromagnetische, thermische und mechanische Effekte eingeteilt werden, zwischen denen darüber hinaus Wechselwirkungen bestehen.

Abbildung 2.10 zeigt die Auswirkungen multi-physikalischer Effekte auf Eigenschaften und Zuverlässigkeit eines Systems. Zusätzlich treten zwischen den physikalischen Domä-

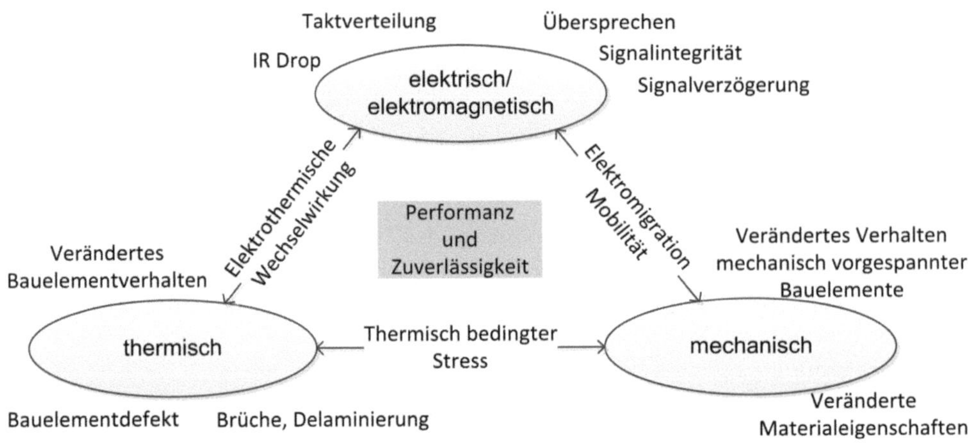


**Abb. 2.10** Multi-physikalische Effekte und Wechselwirkungen

nen Wechselwirkungen auf. Zum Beispiel bewirkt die Verlustleistung einer Schaltung auf einem Die eine lokale Erhitzung im Stapel, die den Arbeitspunkt der darüber platzierten Schaltung verändern kann. Bei sehr großer Wärme können durch unterschiedliche Ausdehnungskoeffizienten von Silizium und Metallen in TSVs und Verdrahtung mechanische Spannungen entstehen, die im ungünstigsten Fall zur Beschädigung (Leitungsbruch) führen können.

Die Kap. 5 und 6 dieses Buches stellen Verfahren zur Modellierung und Analyse multiphysikalischer Probleme vor.

### 2.5.3 Gewährleistung der Energieversorgung im System

Die hohe Funktionsdichte im Stapel bei verhältnismäßig wenigen Anschlüssen nach außen stellt eine Herausforderung für Betriebsspannungsversorgung und Masseanschluss dar. Der höhere elektrische Widerstand von TSVs bewirkt Betriebsspannungseinbrüche unter Last (IR Drop). In Masseanschlüssen ist eine schlechte Entkopplung der einzelnen Baugruppen die Folge, die besonders bei analogen Schaltungen Probleme bereitet. Um diesen beim Entwurf zu begegnen, müssen sowohl Verbindungen auf dem Die als auch im Stapel berücksichtigt werden. Abhilfe können unter anderem zusätzliche Spannungsregler sein, die sich auf den Dies oder in Interposern integrieren lassen.

### 2.5.4 Fehlende Designkits im Stackingbereich

Schaltkreishersteller (Foundries) stellen prozessspezifische Konfigurationen für Entwurfs- und Simulationswerkzeuge in Form sogenannter Designkits bereit. Diese beinhalten Entwurfsregeln, Modelle und Informationen über parasitäre Effekte. Die Verwendung der Designkits ermöglicht eine gute Vorhersage von Schaltungseigenschaften durch Simulation und bildet die Schnittstelle zwischen Entwurf und Fertigung.

Während heute Designkits für den Entwurf der einzelnen Dies existieren, fehlen diese im Bereich des Stapelns. Auf dieser Ebene ist die automatische Prüfung von Designregeln nicht möglich, und die Qualität der Entwurfsverifikation durch Simulation ist eingeschränkt. Zusätzlich fehlt ein standardisiertes Datenformat zum Austausch von Geometriedaten sowohl zwischen Entwurfswerkzeugen als auch zwischen Entwurfsteam und 3D-Systemhersteller. Eine größere Anzahl erforderlicher Redesigns ist die Folge.

Die Erweiterung von Designkits bezüglich 3D-Aufbautechniken ist eine wichtige Voraussetzung, um die breitere Anwendung dieser neuen Integrationstechniken zu ermöglichen. Im Kap. 7 wird ein XML-basiertes Sprachkonzept zur Beschreibung von 3D-Geometriedaten vorgestellt.

### 2.5.5 Sicherstellung der Testbarkeit

Für die fehlerfreie Funktion eines 3D-Systems ist es erforderlich, dass zum einen alle einzelnen Dies fehlerfrei gefertigt und diese zum anderen korrekt montiert und verschaltet werden. Da ein fehlerhafter Die den ganzen Stapel mit mehreren fehlerfreien Ebenen unbrauchbar macht, ist es für die Produktionskosten entscheidend, fehlerhafte ICs auf dem Wafer zu identifizieren. Das kann insbesondere bei Hochfrequenzschaltungen Probleme bereiten, da HF-Signale auf dem Wafer schwer zu kontaktieren sind. Nach dem Wafertest sollten maximal 1 % der als gut klassifizierten Dies unentdeckte Fehler aufweisen (Known Good Die Level 99 %).

Nach der Montage des Stapels und dem Packaging erfolgt der Test des Gesamtsystems. Hierbei muss berücksichtigt werden, dass der Zugriff auf innere Signale und Baugruppen nicht direkt möglich ist. Dazu zählen auch die im System verbauten TSVs. Je nach Anwendung sind geeignete Testkonzepte zu entwickeln, die zum einen die korrekte Montage des Systems prüfen als auch der Komplexität der Systemfunktion und den daraus resultierenden hohen Testdauern und -kosten entgegenwirken. Ein erfolgversprechender Ansatz ist der Einsatz von Selbsttestkonzepten, bei denen die im System verbauten Prozessoren Testpattern generieren, welche die Korrektheit des Systems bewerten. Dadurch kann der Aufwand an Testzeit und Produktionstestern reduziert werden. Zusätzlich ist zu untersuchen, in welchem Maß der Systemtest auf die Ergebnisse des Wafertests aufbauen kann.

### 2.5.6 Komplexität der Systeme

Die in den Punkten 2.5.1–2.5.5 dargestellten Entwurfsprobleme müssen für sehr komplexe Systeme mit einer hohen Anzahl von Schaltungselementen beherrscht werden. Während es für Teilsysteme und für eine geringe TSV-Anzahl Modellierungsansätze und Analysewerkzeuge gibt, sind diese für den Entwurf des vollständigen Systems oft nicht geeignet. Grund ist die hohe Rechenzeit und ein hoher Speicherbedarf dieser detaillierten Modelle.

Eine wichtige Aufgabe sind daher die im Teil II beschriebenen Modellierungsverfahren, die den Abstraktionsgrad der Modelle erhöhen, die Modelle also vereinfachen, ohne entscheidende Eigenschaften zu verlieren.

Eine weitere Herausforderung ist die Entwicklung von Entwurfsabläufen und Optimierungsstrategien, die schrittweise zum 3D-Layout führen (s. Teil III).

Die aufgezeigten Herausforderungen zeigen, dass der 3D-Entwurf neben der Verbesserung der Fertigungstechnologie auch neue und leistungsfähigere Entwurfswerkzeuge benötigt. In den nachfolgenden Kapiteln werden Lösungsansätze für die genannten Probleme des 3D-Entwurfs vorgestellt.

## Literatur

[LWK09] Limansyah, I., Wolf, J., Klumpp, A., Zoschke, K., Wieland, R., Klein, M., Oppermann, H., Nebrich, L., Heinig, A., Pechlaner, A., Reichl, H., Weber, W.: 3D image sensor SiP with TSV silicon interposer. In: Electronic Components and Technology Conference, 59, San Diego, S. 1430–1436 (2009)

[RKJ09] Rühlicke, T., Knöchel, U., Janssen, G., Munteanu, I., Jaklic, J., Golberg, H.-J.: Dionysys – Entwurfsmethoden für hochfrequente Systems-in Package (SiP); Newsletter edacentrum, Nr. 2, S. 5–11 (2009)

[Sab11] Saban, K.: Xilinx stacked silicon interconnect technology delivers breakthrough FPGA capacity, bandwidth, and power efficiency. White Paper Xilinx. http://www.xilinx.com/support/documentation/white_papers/wp380_Stacked_Silicon_Interconnect_Technology.pdf (2011)

[Tum06] Tummala, R.R.: Moore's law meets its match. IEEE Spectrum. S. 44–49 (2006)

[Tum10] Tummala, R.R., Swaminathan, M.: Introduction to System-on-Package (SOP): Miniaturization of the entire system. McGraw-Hill, New York (2010)

[WES10] Wagner, F., Elneel, N.A., Schroeder, D., Krautschneider, W.: Design and implementation of an integrated RF system-in-package for healthcare applications; In: Electronics System Integration Technology Conference 2010, S. 1–5, ESTC, Berlin (2010), 13–16 Sept 2010

# 3 Layoutrepräsentationen im 3D-Entwurf

Robert Fischbach

## 3.1 Einleitung

Eine Layoutrepräsentation ist die rechnerinterne Abbildung eines Layoutproblems anhand abstrakter Datenstrukturen. Dieses Kapitel gibt einen umfassenden Überblick über diese Datenstrukturen im 3D-Kontext.

Die Untersuchungen zeigen das Potenzial ausgewählter 3D-Layoutrepräsentationen und verdeutlichen offene Herausforderungen, welche künftig zu berücksichtigen sind. Schlussfolgerungen aus dem Vergleich bisher veröffentlichter 3D-Layoutrepräsentationen sollen Layout- und Werkzeugentwicklern die Möglichkeit geben, die für eine Anwendung passende Repräsentation auszuwählen.

Eine abschließend vorgestellte neuartige 3D-Layoutrepräsentation für dreidimensionale beliebig orthogonale Blöcke (orthogonale Polyeder) ermöglicht die uneingeschränkte Wiederverwendung aufwändig optimierter 3D-Schaltungsblöcke [Fi12].

### 3.1.1 Motivation

Vielversprechende Systemeigenschaften eröffnen sich durch die vertikale Integration elektronischer Schaltkreise. Im Gegensatz zu herkömmlichen Chiptechnologien ermöglichen moderne Systemintegrationsverfahren das Stapeln von Chips und damit das vertikale Anordnen mehrerer Bauelementeebenen. So lassen sich kürzere Verbindungen und dadurch leistungsfähigere 3D-Schaltkreise realisieren. Eine Einführung in die 3D-Systeme findet sich in Kap. 2.

R. Fischbach (✉)
Institut für Feinwerktechnik und Elektronik-Design, Technische Universität Dresden,
Dresden, Deutschland
E-Mail: fischbach@ifte.de

J. Lienig, M. Dietrich (Hrsg.), *Entwurf integrierter 3D-Systeme der Elektronik*,
DOI 10.1007/978-3-642-30572-6_3, © Springer-Verlag Berlin Heidelberg 2012

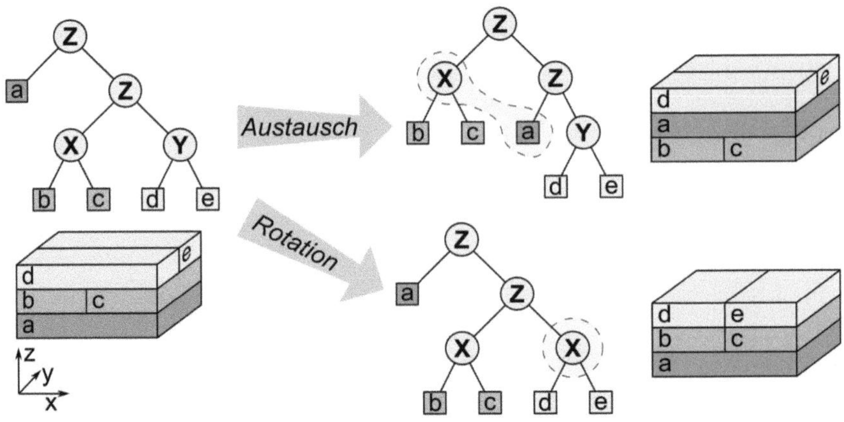


**Abb. 3.1** Layoutrepräsentation einer geometrischen Layoutanordnung am Beispiel eines 3D-Schnittbaums. Die inneren Knoten der Binärbaumstruktur repräsentieren die Schnittebenen und teilen das 3D-Layout auf. Die den Blattknoten zugeordneten Blöcke werden entsprechend in den entstehenden Räumen platziert (*links*). Definierte Operationen (Rotation und Austausch) erzeugen neue Layoutanordnungen (*rechts*)

Bisherige Entwurfswerkzeuge sind jedoch nicht ausreichend in der Lage, das vorhandene Potenzial von 3D-Systemen vollständig zu nutzen. Die dritte Dimension erhöht die Entwurfskomplexität, was effizientere Entwurfsalgorithmen und Datenstrukturen verlangt. Diese müssen weiterhin die vertikalen Abhängigkeiten zwischen Schaltungselementen unterschiedlicher Schaltkreislagen berücksichtigen.

Die im Folgenden vorgestellten 3D-Layoutrepräsentationen dienen der Optimierung dreidimensionaler integrierter Systeme. Ihre Nutzung bei der Modellierung und Simulation (Teil II) und dem Layoutentwurf (Teil III) adressiert damit eine Vielzahl der in Kap. 2 genannten Herausforderungen.

### 3.1.2 Definition

Der Layoutentwurf elektronischer Systeme basiert auf abstrakten Modellen des entsprechenden Entwurfsproblems, die rechentechnisch mithilfe von Datenstrukturen abgebildet werden. Zusätzlich zu der rechnerinternen Abbildung sind Operationen zum Realisieren von effizienten Datenzugriffen und -modifikationen notwendig. Im Layoutentwurf wird diese Kombination aus der Datenstruktur und den zugehörigen Operationen als *Layoutrepräsentation* bezeichnet. Sie ermöglicht das Durchsuchen des Lösungsraums eines Layoutproblems und dessen Optimierung. Der Lösungsraum sollte eine geringe Redundanz besitzen, klein sein und die besten Lösungen beinhalten. Abbildung 3.1 zeigt eine 3D-Layoutrepräsentation anhand eines einfachen Beispiels.

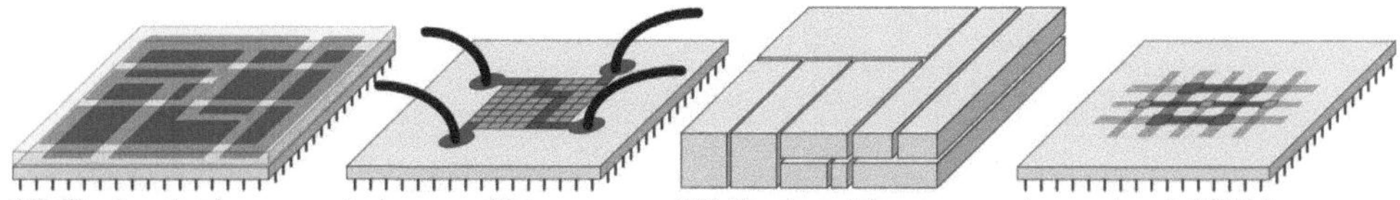


**Abb. 3.2** Anwendungsgebiete für 3D-Layoutrepräsentationen: Layoutentwurf mehrlagiger 3D-Schaltkreise; Wegeplanung für mikrofluidische Lab-on-a-Chip-Anwendungen; Optimierung dreidimensionaler Packprobleme; Aufgabenplanung in dynamisch (partiell) reprogrammierbaren FPGAs

### 3.1.3 Abgrenzung

Das Ziel der hier vorgestellten Untersuchungen ist das Bestimmen inhärenter Eigenschaften der betrachteten Layoutrepräsentationen. Dazu zählen unter anderem die berücksichtigten Randbedingungen sowie die prinzipielle Funktionsweise einer Abbildung. Für ein gegebenes Entwurfsproblem können dadurch geeignete Kandidaten ermittelt werden.

Die Implementation der Repräsentationen (z. B. Baumstrukturen) erfolgte anhand der Beschreibung in den jeweiligen Veröffentlichungen. Für die Lösungsraumanalyse sind keine weiteren Optimierungen zur Verbesserung der Laufzeit oder des Speicherbedarfs notwendig. Vor einem Produktiveinsatz im Layoutentwurf sind solche Anpassungen jedoch durchzuführen, beispielsweise durch das Verwenden von spezialisierten Datenstrukturen oder das Parallelisieren der Algorithmen.

Weiterhin grenzen sich die hier betrachteten Layoutrepräsentationen von den sog. Layoutdatenstrukturen (wie z. B. *Corner Stitching* oder *Quad Trees*) ab, deren Zweck das effiziente Speichern und Manipulieren der Polygone auf den einzelnen Ebenen eines Maskenlayouts ist (Details siehe z. B. [AMS09, 62 ff.]).

Eigenschaften und Parameter, welche die Layoutrepräsentationen nicht direkt abbilden, etwa geometrische Abmessungen von Blöcken, erfordern eine zusätzliche Datenbasis. Als Grundlage dienen beispielsweise Modellbeschreibungen, wie sie in Kap. 7 anhand eines XML-Datenaustauschformates erläutert werden.

### 3.1.4 Layoutrepräsentationen zur Optimierung im 3D-Entwurf

3D-Layoutrepräsentationen beschreiben die topologischen Beziehungen zwischen räumlichen Objekten (z. B. Schaltungsblöcken). Neben der Verwendung zur Layoutoptimierung im 3D-Entwurf lassen sie sich in weiteren Bereichen einsetzen. Abbildung 3.2 zeigt vier mögliche Anwendungen, die im Folgenden kurz erläutert werden. In der Regel sind die Repräsentationen an die jeweiligen Randbedingungen anzupassen.

**3D-Layoutentwurf:** Das Anwendungsgebiet, auf das sich dieses Kapitel konzentriert, sind 3D-Repräsentationen zur Layoutoptimierung im 3D-Entwurf basierend auf Technologien

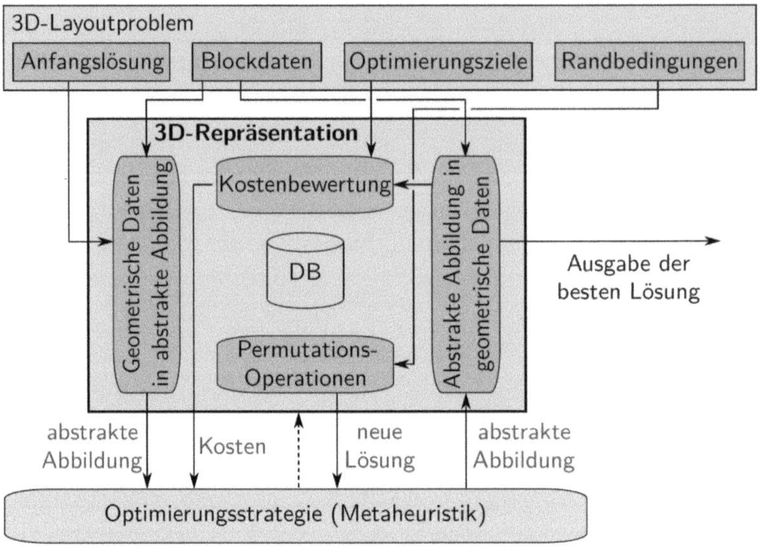


**Abb. 3.3** Verbindung von 3D-Layoutproblem (*oben*), 3D-Repräsentation (*Mitte*) und Optimierungsstrategie (*unten*) [Fi12]. Die Repräsentation verwendet Layoutinformationen, wie physische Größen der Blöcke, Randbedingungen und Optimierungsziele, um konkrete Lösungen zu bewerten und um zwischen abstrakter und geometrischer Darstellung zu transformieren. Ein erfolgreicher 3D-Layoutentwurf erfordert das effiziente Zusammenwirken dieser Bestandteile

der vertikalen Integration. Besonders im Floorplanning ist die globale Optimierung der Schaltungsblöcke unter Berücksichtigung vielfältiger Optimierungsziele und Randbedingungen notwendig.

Abbildung 3.3 veranschaulicht die Verwendung von 3D-Layoutrepräsentationen zum Lösen dreidimensionaler Layoutprobleme. Metaheuristiken, wie *Simulated Annealing*, ermöglichen die kombinatorische Optimierung großer Probleme, welche sich analytisch nicht mehr erfassen lassen. Damit das Optimierungsverfahren effizient auf das Layout zugreift, kommen 3D-Layoutrepräsentationen als Vermittler zum Einsatz. Zum Bewerten und Verändern der momentanen Lösung stehen Funktionen zur Verfügung. Geeignete Abstraktionen schränken den Lösungsraum ein und beschleunigen damit den Optimierungsvorgang.

**Lab-on-a-Chip Anwendungen:** Moderne Biochips für *Lab-on-a-Chip*-Anwendungen sind ein weiteres Anwendungsgebiet. Eine durch elektrische Felder betriebene Transportmatrix bewirkt die Bewegung kleiner Tropfen, welche z. B. Wirkstoffe enthalten. Der zeitliche Wegverlauf der Tropfen lässt sich als dreidimensionales Layoutproblem darstellen. Belegte Matrixelemente werden zum jeweiligen Zeitpunkt von einer weiteren Verwendung ausgeschlossen. Der vorübergehenden Blockade folgt die Wiederverwendung des Tropfenpfades. In diesem Fall bildet die Zeit die dritte Dimension. 3D-Repräsentationen ermöglichen die Modellierung dieses Problems. In [YYC07a] beschreiben Yuh u. a. den Einsatz einer 3D-Layoutrepräsentation zur zeitlichen Planung von Abläufen in mikrofluidischen Biochips.

**Dreidimensionale Packprobleme:** Der dritte vorgestellte Anwendungsfall sind kombinatorische Optimierungsprobleme. Viele solcher Probleme besitzen besonders in drei Dimensionen Praxisrelevanz. Als Beispiel soll das Beladen eines LKW dienen. Die Suche nach einer optimalen, etwa platzsparenden, Anordnung von Gütern unterschiedlicher Größe ist bereits ein NP-vollständiges Problem. Ein möglicher Lösungsansatz ist das Verwenden von 3D-Layoutrepräsentationen in Kombination mit bewährten Optimierungsverfahren. Damit lässt sich effizient eine Vielzahl gültiger Lösungen ermitteln. Weiterhin können besondere Randbedingungen berücksichtigt werden, beispielsweise sind Güter mit großer Masse unten anzuordnen. Es existieren viele weitere Problemstellungen, die sich mit diesem Ansatz verfolgen lassen (siehe z. B. [Be90, MPV00]).

**Dynamisch reprogrammierbare FPGAs:** Die letzte Anwendung in Abb. 3.2 ist die Aufgabenplanung (*scheduling*) für die neue Klasse der dynamisch wiederprogrammierbaren FPGAs (*Field Programmable Gate Arrays*). FPGAs sind programmierbare Schaltkreise, bestehend aus regelmäßig verteilten Basisblöcken (typischerweise aufgebaut aus *Lookup*-Tabellen und Flip-Flops) sowie einem flexiblen Verbindungsnetzwerk. Traditionelle FPGAs werden vor ihrem Einsatz fest programmiert. Neue Generationen erlauben zunehmend eine zumindest regionale Umprogrammierung im laufenden Betrieb. Dies erfordert eine dynamische Planung der auszuführenden Aufgaben (*tasks*). 3D-Layoutrepräsentationen können solche Aufgabenplanungen darstellen, indem die Zeit wiederum als dritte Dimension abgebildet wird. Eine wichtige Anforderung an die verwendete 3D-Repräsentation ist die Fähigkeit, die zeitliche Ordnung der einzelnen Aufgaben zu berücksichtigen (z. B. Fertigstellen von Aufgabe A vor Aufgabe B). In Zukunft könnte die Kombination mit 3D-Integrationstechnologien zu dreidimensionalen FPGAs führen. Dann müsste die Zeit in einer vierten Dimension mithilfe noch effizienterer 4D-Repräsentationen abgebildet werden. Eine Einführung in dynamisch reprogrammierbare FPGAs ist in [YYC07] zu finden.

## 3.2 Moderne 3D-Layoutrepräsentationen

### 3.2.1 Klassifikation

Der erste Ansatz bei der Entwicklung 3D-fähiger Repräsentationen war die mehrfache Benutzung bewährter 2D-Repräsentationen, um mehrlagige Schaltkreise abzubilden (z. B. einen Schnittbaum pro Schaltkreislage). Aufgrund ihrer Eignung zur Darstellung solch mehrlagiger Layoutanordnungen werden diese sogenannten *2.5D*-Repräsentationen nachfolgend als *mehrlagig dreidimensionale Layoutrepräsentationen* bezeichnet (Abb. 3.4a). Jedoch sind zusätzliche Mechanismen zu implementieren, um die vertikalen Abhängigkeiten (z. B. Überlappungsregeln) der Blöcke unterschiedlicher Ebenen zu berücksichtigen.

Vertikale Abhängigkeiten zwischen den Blöcken lassen sich jedoch besser direkt in den Repräsentationen beachten. Aktuellere 3D-Layoutrepräsentationen bilden daher Blöcke in allen drei Raumdimensionen ab. Sie werden im Weiteren als *vollständig dreidimensionale*

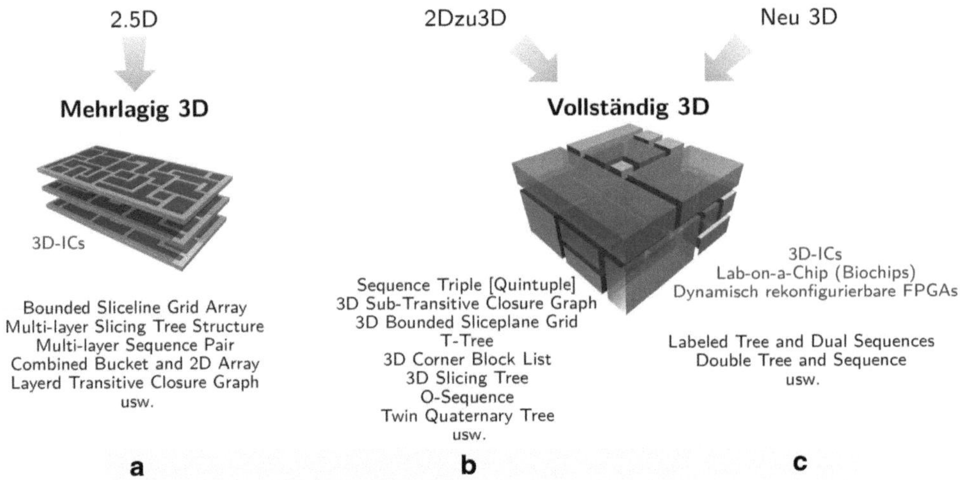


**Abb. 3.4** Klassifikation von 3D-Layoutrepräsentationen [Fi12]. **a** 2.5D-Repräsentationen verwenden mehrfache Kopien einer klassischen (2D) Layoutrepräsentation. **b** 2Dzu3D-Repräsentationen überführen klassische (2D) Layoutrepräsentationen in die dritte Dimension. **c** Neue 3D-Repräsentationen besitzen keinen direkten Vorgänger

*Layoutrepräsentationen* bezeichnet. Die Mehrheit dieser Strukturen entwickelte sich ebenfalls aus bewährten 2D-Vorgängern, jedoch über eine einfache Mehrfachnutzung hinaus. Sie heißen deshalb *2Dzu3D*-Repräsentationen (Abb. 3.4b).

Ein gegenwärtiger Trend sind hybride Abbildungen, welche Bestandteile verschiedener Repräsentationen miteinander kombinieren (z. B. Bäume und Sequenzen). Diese sogenannten *neuen 3D*-Repräsentationen (Abb. 3.4c) beschreiben zielgerichtet 3D-Layoutprobleme und besitzen keinen direkten 2D-Vorgänger.

## 3.2.2 Mehrlagig dreidimensionale Layoutrepräsentationen

In der Regel verwenden mehrlagig dreidimensionale Layoutrepräsentationen für jede Lage einer Layoutanordnung eine eigene Instanz der zugrunde liegenden 2D-Repräsentation. Informationen über benachbarte Blöcke sind deshalb oft auf eine Ebene begrenzt. Das schränkt zum Beispiel einen erfolgreichen thermischen Entwurf ein. Ohne die Überführung in die konkrete geometrische Lösung lässt sich auch die Lösungsqualität schwer bewerten.

Trotz dieser Einschränkungen eignen sich mehrlagig dreidimensionale Layoutrepräsentationen für gegenwärtig entwickelte 3D-Systeme, da diese bisher über nur wenige Schaltkreislagen und Through-Silicon Vias verfügen. Damit sind hier zusammenhängende Funktionen, d. h. Blöcke, typischerweise in einer Ebene platziert. Bei zukünftig wachsender Lagenanzahl (zusätzlich mit steigender Konnektivität) verlieren mehrlagig dreidimensionale Layoutrepräsentationen jedoch an Attraktivität, da kein inhärentes Berücksichtigen vertikaler Beziehungen zwischen den Blöcken gegeben ist.

Im Vergleich zu den nachfolgend aufgeführten vollständig dreidimensionalen Ansätzen basieren mehrlagig dreidimensionale Layoutrepräsentationen direkt auf den Lösungsraumkomplexitäten der zugrunde liegenden 2D-Repräsentationen. Der Komplexitätsanstieg hängt jedoch stark von der Anzahl der Lagen und von der Verwendung mehrlagiger Blöcke ab [WYC10].

### 3.2.3 Vollständig dreidimensionale Layoutrepräsentationen

Die Mehrheit der vollständig dreidimensionalen Layoutrepräsentationen stellt Erweiterungen bewährter 2D-Layoutrepräsentationen dar. Abbildung 3.5 gibt einen Überblick über klassische (2D) Repräsentationen, welche in die Entwicklung der 2Dzu3D-Repräsentationen einflossen.

Der *T-Tree* ist ein Beispiel für eine solche 2Dzu3D-Repräsentation. Da die Überführung des ursprünglichen Binärbaums in einen Ternärbaum mit ähnlichen Merkmalen gelingt, bleiben die positiven Eigenschaften seiner 2D-Version ($B^*$*-Tree*) auch in seiner 3D-Umsetzung erhalten. Bei anderen Repräsentationen, wie etwa beim *Sequence Triple*, gehen durch die Überführung wichtige Eigenschaften verloren. Ohne sich auf einen einzelnen 2D-Vorgänger festzulegen, kombinieren neue 3D-Layoutrepräsentationen Bestandteile verschiedener Repräsentationen.

Vollständig dreidimensionale Layoutrepräsentationen beschreiben Blöcke in allen drei Raumdimensionen mit kontinuierlichen Werten. Ein Vorteil dieses Ansatzes ist, dass es keine weiteren Maßnahmen erfordert, um mehrlagige Blöcke zu berücksichtigen. Aufgrund der kontinuierlichen dritten Dimension wächst aber die Größe des Lösungsraums stärker als bei den mehrlagig dreidimensionalen Layoutrepräsentationen. Andere vertikale Randbedingungen, wie die Überlappungsfreiheit von zwei Blöcken, erfordern wiederum algorithmische Beachtung.

Die in Abschn. 3.1.4 erwähnten Anwendungsfälle Lab-on-a-Chip und dynamisch rekonfigurierbarer FPGA lassen sich mithilfe vollständig dreidimensionaler Layoutrepräsentationen abbilden. Zur Lösung von 3D-Layoutproblemen mit wenigen Schaltkreislagen setzt man (noch) auf mehrlagig dreidimensionale Layoutrepräsentationen. Die hier behandelten vollständig dreidimensionalen Layoutrepräsentationen gewinnen jedoch für zukünftige Integrations- und Nanotechnologien an Bedeutung.

## 3.3 Vergleich von 3D-Layoutrepräsentationen

Seit dem Jahr 2000 entwickelten Forschergruppen aus aller Welt eine Vielzahl an 3D-Layoutrepräsentationen. Ein sachlicher Vergleich dieser Abbildungen erfordert aussagekräftige Kriterien. Laufzeitkomplexität und Größe des Lösungsraums wendet man oft bei Untersuchungen von Layoutrepräsentationen an. Tabelle 3.1 gibt einen Überblick über die aktuellen Vertreter der 3D-Layoutrepräsentationen unter Angabe dieser beiden typischen Merkmale.

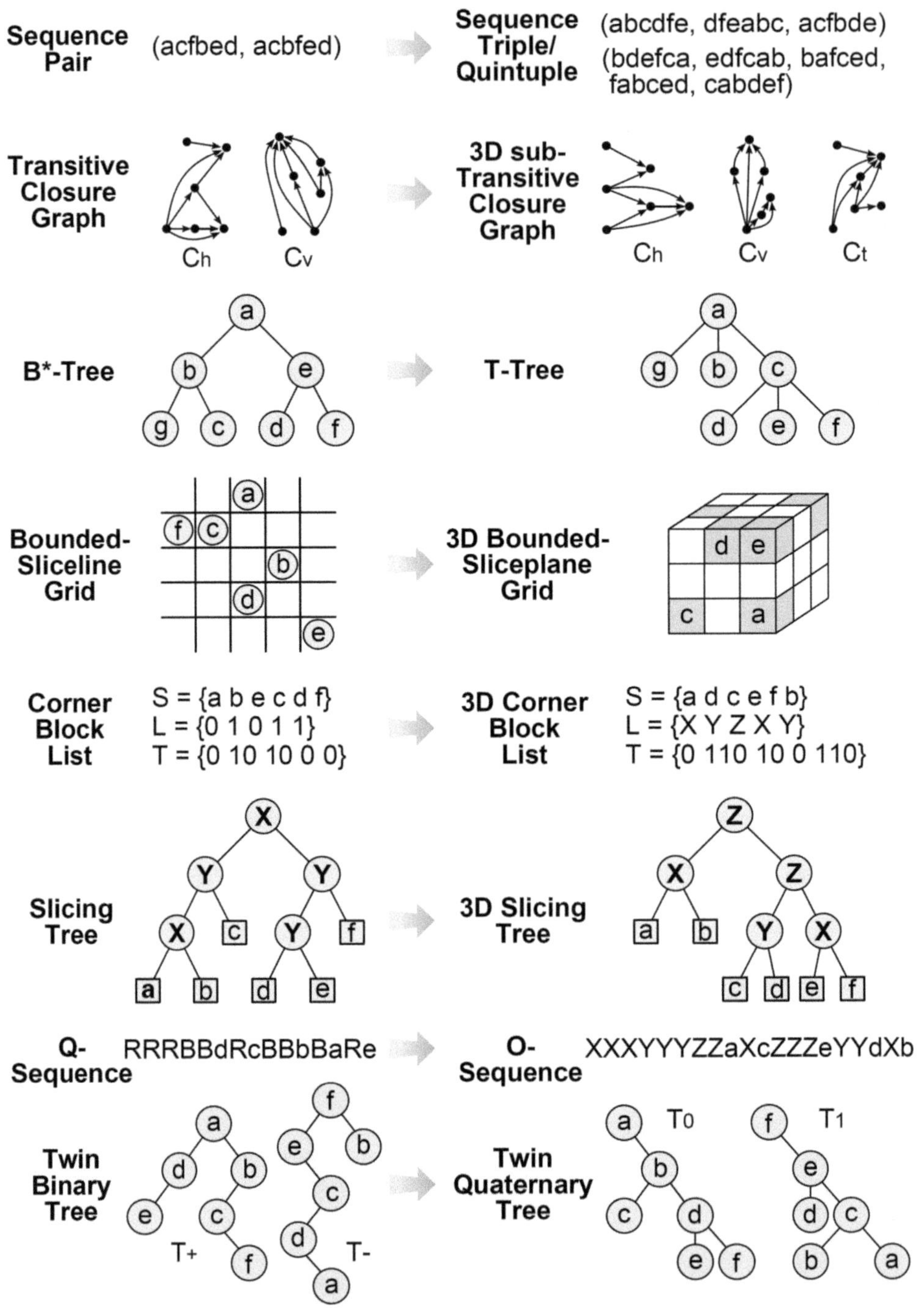


**Abb. 3.5** Klassische (2D) Layoutrepräsentationen (*links*) und ihre 2Dzu3D-Weiterentwicklungen (*rechts*) [Fi12]. Die hier gezeigten Beispiele verfügen über keinen topologischen Zusammenhang, sondern dienen der Veranschaulichung der Strukturunterschiede zwischen 2D- und 3D-Abbildungen

**Tab. 3.1** Übersicht über verbreitete 3D-Layoutrepräsentationen [Fi12]. Verglichen werden Datum der Veröffentlichung, Zeitkomplexität der Operationen (*worst case*), Größe des Lösungsraums und charakteristische Merkmale. Die Anzahl der Blöcke werden mit n und nicht verfügbare Informationen mit n.v. bezeichnet. Bis auf die letzten beiden existieren zu allen Repräsentationen eindeutige 2D-Vorgänger

| Klasse | Layoutrepräsentation | Jahr | Laufzeit | Lösungsraumgröße | Charakteristika |
|---|---|---|---|---|---|
| 2.5D | *Bounded-Siiceline Grid Array* [DM01] | 2001 | $O(n^2)$ | *gitterabhängig* | Mehrere Bounded-Siiceline Grids |
| | *Multi-layer Slicing Tree Structure* [BT04] | 2004 | $O(n)$ | $O(n!\ 2^{3n}/n^{1.5})$ | Mehrere Schnittbäume |
| | *Multi-layer Sequence Pair* [SREL04] | 2004 | $O(n \log\log n)$ | $O((n!)^2)$ | Mehrere Sequence Pairs |
| | Combined Bucket and 2D Array [CWZ04] | 2004 | *n.v.* | *n.v.* | Mehrere Transitive Closure Graphs und Containerstruktur |
| | *Layered Transitive Closure Graph* [LYC06] | 2006 | $O(n^2)$ | $O((n!)^2)$ | Zwei Transitive Closure Graphs und Lageninformationen |
| 2Dzu3D | *Sequence Triple [Quintuple]* [YSNK00] | 2000 | $O(n^2)$ | $O((n!)^3)$ $[O((n!)^5)]$ | Drei [fünf] Sequenzen (sog. *locii*) |
| | *3D Transitive Closure subGraph* [YYCC04] | 2004 | $O(n^2)$ | $O((n!)^3)$ | Drei transitive Graphen |
| | *T-Tree* [YYC04] | 2004 | $O(n^2)$ | $O(n!\ 3^{3n}/2^{2n}n^{1.5})$ | Ternärbaum; Knoten: Blöcke, Kanten: Nachbarschaft |
| | *3D Bounded-Sliceplane Grid* [YNA05] | 2005 | $O(n^2)$ | *gitterabhängig* | 3D-Gitterstruktur |
| | *3D Corner Block List* [MHDC05] | 2005 | $O(n)$ | $O(n!\ 3^{n-1}\ 2^{4n-4})$ | Blocksequenz, Liste mit Orientierungen, Liste sog. tri-branches |
| | *3D Slicing Tree* [CDW05] | 2005 | $O(n)$ | $O(n!\ 2^{3n}/n^{1.5})$ | Binärbaum; Innere Knoten: Schnittebenen, Blätter: Blöcke |
| | *Sequence Quadruple* [KKFT06] | 2006 | $O(n^2)$ | $O((n!)^4)$ | Vier Sequenzen (*locii*) |
| | *O-Sequence* [OYKF06] | 2006 | $O(n)$ | *n.v.* | Sequenz aus Blöcken und Symbolen |
| | *Twin Quaternary Tree* [WYC09] | 2009 | $O(n)$ | $O((4n)!^2/(3n+1)!^2)$ | Zwei Quartärbäume; Knoten: Blöcke, Kanten: Nachbarschaft |
| | *3D Moving Block Sequence* | 2011 | $O(n^2)$ | $O(n!\ 12^{(n-1)})$ | Zwei Sequenzen: Einfügereihenfolge und Einfügepositionen |
| Neu 3D | *Double Tree and Sequence* [FKI07] | 2007 | $O(n^2)$ | $O(n!\ n^{2(n-1)})$ | Zwei Bäume (x(y)-Baum), Sequenz (z-Ordnung) |
| | *Labeled Tree and Dual Sequences* [WYZ+08] | 2008 | $O(n^{4/3} \log n)$ | $O((n!)^2\ n^{n-1})$ | Blocksequenz, Nummernfolge und Baumstruktur |

Um anwendungsbezogene Aussagen zu treffen, reicht ein ausschließlich auf Grundlage dieser beiden Merkmale beruhender Vergleich jedoch nicht aus. Eine detailliertere Gegenüberstellung erfordert zusätzliche Kriterien. Tabelle 3.2 listet daher weitere Merkmale auf, mit denen die Anwendbarkeit moderner 3D-Layoutrepräsentationen bewertet wurde. Im Folgenden wird kurz auf die wichtigsten Kriterien eingegangen.

### 3.3.1 Laufzeitkomplexität

Die Laufzeit $L(n)$ beschreibt die benötigten Rechenschritte eines Algorithmus in Abhängigkeit von der Problemgröße $n$; oft im schlechtesten Fall (*worst case*), gelegentlich auch im Durchschnitt (*average case*), selten im besten Fall (*best case*). Um einen implementationsunabhängigen Vergleich verschiedener Algorithmen zu ermöglichen, lässt sich die Laufzeit $L(n)$ einer Komplexitätsklasse $O(g(n))$ zuordnen. Diese gibt das asymptotische Verhalten als obere Schranke der Algorithmen wieder und wird mithilfe der Landau-Notation (O-Notation) angegeben (siehe z. B. [Sk08]).

Tabelle 3.1 zeigt das jeweils ungünstigste Laufzeitverhalten (*worst case*). In den meisten Fällen handelt es sich um die Überführung der abstrakten Lösung in die geometrische Anordnung. Chan u. a. [CAM05] untersuchten die Wichtigkeit von Floorplanning-Repräsentationen im Layoutentwurf. Sie stellten fest, dass die Bewertung der Kosten den Hauptteil der Optimierungszeit beansprucht, was die Bedeutung effizienter Permutations- und Transformationsoperationen abschwächt. Für die in diesem Buchkapitel betrachteten 3D-Layoutrepräsentationen sollten daher Flexibilität, minimale Lösungsraumgröße und kostenkorrelierende Eigenschaften im Vordergrund stehen.

### 3.3.2 Lösungsraumgröße

Die Größe des Lösungsraums bezieht sich auf die Anzahl möglicher Lösungen, welche eine bestimmte Layoutrepräsentation abbildet. Wie bei der Laufzeitkomplexität beschreibt die Landau-Notation den Wachstumstrend des Lösungsraums. Das alleinige Betrachten der Lösungsraumgröße, auch in Kombination mit der Laufzeitkomplexität, reicht für detaillierte Gegenüberstellungen von Layoutrepräsentationen nicht aus. Neben der Größe sind weitere Lösungsraumeigenschaften, wie z. B. Vollständigkeit und Redundanz, zu untersuchen.

### 3.3.3 Klassifizierende Eigenschaften

Verschiedene Klassifikationsansätze helfen beim Einordnen unterschiedlicher 3D-Layoutrepräsentationen. Der in Tab. 3.1 angegebene Aufbau einer Repräsentation zeigt die zugrunde liegende Datenstruktur. Diese lässt sich in vier Kategorien einteilen: Sequenzen bzw. Listen, Gitterstrukturen, auf Graphen basierende Strukturen wie Bäume und hybride Formen.

**Tab. 3.2** Detaillierte Eigenschaften verbreiteter 3D-Layoutrepräsentationen (s. auch Tab. 3.1) [Fi12]. Die folgenden spezifischen Charakteristika wurden beurteilt: Abstraktionsgrad (topologische Repräsentation (*TR*), Raumaufteilung (*RA*)), räumliche Auflösung (diskret (*D*), kontinuierlich (*C*)), Layoutklassifikation (geschnitten (S), Mosaik (*M*), kompaktiert (*K*)), Operationen (*O*), Randbedingungen (*R*) und besondere Merkmale (*B*). Jede Eigenschaft kann sein: nicht gegeben (☐), nicht unterstützt (☒) oder unterstützt (☑)

| Klasse | *Layoutrepräsentation* | Abstraktion | Räuml. Auflösung (3D) | Layoutklassifikation | Vollständigkeit | Zyklische Anordnungen | Layout zu Abstraktion | Eins-zu-Eins Beziehung | Erreichbarkeit | O: Verschieben | O: Austausch | O: Rotation | O: Aufteilen (3D) | O: Zusammenfügen (3D) | O: Lokal und Global | R: Anordnungsreihenfolge | R: Vertikal (z.B. Überlappung) | R: Vorplatzierung | R: Feste Layoutfläche | R: Anzahl an Lagen | R: Lagenzuweisung | B: Mehrlagenblöcke | B: Verformbare Blöcke | B: Rektilineare Blöcke | B: Inhärente Kostenbewertung |
|---|---|---|---|---|---|---|---|---|---|---|---|---|---|---|---|---|---|---|---|---|---|---|---|---|---|
| 2.5D | *Bounded-Sliceline Grid Array* | TR | D | K | ☑ | ☑ | ☐ | ☒ | ☑ | ☑ | ☑ | ☑ | ☑ | ☑ | ☑ | ☑ | ☐ | ☐ | ☐ | ☑ | ☑ | ☑ | ☐ | ☑ | ☑ |
| | *Multi-layer Slicing Tree Structure* | RA | D | S | ☑ | ☒ | ☐ | ☑ | ☑ | ☒ | ☑ | ☑ | ☒ | ☒ | ☑ | ☑ | ☒ | ☒ | ☒ | ☑ | ☑ | ☒ | ☑ | ☒ | ☐ |
| | *Multi-layer Sequence Pair* | TR | D | K | ☑ | ☒ | ☑ | ☑ | ☑ | ☐ | ☑ | ☑ | ☒ | ☒ | ☑ | ☑ | ☒ | ☒ | ☒ | ☑ | ☑ | ☒ | ☑ | ☐ | ☑ |
| | *Combined Bucket and 2D Array* | TR | D | K | ☑ | ☐ | ☐ | ☐ | ☑ | ☑ | ☑ | ☑ | ☑ | ☑ | ☑ | ☑ | ☑ | ☐ | ☐ | ☑ | ☑ | ☑ | ☐ | ☐ | ☑ |
| | *Layered Transitive Closure Graph* | TR | D | K | ☐ | ☑ | ☐ | ☐ | ☑ | ☑ | ☑ | ☑ | ☑ | ☑ | ☑ | ☑ | ☑ | ☐ | ☐ | ☑ | ☑ | ☑ | ☑ | ☐ | ☑ |
| 2Dzu3D | *Sequence Triple* | TR | C | K | ☒ | ☐ | ☐ | ☒ | $\leq 3n-3$ | ☐ | ☑ | ☑ | ☐ | ☐ | ☐ | ☒ | ☒ | ☒ | ☒ | ☒ | ☒ | ☑ | ☑ | ☐ | ☑ |
| | *Sequence Quintuple* | TR | C | K | ☑ | ☑ | ☐ | ☒ | $\leq 5n-5$ | ☐ | ☑ | ☑ | ☐ | ☐ | ☐ | ☒ | ☒ | ☒ | ☒ | ☒ | ☒ | ☑ | ☑ | ☐ | ☑ |
| | *3D Transitive Closure subGraph* | TR | C | K | ☑ | ☑ | ☐ | ☐ | ☑ | ☑ | ☑ | ☑ | ☑ | ☑ | ☑ | ☑ | ☑ | ☐ | ☑ | ☐ | ☐ | ☑ | ☐ | ☐ | ☑ |
| | *T-Tree* | TR | C | K | ☒ | ☒ | ☑ | ☒ | $\leq 4n-3$ | ☑ | ☑ | ☑ | ☐ | ☐ | ☑ | ☑ | ☑ | ☑ | ☑ | ☐ | ☐ | ☑ | ☐ | ☐ | ☑ |
| | *3D Bounded-Sliceplane Grid* | TR | C | K | ☐ | ☐ | ☐ | ☒ | ☑ | ☑ | ☑ | ☑ | ☑ | ☑ | ☑ | ☑ | ☑ | ☑ | ☐ | ☑ | ☐ | ☑ | ☐ | ☑ | ☑ |
| | *3D Corner Block List* | RA | C | M | ☑ | ☐ | ☑ | ☐ | ☑ | ☐ | ☑ | ☑ | ☑ | ☑ | ☒ | ☐ | ☐ | ☐ | ☐ | ☐ | ☐ | ☑ | ☑ | ☐ | ☐ |
| | *3D Slicing Tree* | RA | C | S | ☑ | ☒ | ☐ | ☑ | $\leq 10n-6$ | ☐ | ☑ | ☑ | ☑ | ☑ | ☑ | ☐ | ☑ | ☐ | ☐ | ☐ | ☑ | ☑ | ☑ | ☐ | ☐ |
| | *Sequence Quadruple* | TR | C | K | ☒ | ☐ | ☐ | ☒ | $\leq 4n-4$ | ☐ | ☑ | ☑ | ☐ | ☐ | ☐ | ☒ | ☒ | ☒ | ☒ | ☒ | ☒ | ☑ | ☑ | ☐ | ☑ |
| | *O-Sequence* | RA | C | M | ☐ | ☒ | ☑ | ☑ | ☐ | ☐ | ☑ | ☑ | ☑ | ☑ | ☐ | ☐ | ☐ | ☐ | ☐ | ☐ | ☐ | ☑ | ☑ | ☐ | ☐ |
| | *Twin Quaternary Tree* | TR | C | M | ☑ | ☑ | ☑ | ☒ | ☑ | ☐ | ☑ | ☑ | ☐ | ☐ | ☐ | ☐ | ☐ | ☒ | ☑ | ☒ | ☒ | ☑ | ☐ | ☐ | ☑ |
| | *3D Moving Block Sequence* | TR | C | K | ☒ | ☒ | ☐ | ☒ | ☑ | ☒ | ☑ | ☑ | ☑ | ☑ | ☑ | ☐ | ☐ | ☑ | ☐ | ☐ | ☒ | ☑ | ☐ | ☑ | ☐ |
| Neu 3D | *Double Tree and Sequence* | TR | C | K | ☑ | ☑ | ☐ | ☒ | ☑ | ☑ | ☑ | ☑ | ☑ | ☑ | ☑ | ☑ | ☑ | ☐ | ☐ | ☐ | ☐ | ☑ | ☐ | ☐ | ☑ |
| | *Labeled Tree and Dual Sequences* | TR | C | K | ☑ | ☑ | ☑ | ☒ | ☑ | ☐ | ☑ | ☑ | ☐ | ☐ | ☐ | ☐ | ☐ | ☐ | ☐ | ☐ | ☐ | ☑ | ☐ | ☐ | ☐ |

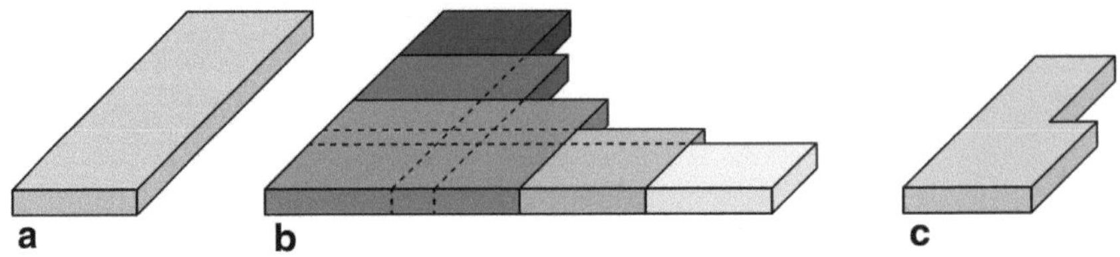


**Abb. 3.6** Verschiedene Arten von Layoutblöcken [Fi12]. **a** Blöcke mit fester Größe, typisch für Makrozellen. **b** flexible Blöcke (*soft blocks*) erlauben das Variieren des Seitenverhältnisses bei weitestgehend gleichbleibender Layoutfläche. **c** nicht auf Rechtecke beschränkte Blockformen (z. B. rektilineare Formen pro Lage)

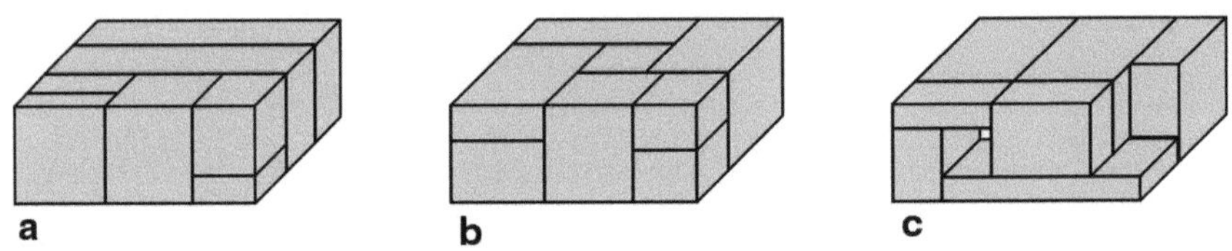


**Abb. 3.7** Unterschiedliche Layoutkategorien [Fi12]. **a** geschnittenes Layout, erzeugt durch rekursives Zerteilen des vorhandenen Layoutbereichs. **b** Mosaik-Repräsentationen fügen Blöcke an sogenannten *tri-branches* zusammen. **c** generelle Layouts treten meist in kompaktierter Form auf

Die Unterteilung in mehrlagige 2.5D- sowie vollständig dreidimensionale 2Dzu3D und neue 3D-Repräsentationen eignet sich, wie die in Tab. 3.2 aufgeführten Kriterien zeigen, um die verfügbaren Ansätze zu gruppieren. So unterscheiden sich die untersuchten Abbildungen beispielsweise bezüglich der unterstützten Blockformen (Abb. 3.6). Einige Layoutrepräsentationen sind direkte geometrische Abbildungen des entsprechenden Entwurfsproblems (z. B. der *3D Transitive Closure subGraph*), andere bieten einen stärkeren Abstraktionsgrad, wie z. B. die *O-Sequence*. Auch die aus dem Floorplanning bekannten Layoutkategorien dienen zur Unterscheidung (Abb. 3.7).

### 3.3.4 Vollständigkeit und Redundanz

Eine vollständige Layoutrepräsentation lässt alle möglichen Lösungen einer bestimmten Layoutkategorie zu. Zum Beispiel bildet der *3D Slicing Tree* alle geschnittenen Layouts ab. Es handelt sich also um eine vollständige, schneidende 3D-Layoutrepräsentation. Die meisten generellen Repräsentationen sind unvollständig, da in 3D-Layouts schwierig abzubildende zyklische Abhängigkeiten zwischen Blöcken auftreten können. *Sequence Quintuple* ist einer der wenigen Vertreter, der auf Kosten eines sehr großen Lösungsraums in der Lage ist (s. Abschn. 3.4), beliebige Layoutanordnungen abzubilden.

Die Größe des Lösungsraums steht eng in Verbindung mit der enthaltenen Redundanz, d. h., es existieren mehrere abstrakte Lösungen, welche zu einer identischen Layoutanordnung führen. Als weitere Auffälligkeit existieren in manchen Layoutrepräsentationen ungültige Lösungen. Typischerweise erfordert dies einen Mechanismus zum Testen und gegebenenfalls Korrigieren der Lösungen. Ein geringer Anteil redundanter und das Fehlen ungültiger Lösungen reduziert die Komplexität einer Repräsentation. Leider besitzt das oben erwähnte vollständige *Sequence Quintuple* eine hohe Redundanz.

### 3.3.5 Unterstützte Operationen

Die meisten 3D-Layoutrepräsentationen unterstützen klassische Modifikationsoperationen, wie Rotation, Spiegelung oder Anpassen der Seitenverhältnisse von Blöcken. Neben diesen Veränderungen geschieht das Generieren neuer Lösungen mithilfe der sogenannten Permutationsoperationen, die das Modifizieren einer abstrakten Lösung beispielsweise durch das Verschieben oder Tauschen von Blöcken realisieren. Weiterhin sind Transformationsoperationen zur Überführung einer abstrakten Lösung in die realen Geometrien notwendig.

Zwei beliebige Lösungen lassen sich durch eine Abfolge von Modifikations- und Permutationsoperationen miteinander verbinden. Eine geringe Anzahl notwendiger Schritte wird als hohe Erreichbarkeit bezeichnet. Das Realisieren lokaler und globaler Modifikations- und Permutationsoperationen, bezogen auf Lösungsqualität, kann zu einer besseren Erreichbarkeit zwischen verschiedenen Lösungen führen. Beim Einsatz von Metaheuristiken hängt eine effiziente Optimierung auch von einer guten Erreichbarkeit ab.

### 3.3.6 Unterstützte Randbedingungen

Zusätzlich zu bisherigen Randbedingungen, wie z. B. Symmetrien oder Abstände, müssen 3D-Layoutrepräsentationen die neuen Eigenschaften moderner 3D-Technologien berücksichtigen, um deren Vorteile zu nutzen. Beispielsweise belegen Blöcke in einem dreidimensionalen Layout unter Umständen mehrere Lagen eines 3D-Schaltkreises. Vollständig dreidimensionale Layoutrepräsentationen bilden die erforderlichen kontinuierlichen Blöcke als inhärentes Merkmal ab. Andererseits erlauben mehrlagig dreidimensionale Layoutrepräsentationen das Vorgeben einer Lagenanzahl und die Ebenenzuweisung von Blöcken.

### 3.3.7 Unterstützung der Kostenbewertung

Die Bewertung der Kosten ist gewöhnlich die zeitaufwändigste Operation während der Layoutoptimierung. Komplexe Kostenkriterien (z. B. Temperaturverteilungen) sind rechenaufwändiger als geometrische Merkmale. Manche Layoutrepräsentationen bieten eine inhärente Unterstützung der Kostenbewertung. Beispielsweise stellen einige Repräsentationen gerasterte Informationen über die Blöcke bereit, welche etwa für thermische Simulationen hilfreich sind (z. B. *Combined Bucket and 2D Array* und *3D Bounded-Sliceplane Grid*).

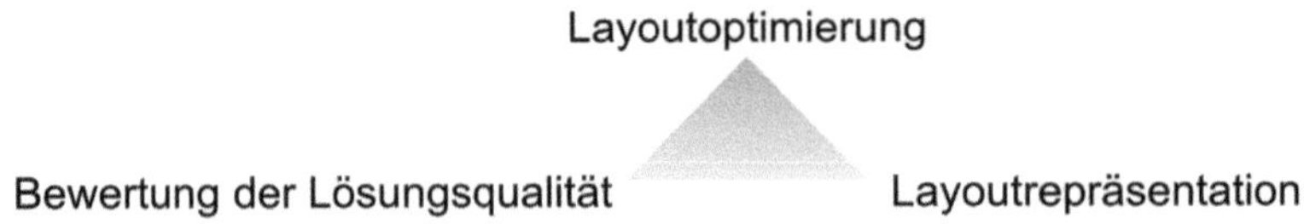


**Abb. 3.8** Verknüpfung von Layoutrepräsentation, Verfahren zur Lösungsfindung und Kostenbewertung. Für einen qualitativ hochwertigen und effizienten Layoutentwurf ist das Zusammenspiel aller Bestandteile zu optimieren

Abbildung 3.8 veranschaulicht das enge Zusammenspiel der 3D-Layoutrepräsentationen mit einer effektiven Kostenbewertung und geeigneten Verfahren zur Layoutoptimierung. Jeder dieser drei Bestandteile ist wesentlich für einen erfolgreichen Layoutentwurf. So wird etwa während der Optimierung immer wieder die Qualität der gegenwärtigen Lösung bewertet. Daher ist die effiziente Unterstützung der Kostenbewertung durch die Layoutrepräsentation vorteilhaft. Weiterhin muss die Layoutrepräsentation die nötigen Operationen zur Verfügung stellen, welche vom eingesetzten Optimierungsverfahren abhängen (vgl. auch Abb. 3.3).

## 3.4 Lösungsraumuntersuchungen

Nach dem Vergleich der Repräsentationsmerkmale im vorangegangenen Abschn. 3.3 erfolgt nun eine nähere Analyse der abgebildeten Lösungen. Die Menge aller abstrakten Lösungen eines gegebenen Layoutproblems wird nachfolgend als *Lösungsraum* bezeichnet. Bei der Untersuchung desselben lässt sich die Qualität der erzeugten Layoutanordnungen umfassend auswerten. Charakteristische Merkmale, wie Redundanz und Erreichbarkeit, lassen sich näher betrachten. Auf diese Weise bietet der Lösungsraum wesentliche Einblicke in die unterschiedlichen Layoutrepräsentationen.

### 3.4.1 Methodik

Der Lösungsraum einer Layoutrepräsentation hängt von ihrer inneren Struktur ab, beim *Sequence Triple* beispielsweise von der Anzahl möglicher Permutationen der drei Sequenzen. Die unterstützten Permutationsoperationen bestimmen die Verknüpfungen zwischen den unterschiedlichen Lösungen.

Abbildung 3.9 zeigt eine verallgemeinerte Darstellung der Lösungsraumabtastung. Der abstrakte Lösungsraum einer Layoutrepräsentation bildet typischerweise nur einen Teil aller möglichen Layoutanordnungen ab. Die Überführung einer abstrakten Lösung X in eine Layoutanordnung Y erfolgt anhand einer Transformationsfunktion. Die Qualität des erzeugten Layouts kann man anschließend mithilfe einer Kostenfunktion bewerten. Durch das Abtasten der abstrakten Lösungen lässt sich so beispielsweise die Verteilung der Kosten über den Lösungsraum einer Layoutrepräsentation betrachten. Da verschiedene

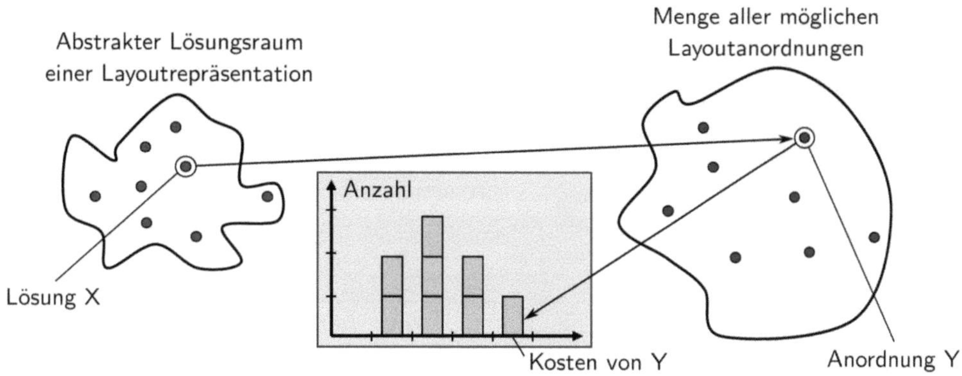


**Abb. 3.9** Allgemeine Darstellung der Lösungsraumabtastung [Fi12]. Eine abstrakte Lösung X wird in das entsprechende geometrische Layout Y überführt. Die statistische Analyse der generierten Layoutdaten zeigt eine große Vielfalt nützlicher Informationen (z. B. Kostenverteilungen)

Repräsentationen unterschiedliche Abstraktionen verwenden, ist es notwendig, deren Lösungsraum mit diesen Ansätzen genauer zu untersuchen und gegenüberzustellen.

Kommt die vollständige Erfassung des Lösungsraums nicht infrage, ermittelt eine gleichmäßig verteilte Abtastung (Monte-Carlo-Verfahren) eine Näherung des Lösungsraums. Die Monte-Carlo-Methode zeigt das Potenzial moderner Layoutrepräsentationen bezüglich stochastischer Optimierungsverfahren, welche eine große Relevanz zur Lösung von Entwurfsproblemen besitzen.

Abbildung 3.10 veranschaulicht mithilfe eines vereinfachten Programmablaufplans die Herangehensweise an die Untersuchung des Lösungsraums moderner 3D-Layoutrepräsentationen. Nach der Initialisierung der zu betrachtenden Repräsentation findet die Datengenerierung statt. Dafür lassen sich verschiedene Verfahren einsetzen. Die Analyse der Untersuchungsdaten liefert die im Folgenden diskutierten Ergebnisse.

Basierend auf den in Abschn. 3.3 durchgeführten Betrachtungen beschränken sich die hier gezeigten Experimente auf ausgewählte 3D-Layoutrepräsentationen. Als Testdaten kommen angepasste MCNC-Benchmarks [Br93] zur Anwendung, bei denen die (2D) Blöcke eine definierte Höhe erhalten ($z$-Koordinate). Der modulare Aufbau der Softwareumgebung erlaubt sowohl die Verwendung weiterer Repräsentationen als auch das Einbinden zusätzlicher Benchmarks.

### 3.4.2 Kostenverteilungen

Die durch Abtastung generierten Lösungen weisen bezüglich ihrer Kosten eine bestimmte Verteilung auf, welche Aufschluss darüber gibt, wie hoch die zu erwartende Lösungsqualität einer Layoutrepräsentation unter Verwendung stochastischer Optimierungsverfahren ist.

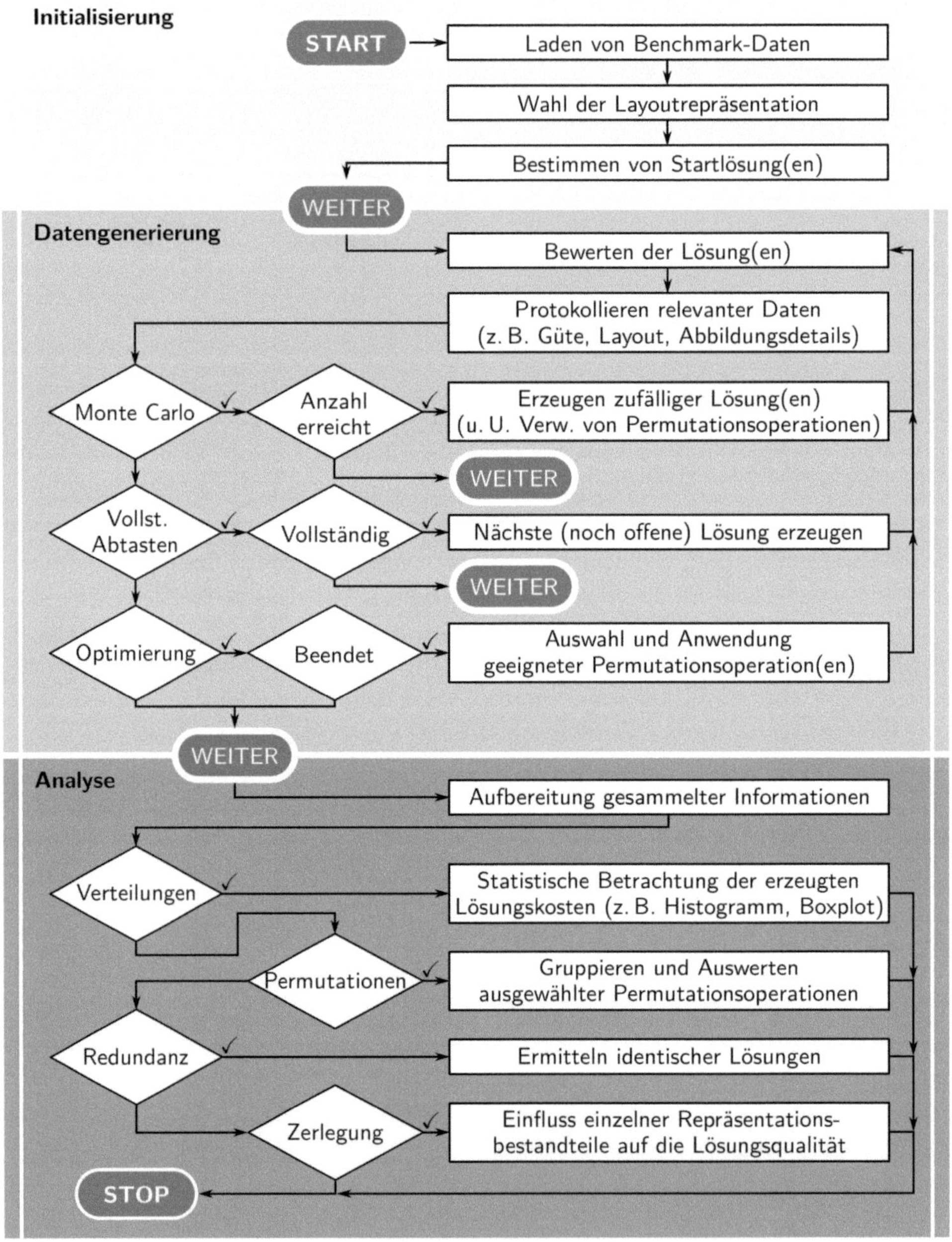


**Abb. 3.10** Programmablaufplan zur Untersuchung des Lösungsraums [Fi12]

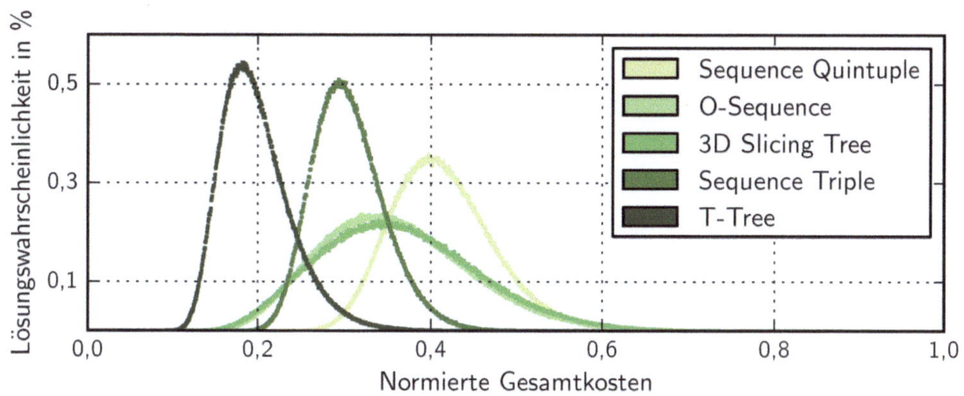


**Abb. 3.11** Verteilung der Gesamtkosten des ami33-Benchmarks bei Abbildung durch fünf vollständig dreidimensionale Layoutrepräsentationen [Fi12]. Trotz einer starken Abhängigkeit von der konkreten Problemstellung lassen sich qualitative Vergleiche verschiedener Repräsentationen anstellen. In diesem Fall verspricht der *T-Tree* bei Anwendung stochastischer Optimierungsverfahren hochwertige Ergebnisse. Die Intervallbreite des Histogramms beträgt 0,0005

Das Bewerten der Lösungsqualität ist eine Voraussetzung für die Layoutoptimierung. Während der Experimente werden im Weiteren zwei Kostenterme betrachtet, eine Abschätzung der Verdrahtungslänge (*middle point manhattan wirelength estimation*)

$$MPMWE = \sum_{i=1}^{n-1} \sum_{j=i+1}^{n} Netzgewicht_{i,j} \times Netzlänge_{i,j} \tag{3.1}$$

und die Hälfte der umhüllenden Fläche des 3D-Layouts (*half of enveloping surface area*)

$$HESA = Breite \times Höhe + Breite \times Tiefe + Höhe \times Tiefe. \tag{3.2}$$

Die Gesamtkosten berechnen sich aus den einzelnen normierten und gewichteten Kostentermen:

$$Gesamtkosten = \alpha \times MPMWE + \beta \times HESA \tag{3.3}$$

Abbildung 3.11 stellt die 3D-Layoutrepräsentationen *Sequence Quintuple*, *O-Sequence*, *3D Slicing Tree*, *Sequence Triple* und *T-Tree* gegenüber und zeigt die Verteilung der normierten Gesamtkosten bezogen auf den ami33-Benchmark. Die Lösungswahrscheinlichkeit gibt an, wie groß die Wahrscheinlichkeit für das Auftreten einer Lösung innerhalb eines bestimmten Intervalls bezüglich der normierten Gesamtkosten ist. In diesem Fall zeichnet sich der *T-Tree* durch eine enge Verteilung mit den durchschnittlich geringsten Gesamtkosten aus. Auch die breiter gestreuten Verteilungen des *3D Slicing Tree* und der *O-Sequence* sind vielversprechend.

Neben der Einschätzung des Optimierungspotenzials können Kostenverteilungen für weitere Untersuchungen verwendet werden. So lassen sich zum Beispiel der Einfluss von

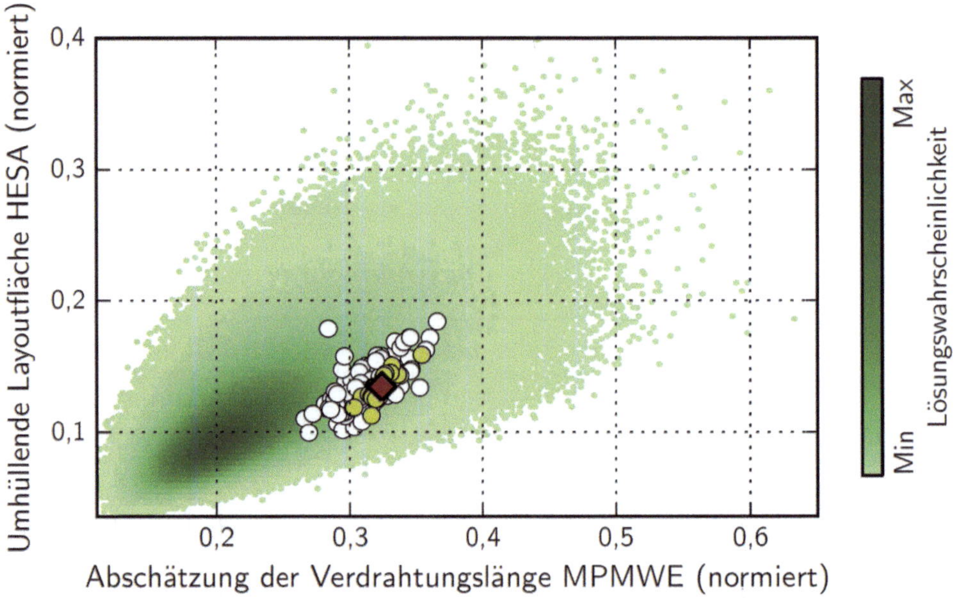


**Abb. 3.12** Abbildung des ami49-Benchmarks durch den *T-Tree* [Fi12]. Das Streudiagramm erlaubt eine mehrdimensionale Kostendarstellung. In diesem Fall lassen sich zwei Kostenkriterien gegenüberstellen (HESA vs. MPMWE). Jeder Datenpunkt stellt eine bestimmte Lösungsqualität dar. Die Anzahl der Lösungen gleicher Güte ist farbig kodiert. Um die Auswirkung von Permutationsoperationen bezüglich der betrachteten Kriterien zu veranschaulichen, repräsentiert der dunkelrote Diamant eine konkrete Ausgangslösung. Die gelben Kreise stellen Lösungen dar, welche durch die Rotation einzelner Blöcke von der Ausgangslösung aus erreichbar sind. Das Verschieben eines Knotens in der Baumstruktur des *T-Tree* hingegen zeigt einen größeren Einfluss auf die Lösungsqualität (weiße Kreise)

Kostenfaktoren vergleichen und die Auswirkung von Modifikationen an einer Datenstruktur verfolgen, unter anderem bei der Implementation neuer Randbedingungen.

Sogenannte mehrdimensionale Histogramme ermöglichen die Betrachtung mehrerer Kostenkriterien. Abbildung 3.12 zeigt dies am Beispiel einer zweidimensionalen Darstellung, was das Untersuchen der Korrelation zwischen den beiden Kriterien ermöglicht. Eine aufgefächerte Verteilung deutet auf eine geringe, eine enge Verteilung auf eine starke Korrelation hin. Diese Informationen gestatten das Beschleunigen der rechenzeitintensiven Bewertung eines Layouts. So genügt bei stark korrelierenden Kriterien in der Regel das Betrachten des am schnellsten zu berechnenden Merkmals.

Weiterhin lassen sich anhand der Kostenverteilungen Permutationsoperationen, wie z. B. Austausch, Rotation und Verschiebung, beurteilen (siehe z. B. die hervorgehobenen Lösungen in Abb. 3.12). Der Einfluss unterschiedlicher Operationen auf die Kosten ermöglicht das Einordnen der verfügbaren Permutationsoperationen bezüglich ihrer Lokalität. Das wiederum ist für verschiedene Optimierungsstrategien interessant: Auf der

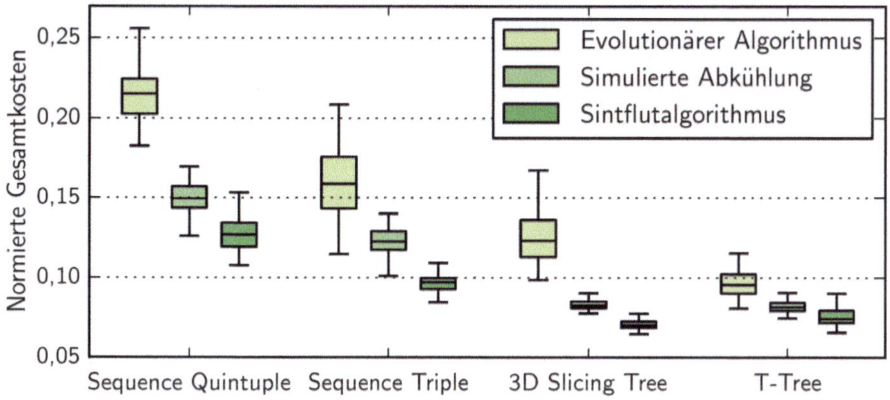


**Abb. 3.13** Boxplot-Gegenüberstellung verschiedener Optimierungsverfahren im Zusammenspiel mit vier 3D-Layoutrepräsentationen, angewandt auf den ami33-Benchmark [Fi12]. Die Boxen zeigen den Interquartilsabstand (*IQR*) und den Median einer Verteilung. Die Länge der Antennen beträgt maximal das 1,5-Fache des IQR und endet am jeweils letzten Datenpunkt in diesem Bereich

Suche nach einem hochwertigen Layout wird der Lösungsraum in der Regel anfangs weiträumig abgetastet, um geeignete Kandidaten für weitere Verfeinerungen zu finden. Ein ausgewogenes Vorhandensein lokaler und globaler Permutationsoperationen führt zu einer guten Erreichbarkeit zwischen verschiedenen Lösungen und ermöglicht eine effiziente Optimierung.

### 3.4.3 Einsatz von Optimierungsverfahren

Trotz der hohen Attraktivität für allgemeine Lösungsraumuntersuchungen fehlt es den durch Monte-Carlo-Abtastung erzeugten Lösungen an Effizienz beim Finden hochwertiger Layoutanordnungen im praktischen Layoutentwurf. Die Anpassung der Lösungsraumuntersuchungen an spezifische Metaheuristiken zeigt, wie gut sich unterschiedliche Repräsentationen zur Layoutoptimierung eignen.

Die Kombination von drei Optimierungsverfahren mit verschiedenen 3D-Layoutrepräsentationen soll herausstellen, ob ein repräsentationsspezifischer Unterschied in der Qualität des Layoutentwurfs vorhanden ist. Dazu kommen ein evolutionärer Algorithmus [Go07], die simulierte Abkühlung [KGV83] und der Sintflutalgorithmus [Du93] zum Einsatz. Details zu den durchgeführten Untersuchungen finden sich in [He10].

Abbildung 3.13 stellt die Optimierungsergebnisse für den ami33-Benchmark dar. Jede mögliche Kombination aus Optimierungsverfahren und Layoutrepräsentation wurde 100-mal berechnet. Die Boxplot-Darstellung zeigt die Verteilung dieser Daten. *3D Slicing Tree* und *T-Tree* erzielten die besten Resultate. Durch das Anpassen von Optimierungsparametern und Permutationsoperationen sind noch bessere Ergebnisse zu erwarten. Die Tendenz ist dennoch deutlich: Repräsentationen mit günstiger Verteilung von zufällig erzeugten Lösungen führen zu hochwertigen Entwurfsergebnissen. Die Lösungsraumabtastung ermöglicht damit bereits nach wenigen Abtastungen Vorhersagen über den Optimierungsverlauf. So lässt sich frühzeitig ermitteln, ob eine gegebene Layoutrepräsentation effizient auf ein konkretes Entwurfsproblem anwendbar ist.

## 3.5 Schlussfolgerungen für die Entwicklung von 3D-Layoutrepräsentationen

Moderne 3D-Layoutrepräsentationen lassen sich sowohl für den Entwurf von 3D-Schaltkreisen als auch für eine Vielzahl weiterer Anwendungen einsetzen. Die Aufteilung in mehrlagig und vollständig dreidimensionale Vertreter zeigt wichtige Unterschiede. Beispielsweise eignet sich der 2.5D-Ansatz für Systeme mit wenigen Schaltkreislagen, wohingegen die 2Dzu3D- und die neuen 3D-Repräsentationen auch mit einer kontinuierlichen dritten Raumrichtung umgehen können.

Die folgenden Schlussfolgerungen dienen als Richtlinien für die Entwicklung und Verwendung (zukünftiger) 3D-Layoutrepräsentationen:

- Effiziente 3D-Layoutrepräsentationen sollten inhärent Randbedingungen und Operationen unterstützen und gleichzeitig so stark wie möglich abstrahieren.
- Die wichtigsten Randbedingungen für stetig dreidimensionale Entwurfsprobleme sind Vorgaben von Rangordnung (*precedence order*), *soft blocks*, Vorplatzierung und kontinuierliche Mehrlagenmodule. Anwendungen mit einer diskreten dritten Dimension erfordern die Begrenzung auf eine feste Anzahl von Lagen, die Zuweisung von Blöcken zu diesen Lagen und das Berücksichtigen von geometrischen Randbedingungen.
- Das Aufteilen und Verschmelzen sind wünschenswerte Operationen für die Optimierung mehrlagiger Blöcke. Globale und lokale Operationen, die Möglichkeit, jede Layoutanordnung in die entsprechende abstrakte Lösung zu überführen und eine hohe Erreichbarkeit zwischen verschiedenen Lösungen unterstützen eine effiziente Layoutoptimierung zusätzlich.
- Die Kostenbewertung ist eine rechenaufwändige Operation während der Optimierung. Die Korrelation zwischen den Kosten und einem Repräsentationsmerkmal ermöglicht Zeitersparnisse bei der Bewertung sowie inkrementelle Berechnungen.
- Idealerweise sollte eine Repräsentation einen kleinen Lösungsraum besitzen, redundante und ungültige Lösungen vermeiden und qualitativ hochwertige Lösungen bereitstellen.

Die gezeigten Untersuchungen des Lösungsraums geben aufschlussreiche Einblicke in die Eigenschaften und Funktionsweise von 3D-Layoutrepräsentationen. Detaillierte Informationen zu Kostenverteilungen, Redundanzen, Einfluss von Permutationsoperationen und die Betrachtung einzelner Repräsentationsbestandteile erlauben problembezogene Aussagen zur Anwendbarkeit moderner Layoutrepräsentationen. Neben der Erfassung mithilfe der Monte-Carlo-Methode lassen sich auch Verfahren zur Layoutoptimierung analysieren.

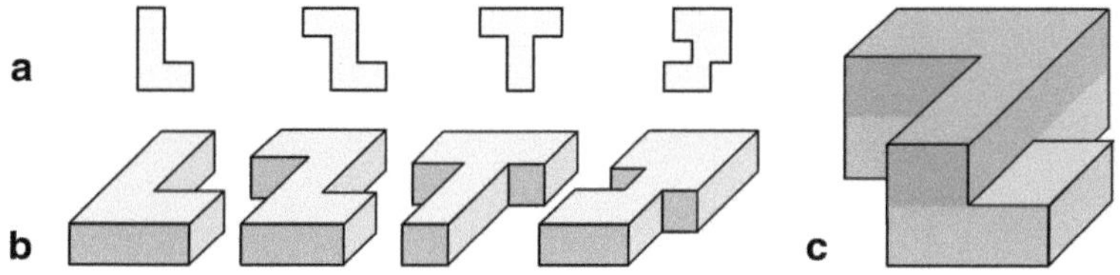


**Abb. 3.14** Orthogonale Blöcke im Layoutentwurf [Fi12]. **a** 2D-Makroblöcke in L-, Z-, T- und beliebig rektilinearer Form. **b** mit einer Dicke versehene einfache 3D-Makroblöcke als Erweiterung der 2D-Formen in a **c** komplexere Körper gestatten beliebig orthogonale Geometrien getrennt für jede Schaltkreislage

Die hier vorgestellte Untersuchungsmethode lässt sich, abgesehen von den 3D-spezifischen Randbedingungen und Operationen, auch auf klassische Layoutrepräsentationen anwenden. Damit steht für 2D-Repräsentationen ebenfalls ein bisher nicht vorhandenes Analysewerkzeug zur Verfügung.

Die durchgeführten Untersuchungen fundieren die Schlussfolgerungen des vorangegangenen Kap. 1 und decken die Möglichkeiten moderner 3D-Layoutrepräsentationen auf.

## 3.6 3D Moving Block Sequence

Eine besondere Anforderung an den 3D-Entwurf ist das Wiederverwenden bereits entwickelter Schaltungsblöcke. Weichen die sogenannten IP-Blöcke von der Rechteckform ab, können gegenwärtige 3D-Layoutrepräsentationen diese nicht mehr effektiv darstellen. Daher fehlt es den derzeitigen CAD-Werkzeugen an geeigneten Repräsentationen, um diese neue Herausforderung an den 3D-Entwurf zu erfüllen. Dieser Abschnitt stellt eine neue dreidimensionale Layoutrepräsentation vor, die das Behandeln von beliebig orthogonalen Blöcken ermöglicht.

### 3.6.1 Orthogonale Blöcke

Vom Rechteck abweichende Formen besitzen eine große Bedeutung beim Wiederverwenden von Schaltungsblöcken (Abb. 3.14). Neben der Wiederverwendung (*reuse*) erlauben beliebig orthogonale Blöcke das direkte Berücksichtigen verschiedener Randbedingungen (z. B. vertikale Ausrichtung), eine bessere Ausnutzung freier Layoutflächen im Vergleich zu rechteckigen Blöcken und die Integration von schaltkreislagenübergreifenden Strukturen, beispielsweise Gruppen von thermischen Vias oder Through-Silicon Vias.

Im Folgenden wird die Entwicklung einer neuen 2Dzu3D-Repräsentation beschrieben, welche orthogonale Polyeder unterstützt. Dabei handelt es sich um eine Überführung der *Moving Block Sequence* (MBS) in die dritte Dimension. Die MBS ist eine vielversprechende 2D-Layoutrepräsentation, die flexibel unterschiedlichste Blockformen und Randbedin-

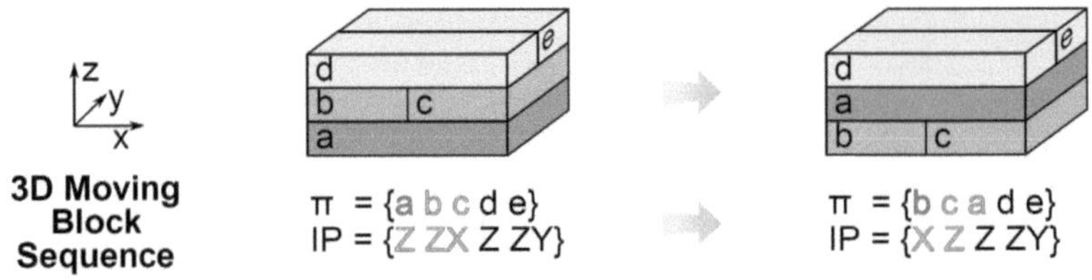


**Abb. 3.15** Illustration der *3D Moving Block Sequence* [Fi12]. Die geometrischen Blockanordnungen sind jeweils als 3D-MBS dargestellt. Ein Austausch von Block a mit den Blöcken b und c lässt sich durch Modifikation der 3D-MBS realisieren (*rechts*)

gungen abbilden kann [He09]. Speziell die Fähigkeit, rektilineare Geometrien umzusetzen, soll hier verfolgt und auf orthogonale Polyeder erweitert werden. Die Umsetzung ist als Prinzipskizze zu verstehen, weshalb die Optimierung von Laufzeitverhalten und Lösungsraumgröße untergeordnet bleibt.

### 3.6.2 Funktionsweise

2D-Layoutrepräsentationen berücksichtigen rektilineare Blöcke hauptsächlich durch Zerlegen in mehrere Rechtecke. Das Überführen einer abstrakten Lösung in ein geometrisches Layout erfordert dann zusätzliche Maßnahmen, um die rektilinearen Blöcke korrekt wiederherzustellen. Die klassische (2D) *Moving Block Sequence* ist in der Lage, solche Blöcke direkt zu verarbeiten. Die Funktionsweise der klassischen MBS wird von Liu u. a. in [LZJL08] beschrieben.

Abbildung 3.15 zeigt anhand eines einfachen Beispiels die Struktur und die Funktionsweise der 3D-MBS. Analog zur klassischen *Moving Block Sequence* beschreiben die zwei Sequenzen $\pi$ und *IP* einen konstruktiven Vorgang bei der Layouterstellung. Die Blöcke werden dabei nacheinander in ein anfangs leeres Layout eingefügt. Für die anzuordnenden Blöcke definiert $\pi$ die Einfügereihenfolge und *IP* die Einfügepositionen. Aufgrund der Dreidimensionalität existieren zwölf verschiedene Positionen für jeden einzufügenden Block. Die Lösungsraumgröße ergibt sich damit aus den $n!$ Permutationen für $\pi$ und $12^{n-1}$ Variationen für *IP*. Insgesamt existieren in Abhängigkeit der n Blöcke im Layout $n! \times 12^{n-1}$ abstrakte Lösungen. Weiterhin ist das Berücksichtigen orthogonaler Polyeder und das Vorhandensein einer effizienten Kollisionsabfrage notwendig.

Für das Überführen einer 3D-MBS in das dazugehörige Layout erfolgt die Entnahme von $(\pi_i, IP_i)$ aus den beiden Sequenzen $\pi$ und *IP*, mit ganzzahligem $i$ von 1 bis $n-1$ ($\pi_0$ liegt direkt im Koordinatenursprung). Für alle weiteren Blöcke legen die Einfügepositionen zusätzlich den Bewegungsablauf bis zum kompaktierten Zustand fest. Je nach Lage existieren ein, zwei bzw. drei Freiheitsgrade. Diese lassen sich in Primär-, Sekundär- und Tertiärrichtung unterscheiden. Der Ablauf der Transformation ist in Abb. 3.16 vereinfacht dargestellt. Nach dem Einfügen des ersten Blocks aus der Sequenz $\pi$ im Koordinatenursprung hängt

```
Daten : Anzahl der Blöcke n; Blockdaten B
Eingabe : Blockpermutation π, Einfügepositionen IP
Ausgabe : Layoutanordnung L
Füge π_0 an Position (0, 0, 0) in L ein
für i ← 1 bis n − 1 tue
    Bestimme initiales (x, y, z) in Abhängigkeit von IP_i und L
    solange Verschieben zum Koordinatenursprung möglich tue
        Verschiebe (x, y, z) in Primärrichtung zum nächsten Hindernis
        wenn Anzahl Freiheitsgrade > 1 dann
            Verschiebe (x, y, z) in Sekundärrichtung
            bis Primärrichtung frei oder Hindernis
        wenn Anzahl Freiheitsgrade > 2 dann
            Verschiebe (x, y, z) in Tertiärrichtung
            bis Primärrichtung frei, Sekundärrichtung frei oder Hindernis
    Füge π_i an Position (x, y, z) in L ein
```

**Abb. 3.16** 3D-MBS: Überführe abstrakte Lösung in Layout (vereinfacht)

die Ausgangsposition der nachfolgenden Blöcke von der jeweiligen Einfügeposition und dem gegenwärtigen Layout ab. Erst wenn in Primärrichtung keine Bewegung des Blocks mehr möglich ist, findet je nach Freiheitsgrad eine zusätzliche Verschiebung in Sekundär- und Tertiärrichtung statt. Neben bereits platzierten Blöcken gelten auch die Grenzen des 1. Quadranten (alle Koordinaten positiv) als Hindernis.

Derzeit ergibt sich für die Transformation einer abstrakten 3D-MBS-Lösung in ein konkretes Layout eine quadratische Laufzeitkomplexität, da jeder eingefügte Block mit jedem bereits platzierten Block auf Kollision getestet wird.

Für die ersten experimentellen Untersuchungen wurden acht Blöcke des ami33-Benchmarks [MCNC] durch orthogonale Polyeder ersetzt. Das Austauschen einiger Blöcke durch die verbreiteten L-, T- und Z-Formen sowie die Verwendung komplexerer ebenenübergreifender Blöcke soll das Potenzial der 3D-MBS veranschaulichen.

### 3.6.3 Experimentelle Ergebnisse

Die Optimierung der Platzierungsanordnung des 3D-Layouts erfolgt mithilfe der simulierten Abkühlung (*simulated annealing*). Das Layout wird auf drei Lagen begrenzt und anhand seiner Grundfläche (*footprint*) und dem vorhandenen Leerraum (*white space*) be-

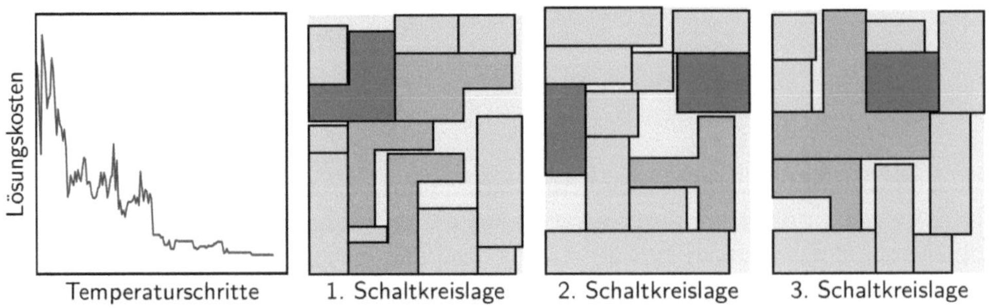


**Abb. 3.17** Optimierung von beliebig orthogonalen Blöcken im 3D-Entwurf mithilfe der 3D-MBS in Kombination mit der Simulierten Abkühlung [Fi12]. *Links* ist der charakteristische Optimierungsverlauf dargestellt, welcher mit fortschreitender „Abkühlung" weniger Layoutverschlechterungen zulässt. *Rechts* sind die resultierenden Floorplans zu sehen. Neben den sechs einlagigen wurden auch zwei mehrlagige orthogonale Blöcke berücksichtigt (dunkel eingefärbt)

wertet. Zur Modifikation einer Lösung stehen die Permutation der Einfügereihenfolge, die Veränderung der Einfügepositionen sowie das Drehen der Blöcke zur Verfügung. Als Ergebnis eines Optimierungsdurchgangs zeigt Abb. 3.17 den charakteristischen Abkühlungsverlauf und die Floorplans der drei Schaltkreislagen. Sowohl die einfachen rektilinearen Blöcke als auch die mehrlagig orthogonalen Blöcke lassen sich erfolgreich und ohne Implementation zusätzlicher Randbedingungen einbeziehen. Dieses Beispiel veranschaulicht das Potenzial der 3D-MBS. Keine andere 3D-Layoutrepräsentation ist bis jetzt in der Lage, beliebig orthogonale Blöcke direkt abzubilden. Damit besitzt die *3D Moving Block Sequence* die einzigartige Möglichkeit, komplexere Makroblockformen wiederzuverwenden.

Dies ist insbesondere wichtig, da der Bedarf an Wiederverwendung (*reuse*) von Makroblöcken (sog. IP-Blöcke) mit steigender Schaltungskomplexität wächst. Die Integration beliebig orthogonaler Blöcke ist damit eine grundlegende Anforderung an einen vollständigen 3D-Entwurf. Gegenwärtige 3D-Layoutrepräsentationen sind beispielsweise außerstande, direkt 3D-IP-Blöcke abzubilden, welche von der Quaderform abweichen. Die hier vorgestellte 3D-MBS stellt einen wichtigen Schritt in Richtung uneingeschränkter Wiederverwendbarkeit im 3D-Entwurf dar.

Die fehlende Unterstützung beliebig orthogonaler Blöcke in bisherigen 3D-Layoutrepräsentationen verhindert einen direkten Vergleich. Daher findet die folgende Gegenüberstellung der erreichbaren Lösungsqualität unter Ausschluss der orthogonalen Blockformen statt.

Tabelle 3.3 zeigt für verschiedene Benchmark/Repräsentations-Kombination die normierten gemittelten Gesamtkosten aus 100 Optimierungsläufen. Obwohl die 3D-MBS hinsichtlich beliebig orthogonaler Blöcke entworfen wurde, weist sie trotz der Einschränkung auf rechteckige Blöcke niedrige Kosten auf. Wie erwartet, erzielen auch *T-Tree* und *3D Slicing Tree* gute Ergebnisse. Der durchgeführte Vergleich mit bewährten 3D-Layoutrepräsentationen verdeutlicht die Leistungsfähigkeit der neuartigen 3D-MBS.

**Tab. 3.3** Vergleich der *3D Moving Block Sequence* mit bewährten 3D-Layoutrepräsentationen unter Verwendung von drei verschiedenen Optimierungsverfahren [Fi12]. Die Tabellenwerte repräsentieren den Durchschnitt aus jeweils 100 Optimierungsläufen. Die 3D-MBS erzielt in den meisten Benchmarks die niedrigsten Kosten

| Optimierungsverfahren | Repräsentation | Apte | Xerox | hp | M198 | ami33 | ami49 | Playout | ø |
|---|---|---|---|---|---|---|---|---|---|
| Simulierte Abkühlung | *Sequence Quintuple* | 0.077 | 0.120 | 0.077 | 0.148 | 0.150 | 0.136 | 0.087 | *0.113* |
| | *3D Slicing Tree* | 0.042 | 0.087 | 0.054 | 0.082 | 0.083 | 0.068 | 0.047 | *0.066* |
| | *Sequence Triple* | 0.068 | 0.112 | 0.065 | 0.122 | 0.123 | 0.109 | 0.072 | *0.096* |
| | *T-Tree* | 0.044 | 0.099 | 0.057 | 0.081 | 0.082 | 0.067 | 0.047 | *0.068* |
| | *3D Moving Block Sequence* | 0.042 | 0.088 | 0.055 | 0.074 | 0.074 | 0.060 | 0.045 | *0.062* |
| Evolutionärer Algorithmus | *Sequence Quintuple* | 0.142 | 0.180 | 0.138 | 0.214 | 0.215 | 0.204 | 0.185 | *0.183* |
| | *3D Slicing Tree* | 0.069 | 0.128 | 0.089 | 0.122 | 0.125 | 0.112 | 0.086 | *0.105* |
| | *Sequence Triple* | 0.117 | 0.160 | 0.121 | 0.153 | 0.160 | 0.137 | 0.126 | *0.139* |
| | *T-Tree* | 0.081 | 0.122 | 0.073 | 0.095 | 0.096 | 0.082 | 0.062 | *0.087* |
| | *3D Moving Block Sequence* | 0.056 | 0.109 | 0.062 | 0.079 | 0.080 | 0.069 | 0.056 | *0.073* |
| Sintflutalgorithmus | *Sequence Quintuple* | 0.099 | 0.138 | 0.092 | 0.126 | 0.127 | 0.114 | 0.075 | *0.110* |
| | *3D Slicing Tree* | 0.043 | 0.101 | 0.068 | 0.070 | 0.071 | 0.050 | 0.033 | *0.062* |
| | *Sequence Triple* | 0.088 | 0.133 | 0.085 | 0.096 | 0.097 | 0.080 | 0.053 | *0.090* |
| | *T-Tree* | 0.053 | 0.115 | 0.065 | 0.076 | 0.076 | 0.054 | 0.035 | *0.068* |
| | *3D Moving Block Sequence* | 0.041 | 0.093 | 0.059 | 0.069 | 0.069 | 0.049 | 0.038 | *0.060* |

### 3.6.4 Ausblick

Die Flexibilität der *3D Moving Block Sequence* begründet sich vor allem in dem konstruktiven Transformationsprozess von einer abstrakten Lösung in ein konkretes Layout. In diesen Vorgang lassen sich leicht Randbedingungen und weitere Eigenschaften integrieren. Existiert etwa eine Layoutgrenze in Form von festgelegten Layoutabmessungen (*fixed outline*), können bei Erreichen dieser Schranke alternative Einfügepositionen oder Vorzugsrichtungen gewählt werden. Weitere Beispiele sind vorplatzierte Blöcke, das Einhalten von Symmetrien und layoutabhängige Entwurfsregeln.

Eine wichtige Herausforderung beim 3D-Entwurf ist die Wiederverwendbarkeit bereits entworfener Schaltungsblöcke. Neben einfachen Rechteckformen weisen solche Makroblöcke typischerweise rektilineare Formen auf. Die neu entwickelte 3D-MBS ermöglicht erstmals das direkte Integrieren beliebig orthogonaler Blöcke in den 3D-Layoutentwurf und erlaubt somit das Berücksichtigen rektilinearer Makroblöcke.

Derartige rektilineare Strukturen lassen sich zur Abbildung von 3D-IP-Blöcken nutzen, da auch im 3D-Entwurfsprozess das Wiederverwenden bereits entworfener und erprobter Blöcke an Bedeutung gewinnt. Konkrete Anwendungsfälle sind dabei z. B. die Schritte des Floorplanning und der Platzierung, bei denen entsprechende IP-Blöcke zu integrieren sind.

## 3.7 Zusammenfassung

Als Grundlage für einen effizienten 3D-Entwurf abstrahieren moderne Layoutrepräsentationen das Entwurfsproblem und berücksichtigen dreidimensionale Integrationstechnologien. Effiziente Layoutrepräsentationen sind essenziell für den Entwurf dreidimensionaler elektronischer Systeme. Sie berücksichtigen neue vertikale Randbedingungen und sind eine Voraussetzung für automatische Optimierungsalgorithmen bei modernen 3D-Layouts. In den vergangenen Jahren entstand eine Vielzahl solcher 3D-Repräsentationen. Die Auswahl eines geeigneten Vertreters erfordert die Entwicklung objektiver Bewertungsmöglichkeiten.

Spezielle Vergleichskriterien begünstigen eine Gegenüberstellung und bilden die Basis für weitere Untersuchungen der Layoutrepräsentationen. Diese unterscheiden sich anhand der verwendeten Abstraktion, die sich auf die Komplexität des Lösungsraums auswirkt. Weiterhin stehen unterschiedliche Randbedingungen und Permutationsoperationen zur Verfügung. Der hier durchgeführte umfassende Vergleich ermöglicht das Klassifizieren und Beurteilen gegenwärtiger 3D-Layoutrepräsentationen.

Die vorgestellte Untersuchungsmethode zur Lösungsraumanalyse erlaubt detaillierte Betrachtungen der Repräsentationen, beispielsweise durch Kostenverteilungen, welche das jeweils vorhandene Optimierungspotenzial aufdecken.

Die Entwicklung der neuartigen *3D Moving Block Sequence* (3D-MBS) resultiert aus den ausführlichen Untersuchungen und behebt eine Schwachstelle bisheriger Repräsenta-

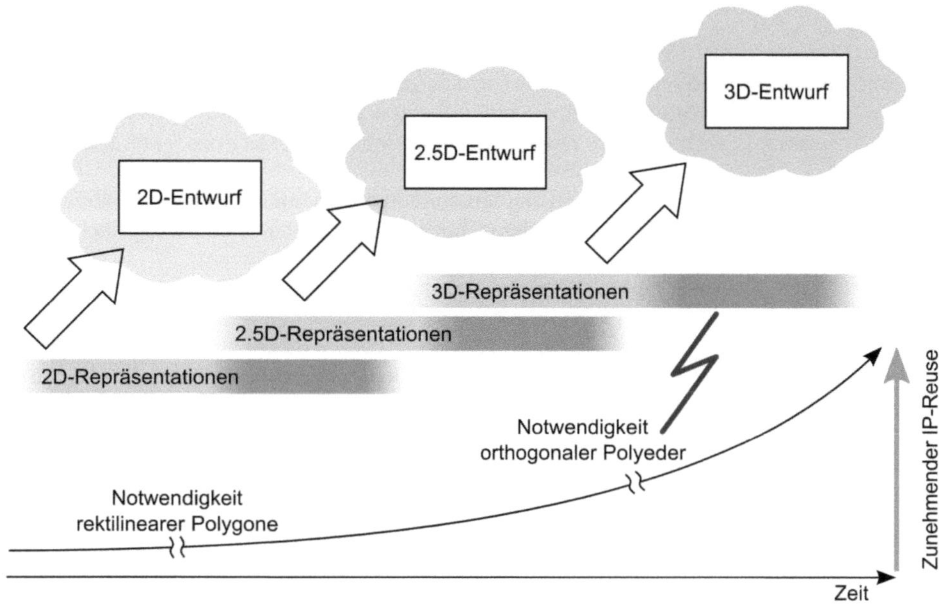


**Abb. 3.18** Der Anteil wiederverwendeter Makroblöcke wächst mit steigender Schaltungskomplexität. Die Integration beliebig orthogonaler Blöcke in zukünftige 3D-Layoutrepräsentationen ist eine grundlegende Anforderung an einen vollständigen 3D-Entwurf

tionen. Die Integration orthogonaler Polyeder befähigt die 3D-MBS, einen vollständigen 3D-Entwurf mit uneingeschränkter Wiederverwendung bereits entworfener Schaltungsblöcke durchzuführen.

Abbildung 3.18 veranschaulicht die Bedeutung der Ergebnisse. Die Grundlage des Entwurfs sind geeignete Repräsentationen des Layoutproblems. Beispielsweise bilden klassische 2D-Layoutrepräsentationen die Voraussetzung für einen effizienten 2D-Entwurf. Mit steigender Schaltungskomplexität gewinnt die Wiederverwendbarkeit an Bedeutung. Jedoch sind gegenwärtige 3D-Layoutrepräsentationen außerstande, sich über mehrere aktive Lagen erstreckende 3D-IP-Blöcke als Schaltungsbestandteile abzubilden, wenn diese von der Quaderform abweichen. Diese Beeinträchtigung der Wiederverwendbarkeit lässt sich nur überwinden, wenn es gelingt, orthogonale Polyeder rechnerintern abzubilden. Die hier vorgestellte 3D-MBS schließt diese Lücke durch die Integration beliebig orthogonaler Blöcke in 3D-Layoutanordnungen.

Die Untersuchungsmethode, die Schlussfolgerungen und Richtlinien sowie die Wiederverwendbarkeit beliebig orthogonaler Blöcke sind wichtige Beiträge für die Entwicklung effizienter 3D-Layoutrepräsentationen, welche zukünftigen Entwurfswerkzeugen die Nutzung aller Vorteile der 3D-Systeme ermöglichen.

## Literatur


[AMS09] Alpert, C.J., Mehta, D.P., Sapatnekar, S.S. (ed): Handbook of Algorithms for Physical Design Automation. CRC Press. http://dl.acm.org/citation.cfm?id=1521436 (2009)

[Be90] Beasley, J.E.: ‚OR-Library: Distributing Test Problems by Electronic Mail'. J. Oper. Res. Soc. **41**(11), 1069–1072 (1990)

[BT04] Berntsson, J., Tang, M.: A Slicing Structure Representation for the Multi-layer Floorplan Layout Problem. In: ‚EvoWorkshops, LNCS 3005', S. 188–197. Springer-Verlag (2004). http://www.springerlink.com/content/136cdd0ggnk9hue4/

[Br93] Brglez, F.: Benchmarks: Catalyst or Anathema?, Design & Test of Computers. IEEE. **10**(3), 87–91 (1993)

[CAM05] Chan, H.H., Adya, S.N., Markov, I.L.: Are floorplan representations important in digital design? In: ‚Proceedings of the international symposium on physical design ISPD', ACM, 129–136 (2005)

[CDW05] Cheng, L., Deng, L., Wong, M.D.F.: Floorplanning for 3-D VLSI design. In: ‚Proceedings of the 2005 Conference on Asia South Pacific Design Automation', ACM, 405–411 (2005)

[CWZ04] Cong, J., Wei, J., Zhang, Y.: A thermal-driven floorplanning algorithm for 3D ICs. In: ‚Computer Aided Design, 2004. IEEE/ACM International Conference on', 306–313 (2004)

[DM01] Deng, Y., Maly, W.P.: Interconnect characteristics of 2.5-D system integration scheme. In: ‚Proceedings of the international symposium on Physical design', ACM, 171–175 (2001)

[Du93] Dueck, G.: New Optimization Heuristics: The Great Deluge Algorithm and the Record-to-Record Travel. J. Comp. Phys. **104**(1), 86–92 (1993)

[Fi12] Fischbach, R.: Layoutrepräsentationen für den Entwurf dreidimensionaler elektronischer Systeme, Dissertation, Technische Universität Dresden (2012)

[FKI07] Fujiyoshi, K., Kawai, H., Ishihara, K.: DTS: A Tree Based Representation for 3D-Block Packing. In: ‚Proc. IEEE International Symposium on Circuits and Systems', 1045–1048 (2007)

[Go07] Gonzalez, T. F.: Handbook of Approximation Algorithms and Metaheuristics. CRC Taylor, Francis (2007)

[He10] Heimpold, T.: Implementierung und Untersuchungen von Optimierungsverfahren für das Floorplanning beim Layoutentwurf, Studienarbeit. Technische Universität Dresden (2010)

[He09] Hertwig, H.: Datenstrukturen für das Floorplanning integrierter Schaltungen, Diplomarbeit. Technische Universität Dresden (2009)

[KGV83] Kirkpatrick, S., Gelatt, C.D., Vecchi, M.P.: Optimization by Simulated Annealing. Science. 220(4598), 671–680 (1983)

[KKFT06] Kohira, Y., Kodama, C., Fujiyoshi, K., Takahashi, A.: Evaluation of 3D-packing representations for scheduling of dynamically reconfigurable systems. In: Proc. IEEE International Symposium on Circuits and Systems, 4487–4490 (2006)

[LYC06] Law, J.H., Young, E.F., Ching, R. L.: Block alignment in 3D floorplan using layered TCG. In: Proceedings of the 16th ACM Great Lakes symposium on VLSI, ACM Press, 376–380 (2006)

[LZJL08] Liu, J., Zhong, W., Jiao, L., Li, X.: Moving Block Sequence and Organizational Evolutionary Algorithm for General Floorplanning With Arbitrarily Shaped Rectilinear Blocks, Evolutionary Computation. IEEE Trans.**12**(5), 630–646 (2008)

[MCNC] MCNC Benchmark Sets. http://vlsicad.cs.binghamton.edu/benchmarks.html

[MHDC05] Ma, Y., Hong, X., Dong, S., Cheng, C.: 3D CBL: An efficient algorithm for general 3D packing problems. In: Proc. 48th Midwest Symposium on Circuits and Systems, 1079–1082 (2005)

[MPV00] Martello, S., Pisinger, D., Vigo, D.: The Three-Dimensional Bin Packing Problem. Operations Res. **48**(2), 256–267 (2000)

[OYKF06] Ohta, H., Yamada, T., Kodama, C., Fujiyosi, K.: The O-Sequence: Representation of 3D-Floorplan Dissected by Rectangular Walls. In: Proc. of Research in Microelectronics and Electronics, 317–320 (2006)

[SREL04] Shiu, P.H., Ravichandran, R., Easwar, S., Lim, S.K.: Multi-layer floorplanning for reliable System-on-Package. In: Proc. International Symposium on Circuits and Systems, 69–72 (2004)

[Sk08] Skiena, S.S.: The Algorithm Design Manual. Springer, New York (2008)

[WYZ+08] Wang, R., Young, E.F., Zhu, Y., Graham, F. C., Graham, R., Cheng, C.-K.: 3-D Floorplanning using Labeled Tree and Dual Sequences. In: Proceedings of the International Symposium on Physical Design, ACM, 54–59 (2008)

[WYC09] Wang, R., Young, E.F., Cheng, C.-K.: Representing topological structures for 3-D floorplanning. In: Proc. Int. Conf. Communications, Circuits and Systems, 1098–1102 (2009)

[WYC10] Wang, R., Young, E.F., Cheng, C.-K.: Complexity of 3-D floorplans by analysis of graph cuboidal dual hardness, ACM Trans. Des. Autom. Electron. Syst. **15**, 33:1–33:22 (2010)

[YNA05] Yamagishi, H., Ninomiya, H., Asai, H.: Three dimensional module packing by simulated annealing. In: Evolutionary Computation, IEEE Congress on, Vol. 2, 1069–1074 (2005). http://ieeexplore.ieee.org/xpls/abs_all.jsp?arnumber=1554809

[YSNK00] Yamazaki, H., Sakanushi, K., Nakatake, S., Kajitani, Y.: The 3D-Packing by Meta Data Structure and Packing Heuristics, Fundamentals of Electronics, Communications and Computer. IEICE Trans. on **E83-A**(4), 639–645 (2000)

[YYC04] Yuh, P.-H., Yang, C.-L., Chang, Y.-W. Temporal floorplanning using the T-Tree formulation. In: Proc. Computer Aided Design IEEE/ACM International Conference on, 300–305 (2004)

[YYCC04] Yuh, P.-H.; Yang, C.-L.; Chang, Y.-W.; Chen, H.-L.: Temporal floorplanning using 3D-subTCG. In: Chia-Lin Yang, (ed.) Proc. Asia and South Pacific Design Automation Conference, S. 725–730 (2004)

[YYC07] Yuh, P.-H., Yang, C.-L., Chang, Y.-W.: Temporal floorplanning using the three-dimensional transitive closure subGraph. ACM Trans. Des. Autom. Electron. Syst. **12**(4), 37 (2007)

[YYC07a] Yuh, P.-H., Yang, C.-L., Chang, Y.-W.: Placement of defect-tolerant digital microfluidic biochips using the T-Tree formulation. J. Emerg. Technol. Comput. Syst. **3**(3), 13 (2007)

# Teil II
# Modellierung und Simulation

# 4 Anforderungen an Modellierung und Simulation von 3D-Systemen

Andreas Wilde

## 4.1 Einleitung

Wenn man heute von 3D-integrierten ICs spricht, meint man normalerweise Stapel von konventionell hergestellten „2D"-Chips, die durch spezielle Verbindungen elektrisch und mechanisch miteinander verbunden und in ein einziges Gehäuse integriert sind. Daher ist es offensichtlich, dass die einzelnen Chips, aus denen die Stapel bestehen, zum großen Teil mit den vorhandenen Entwurfswerkzeugen für konventionelle Chips entworfen werden. Ein anderer Grund für dieses Vorgehen sind die Kosten- und Zeiteinsparungen bei der Einführung der 3D-Integrationstechnologie durch Übernahme von möglichst vielen der etablierten Werkzeuge und Abläufe.

Bei 3D-integrierten Systemen sind die Abstände zwischen den einzelnen elektronischen Funktionsgruppen und Bauelementen im Schnitt deutlich kleiner, was zwar einerseits das Ziel der Technologie ist, andererseits aber auch zu neuen Problemen bzw. zur Verschärfung bereits bekannter Probleme führt. Folgende Probleme erfordern u. a. die gesteigerte Aufmerksamkeit:

- Das thermische Management ist durch hohe Leistungsdichte und die erhöhten thermischen Widerstände erheblich schwieriger.
- Fragen der Signalintegrität und elektromagnetische Wechselwirkungen sind neu zu prüfen.

Beim Entwurf von integrierten Schaltungen können der funktionale Entwurf und der physische Entwurf unterschieden werden. Der *funktionale Entwurf* befasst sich mit der Umsetzung bzw. Implementation der Spezifikationen für ein System in eine Beschreibung der nötigen Bestandteile des Systems auf einer niedrigeren Abstraktionsebene. Als höchste Ebene

A. Wilde (✉)
Fraunhofer-Institut für Integrierte Schaltungen, Institutsteil Entwurfsautomatisierung, Dresden, Deutschland
E-Mail: andreas.wilde@eas.iis.fraunhofer.de

J. Lienig, M. Dietrich (Hrsg.), *Entwurf integrierter 3D-Systeme der Elektronik*,
DOI 10.1007/978-3-642-30572-6_4, © Springer-Verlag Berlin Heidelberg 2012

der Abstraktion könnte man die Systemspezifikation oder eine Verhaltensbeschreibung des Systems betrachten, die niedrigste Ebene der Abstraktion ist die geometrische Beschreibung der einzelnen Schichten eines Chips, das sogenannte Layout. Beispielsweise wird in einem digitalen System ein Addierer aus einer Reihe von logischen Gattern aufgebaut, die ihrerseits aus Transistoren bestehen. Erreicht man das Niveau der Netzliste, so hängen die Eigenschaften der Bauelemente und damit die Leistungsfähigkeit des Systems von der geometrischen Gestaltung der Bauelemente ab. Damit muss man sich spätestens auf der Ebene der Netzliste mit der physischen Gestaltung des Systems befassen, um zu sinnvollen Vorhersagen des Systemverhaltens zu kommen. Hier beginnt der *physische Entwurf*, d. h. die Definition von Position und Größe der Bauelemente (Zellen) und ihrer Verbindungen untereinander sowie des Gehäuses. In den letzten Jahren wurde deutlich, dass mit steigenden Taktraten und immer kleineren Bauelementen auch das Gehäuse einen immer deutlicher spürbaren Einfluss auf das Verhalten der Bauelemente und damit des Gesamtsystems ausübt.

Der klassische Entwurf von 2D-Chips läuft so ab, dass ein System zunächst funktional komplett entworfen wird, gefolgt vom physischen Entwurf des Chips und schließlich dem Entwurf des passenden Gehäuses. Zu Beginn gehen beim funktionalen Entwurf durchaus Informationen über die Möglichkeiten der Aufbau- und Verbindungstechnik (AVT) ein, jedoch werden diese Informationen nur als Erfahrungswerte bei der Planung in einer nicht formalen Weise genutzt.

Die Herstellungskosten eines Systems hängen beim Entwurf der klassischen „2D-Chips" stark von der gewählten Systemarchitektur ab. Dies gilt beim Entwurf von 3D-integrierten Systemen mit der Freiheit der Wahl von kostenoptimalen Technologien für einzelne Systembestandteile umso mehr.

Die 3D-Integration bringt neue Herausforderungen für den Chip-Entwurf mit sich (s. auch Abschn. 2.5). Ist die Wahl der optimalen Systemarchitektur schon bei 2D-Chips sehr schwierig, so ist der durch die 3D-Integration erweiterte Entwurfsraum nicht mehr ohne automatisierte Werkzeuge zu überblicken bzw. sinnvoll nach einem Optimum abzusuchen [SRS10, SRW10]. Dazu kommt, dass durch die räumliche Nähe der elektrischen Bauelemente in einem Stapel vermehrt Verkopplungen zwischen den Elementen auftreten. Hier sind insbesondere

- thermische Verkopplungen und die insgesamt schwierigere Entwärmung des Stapels,
- Wechselwirkungen durch mechanische Spannungen, speziell die Verteilung der mechanischen Spannungen in Bezug auf Funktion und Zuverlässigkeit und
- gegenseitige elektrische Beeinflussung

der einzelnen Systemkomponenten zu nennen [CZ05, SRS08, SE08, SRS09, NST10, Lim10, RSM10, PSR11, CNL11].

Damit ergeben sich Änderungen und Erweiterungen des Entwurfsablaufes (Design flow) für 3D-integrierte Systeme:

- Schon in den frühen Phasen des funktionalen Entwurfs müssen Abschätzungen der Machbarkeit hinsichtlich der Fertigung und des Betriebs sowie Kosten angefertigt werden. Da zu diesem Zeitpunkt die genaue physische Erscheinung des Systems (das Layout der einzelnen Chips) nicht bekannt ist, müssen vereinfachte Schätzungen der Geometrie und Leistungsdaten der funktionalen Blöcke als Grundlage dienen. In diesem Entwurfsstadium geht es um die Suche nach einer optimalen Systemarchitektur, was die Bewertung von sehr vielen Varianten erforderlich macht. Die dazu benutzten Modelle der funktionalen Blöcke müssen daher zu sehr schnell berechenbaren Simulationen des Systems zu koppeln sein. Dies führt zwangsläufig zu Zugeständnissen hinsichtlich der Genauigkeit dieser Simulationen. Das optimale Verhältnis von Simulationsgenauigkeit zu Rechengeschwindigkeit ist von der Komplexität des zu entwerfenden Systems abhängig, daher müssen die Modelle in dieser Hinsicht möglichst skalierbar sein.

- Durch die dreidimensionale Anordnung von Bauelementen in einem Stapel kommt es zu gegenseitigen Beeinflussungen. Solche gegenseitigen Beeinflussungen wurden auch schon beim klassischen 2D-Entwurf betrachtet, allerdings müssen die Möglichkeiten der vorhandenen Werkzeuge an die neuen Problemstellungen bei der 3D-Integration angepasst werden. Außerdem bedürfen die bisher im AVT-Entwurf eingesetzten Werkzeuge einer Anpassung, um ihren Einsatz schon in sehr frühen Phasen des funktionalen Entwurfs sinnvoll möglich zu machen.

## 4.2 Modellierung

Beim Entwurf von integrierten Schaltungen sind verschiedene Klassen von Modellen je nach Abstraktionsgrad üblich (s. Abb. 4.1). In den frühen Entwurfsstadien und bei Systembetrachtungen werden oft sogenannte *Verhaltensmodelle* eingesetzt. Die Modelle beschreiben mehr oder weniger abstrakt das Verhalten eines Funktionsblocks. Dies könnte beispielsweise ein Addierer sein, der beschrieben wird durch zwei nicht näher definierte Eingänge und einen Ausgang sowie die Vorschrift, dass das Ausgangssignal gleich der Summe der beiden Eingangssignale ist. Die nächste Stufe der Detaillierung könnte z. B. die Modellierung des zeitlichen Verhaltens sein, in dem die Zeit definiert wird, die zwischen dem Anlegen der Eingangssignale und dem Erscheinen des Ausgangssignals verstreicht.

Verhaltensmodelle nutzt man auf sehr unterschiedlichen Abstraktionsstufen, wobei die Verhaltensmodelle oftmals hierarchisch aufgebaut werden, d. h. ein Funktionsblock wird rekursiv durch detaillierter ausgearbeitete Subfunktionsblöcke ersetzt. Für ereignisgesteuerte Simulationen verwendet man Verhaltensmodelle, um mit deren Hilfe prinzipielle Abläufe mit großer Geschwindigkeit zu berechnen, ohne auf schaltungstechnische Details Rücksicht zu nehmen.

Auf der untersten Ebene der Abstraktion, d. h. auf der Ebene der Layout-Gestaltung sind physikalische Modelle mit verteilten Parametern angesiedelt, die in ihrem Aufbau die genaue geometrische Form und die Materialeigenschaften des Bauelementes widerspiegeln. Diese Modelle sind einerseits durch die hohe Genauigkeit der Beschreibung und andererseits durch den hohen Berechnungsaufwand während der Simulation gekennzeichnet. Letzterer macht diese Modelle i. A. für Betrachtungen des gesamten Systems unbrauchbar.

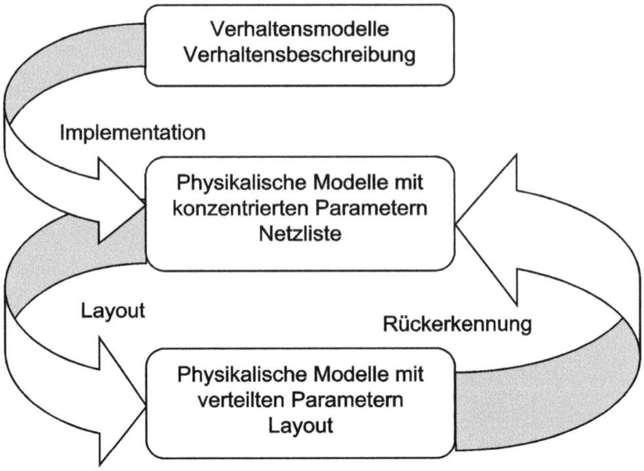


**Abb. 4.1** Modellklassen für den Entwurf von ICs. Verhaltensmodelle werden auf höheren Abstraktionsstufen (Verhaltensbeschreibung) eingesetzt, physikalische Modelle mit konzentrierten Parametern auf mittlerem Niveau (Netzliste) und physikalische Modelle mit verteilten Parametern auf Layout-Niveau

Auf der mittleren Abstraktionsstufe findet man die physikalischen Modelle mit konzentrierten Parametern, die zu sogenannten Kirchhoff'schen Netzen kombiniert werden, um das Systemverhalten zu beschreiben.

Diese im Elektronikentwurf gängige Klassifizierung ist in Bezug auf die Herausforderungen der 3D-Integration nicht durchgängig sinnvoll übertragbar. Bei der Betrachtung thermischer Aspekte ist die detaillierte Betrachtung der Geometrien der einzelnen Bauelemente im Allgemeinen nicht notwendig. Hier sind bis auf besonders empfindliche oder Leistungsbauelemente nur größere geometrische Einheiten relevant. In Bezug auf mechanische Spannungen gilt das Gleiche, wobei hier speziell die Verbindungsstrukturen zwischen den Chiplagen bedeutende „Bauelemente" sind.

Für den Entwurf von 3D-ICs stellt sich für die Modellierung die Frage nach dem Übergang von einem Abstraktionsniveau zu einem anderen. Während beim funktionalen Entwurf der Übergang von einem höheren zu einem tieferen Abstraktionsniveau durch Implementation erfolgt, ist dieser Übergang auf der physischen Seite nicht automatisch gegeben. Um hier Verhaltensmodelle von größeren Systemteilen zu bekommen, müssen einzelne Strukturen wie Leiter, Vias usw. simuliert und durch Verhaltensmodelle bzw. Ersatzschaltungen modelliert werden. Solche Untersuchungen können jedoch im Vorfeld des eigentlichen Systementwurfs stattfinden. Die Ergebnisse können zur Formulierung von sogenannten Design rules dienen oder in verallgemeinerter Form als parametrische Modelle in Bibliotheken abgelegt und dann während des Entwurfs auf die konkreten Strukturen angepasst werden.

Aufgrund der Komplexität heutiger Schaltungen, hat sich beim funktionalen Entwurf ein hierarchischer Ansatz bewährt, bei dem das System rekursiv in einzelne Funktionsblöcke aufgeteilt wird. Dieser Ansatz kann für den Entwurf von 3D-ICs übernommen werden, allerdings nur mit folgenden Erweiterungen: Auf jeder Stufe der Implementierung beschreibt man den betrachteten Funktionsblock geometrisch durch einen sogenannten Abstract, wobei die Daten dieser Beschreibung zu Beginn vielfach aus der Erfah-

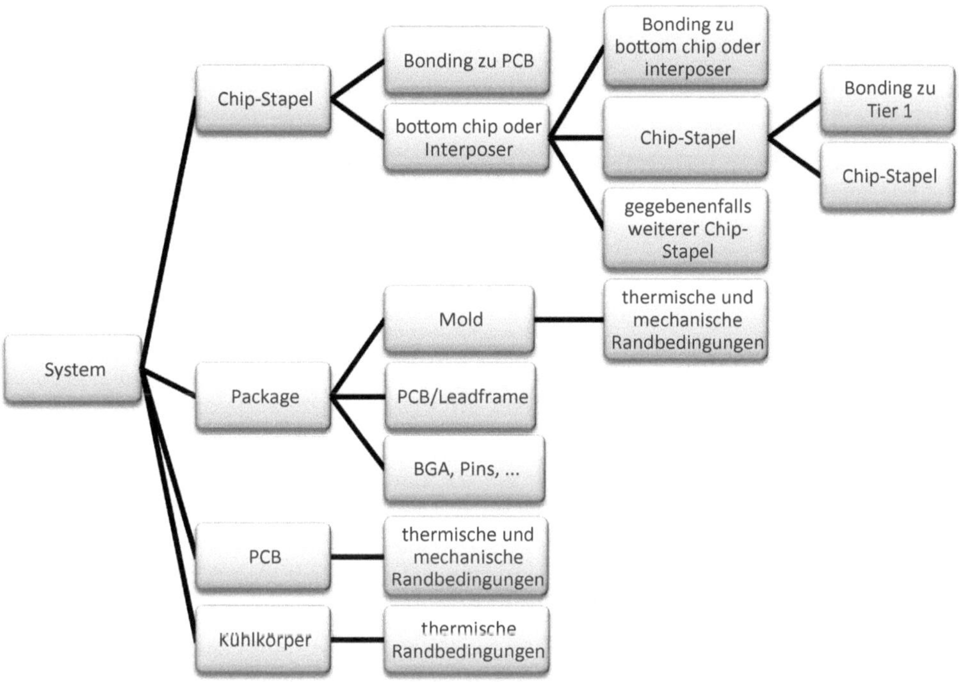


**Abb. 4.2** Physische Modellierungshierarchie

rung mit älteren Systemen zu schätzen sind. In diesem Abstract müssen folgende Daten enthalten sein:

- Technologie,
- Flächenbedarf des Funktionsblockes,
- elektrische Anschlüsse (I/O),
- wenn bekannt Timing constraints,
- gesamte maximale Dissipation elektrischer Energie,
- gegebenenfalls Positionen und Leistungen von besonders starken Wärmequellen,
- gegebenenfalls Positionen von besonders temperatursensitiven Bauelementen,
- Beschränkungen für die Platzierung des Funktionsblockes.

Auf der physischen Seite wird eine durch den Aufbau motivierte Hierarchie der Modellierung definiert (Abb. 4.2).

Mit Hilfe der Abstracts können die einzelnen Funktionsblöcke auf Elemente der physischen Hierarchie abgebildet werden. Daraus wiederum konstruiert man ein physisches Modell des Systems.

Aus den die Funktionsblöcke beschreibenden Abstracts wird mit Hilfe geeigneter Werkzeuge (Floorplanner) ein geometrisches Modell des Systems erzeugt. Zunächst berechnet der Floorplanner aus den Informationen zu den verschiedenen benötigten Chip-Technologien und dem Flächenbedarf der einzelnen Funktionsblöcke in den jeweiligen Technologien unter Berücksichtigung von thermischen, mechanischen und Kostenaspekten einen optimalen Stapel-Aufbau. Dieser Stapel kann geometrisch durch eine XML-basierte Sprache [HWK11] beschrieben werden, was das anschließende automatische Generieren eines Geometriemodells des gesamten Systems vereinfacht (s. Kap. 7). Der Chip-Stapel wird anschließend in ein Gehäuse integriert, womit ein hierarchisch aufgebautes, geometrisches Modell des Gesamtsystems entsteht. Um daraus die für die physikalische Verifikation notwendigen Modelle abzuleiten, bieten sich zwei Wege an:

- Um schnell simulierbare Modelle für die Abschätzung der Machbarkeit bzw. Architekturoptimierung zu erhalten, kann aus der hierarchischen Beschreibung der Systemgeometrie ein auf Teilmodellen mit konzentrierten Parametern beruhendes Gesamtmodell abgeleitet werden.
- Mit der Methode der *Finiten Elemente* oder *Finiten Differenzen* kann durch räumliche Diskretisierung ein Rechenmodell erzeugt werden, wobei die Feinheit der Diskretisierung die Genauigkeit und den numerischen Aufwand beeinflusst. Für Detailuntersuchungen und abschließende Verifikationen nach erfolgreicher Optimierung entstehen auf diese Weise Modelle mit bis zu 1.000.000 Elementen. Dieser Weg könnte auch bei einer groben Diskretisierung u. U. auch für frühe Entwurfsstadien geeignet sein.

Die Tendenz geht dahin, für die einzelnen Entwurfsschritte die jeweilig nötigen Modellierungen und Simulationen in die entsprechenden Werkzeuge zu integrieren. Beispielsweise gibt es eine Reihe von Versuchen, Floorplanner für 3D-ICs mit eigenen thermischen Modellen und Simulatoren auszustatten [CWZ04, CZ05, RHM11].

## 4.3 Simulation

Bei der Simulation von 3D-ICs gibt es zwei unterschiedliche Zielsetzungen:

- Während des Entwurfs müssen Entscheidungen zur Architektur des Systems durch Simulationen abgesichert werden. Hierbei ist das Ziel, eine möglichst kostengünstige Architektur des Gesamtsystems zu finden, die realistische Anforderungen an die physische Realisierung stellt.
- Am Ende des Entwurfsprozesses ist durch Simulationen nachzuweisen, dass der Entwurf zu physischen Realisierungen des Systems führt, die auch unter den Randbedingungen des Herstellungsprozesses mit hinreichend hoher Wahrscheinlichkeit wie spezifiziert funktionieren.

Im Folgenden werden diese beiden Anwendungsfälle genauer diskutiert.

In der Entwurfsphase kommt es weniger auf die Genauigkeit der Simulationen an, vielmehr stehen folgende Themen im Vordergrund:

- Der Entwerfer braucht beim funktionalen Entwurf abgesicherte Aussagen zur physischen Realisierbarkeit seiner Ideen. Da die Spezialisten für den funktionalen Entwurf normalerweise wenig Erfahrungen im Umgang mit komplexen Simulatoren haben, werden hier entweder sehr robuste Simulationsmodelle und Simulatoren mit sehr wenig einzustellenden Parametern oder solche Simulatoren gebraucht, die sich automatisch an die jeweilige Aufgabe adaptieren können.
- Im Laufe des funktionalen Entwurfs können sehr viele Varianten der Systemarchitektur entstehen. Das kann einerseits manuell durch den Entwerfer oder andererseits auch automatisch z. B. im Zuge des Floorplannings passieren, bei dem ein Algorithmus nach optimalen Verteilungen der Funktionsblöcke sucht. In jedem Fall spielt die Rechengeschwindigkeit eine wesentliche Rolle, weil im ersten Fall der Entwerfer auf das Ergebnis einer Rechnung warten muss und im zweiten Fall so große Variantenanzahlen entstehen können, dass der Rechenaufwand unakzeptabel groß wird.

Diesen Anforderungen wird derzeit dadurch begegnet, indem man spezielle Simulationen gleich in die entsprechenden Entwurfswerkzeuge integriert. Für die Betrachtung thermischer Fragestellungen werden vielfach Finite Differenzen-Ansätze mit sehr grober räumlicher Diskretisierung oder Netze aus Elementen mit konzentrierten Parametern verwendet, z. B. [IB00, CL09, RHM11].

Bei der Verifikationsphase am Ende des Entwurfsprozesses, der sogenannten *Layoutverifikation*, spielen andere Erwägungen eine Rolle. Ein fester Bestandteil jedes Entwurfsprozesses ist die automatische Rückerkennung von elektrischen Bauelementen aus den Zeichnungen. Damit wird einerseits geprüft, ob der physische Entwurf elektrisch dem funktionalen Modell entspricht (der sogenannte Layout vs. Schematic, kurz LVS-Test), andererseits werden dabei auch parasitäre Effekte z. B. benachbarte Leitungen durch entsprechende Ersatzschaltungen modelliert. Damit entstehen in der Regel sehr große Netzwerke von elektrischen Bauelementen (teilweise > 100.000 Elemente), die für einzelne Simulationen von bestimmten Betriebsfällen, z. B. Power-on genutzt werden. Diese Modelle benötigen erhebliche Rechenzeiten, weshalb sie sich nicht für genaue Betrachtungen des Gesamtsystemverhaltens eignen. Andererseits ist die Genauigkeit der Simulation in dieser Phase von ausschlaggebender Bedeutung dafür, dass das System mit Sicherheit nach der Fertigung korrekt funktioniert (Abb. 4.3).

Bei der Layoutverifikation werden die Simulationen normalerweise von erfahrenen Spezialisten durchgeführt, daher sind hier die Fragen der Rechenzeit oder der Nutzerfreundlichkeit zweitrangig. Die hohen Genauigkeitsansprüche setzen sich bei der Berechnung der thermischen, mechanischen und elektrischen Verkopplungen im Gesamtsystem fort. Hier kommen räumlich fein diskretisierte Modelle auf Basis partieller Differentialgleichungen zum Einsatz.

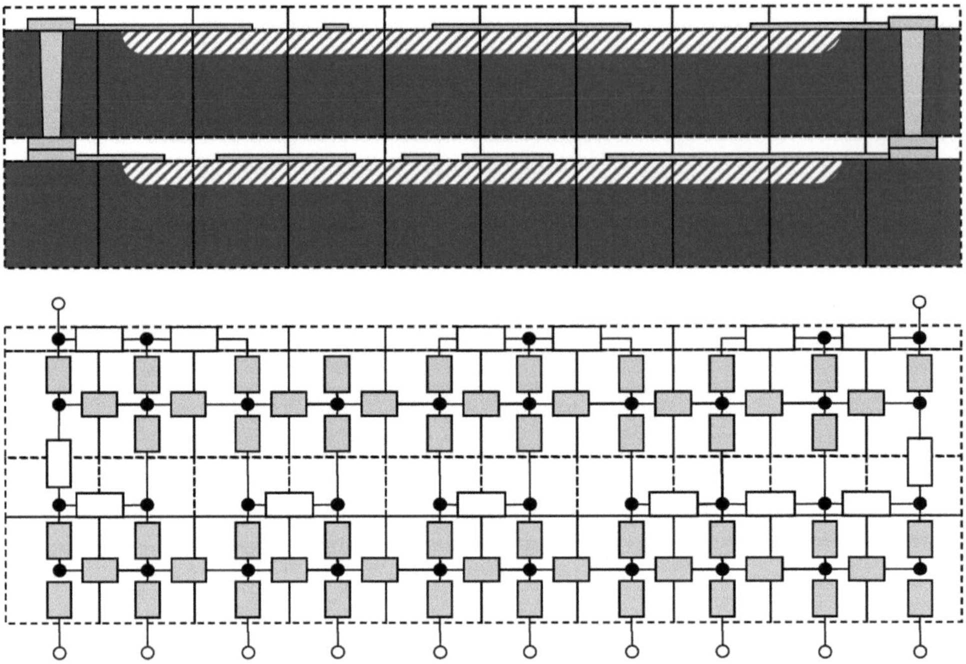

**Abb. 4.3** Beispiel für ein thermisches Modell eines Chipstapels. Aus der Geometrie des Chipstapels wird ein Netzwerk aus Elementen mit konzentrierten Parametern abgeleitet. Die Bauelementeparameter des Ersatznetzwerkes werden aus den Materialeigenschaften und der Topologie des Ersatznetzwerkes berechnet

## 4.4 Schlußfolgerungen

Die Anforderungen an Modellierung und Simulation beim Entwurf von 3D-ICs sind weitgehend gleich mit dem, was schon beim Entwurf von 2D-ICs heutzutage üblich ist. Es gibt jedoch eine Reihe von 3D-spezifischen Problemen, die eine Änderung des klassischen Entwurfsablaufs dahingehend erzwingen, dass schnelle und mit geringem manuellen Aufwand verbundene Abschätzungen des physikalischen Verhaltens eines Systems berechnet werden können. Damit müssen einerseits neue Beschreibungs-, Modellierungs- und Simulationsverfahren und Strategien geschaffen werden, andererseits sind die schon vorhandenen Modellierungs- und Simulationswerkzeuge für die physikalische Verifikation um die Möglichkeit der Beschreibung und Simulation von 3D-integrierten Systemen zu erweitern. Die folgenden Kapitel dieses Buches behandeln detailliert diese Aufgaben.

## Literatur


[HWK11] Heinig, A., Wolf, S., Knöchel, U.: XML-basierte hierarchische Beschreibungssprache für 3D-Systeme, GMM/ITG-Fachtagung Zuverlässigkeit und Entwurf, S. 54–61. Hamburg-Harburg, Deutschland (2011)

[RHM11] Reitz, S., Heinig, A., Martin, R., Stolle, J., Wilde, A.: Thermal Modeling of 3D Stacks for Floorplanning, Therminic, S. 153–158. Paris, France, 27–29 Sept 2011

[CL09] Cong, J., Luo, G.: A 3D Physical Design Flow Based on OpenAccess, Communications, Circuits and Systems, 2009. ICCCAS 2009. International Conference on, S. 1103–1107 (2009)

[PSR11] Papinikolau, A., Soudris, D., Radojcic, R.: Three Dimensional System Integration. Springer, US (2011)

[CZ05] Cong, J., Zhang, Y.: Thermal Via Planning for 3-D ICs, Computer-Aided Design, 2005. ICCAD-2005. IEEE/ACM International Conference on, S. 745–752 (2005)

[IB00] Im, S., Banerjee, K.: Full chip thermal analysis of planar (2-D) and vertically integrated (3-D) high performance ICs, Electron Devices Meeting, IEDM Technical Digest. International, S. 727–730 (2000)

[NST10] Ni, M., Su, Q., Tang, Z., Kawa, J.: An Analytical Study on the Role of Thermal TSVs in a 3DIC Chip Stack, DATE'10 Friday Workshop on „3D Integration", S. 137–141 (2010)

[CNL11] Curran, B., Ndip, I., Löbbicke, K., Guttowski, S., Lang, K.-L.: High Frequency Modeling Techniques of TSV Pairs for Interposer Applications, Smart Systems Integration, Dresden, Germany, 22–23 März 2011

[Lim10] Lim, S.K.: TSV-Aware 3D Physical Design Tool Needs for Faster Mainstream Acceptance of 3D ICs [Online], ACM DAC Knowledge Center (dac.com). http://www.dac.com/back_end+topics.aspx?article=27&topic=2 (2012). Zugegriffen: 17 Apr 2012

[RSM10] Reitz, S., Stolle, J., Martin, R., Wilde, A., Schneider, P.: Modular modeling approach to consider rf and thermal behavior of complex systems built up using interconnect structures in 3d integration. In: Proceedings Vol. 1 of 3rd Electronics System Integration Technology Conference, ESTC, S. 106–111. Berlin, Germany 13–16 Sept 2010

[SRS09] Stolle, J., Reitz, S., Schneider, P.: Andreas Wilde: Ein modularer Modellierungsansatz für die Analyse elektromagnetischer Effekte in Through Silicon Vias bei der 3D-Systemintegration, Tagungsband des Treffens der ASIM/GI-Fachgruppen STS und GMMS. DASS 2009 (Dresdner Arbeitstagung Schaltungs- und Systemenwurf), S. 157–162. Dresden, Deutschland, 5–6 März 2009

[SRS08] Schneider, P., Reitz, S., Stolle, J., Martin, R., Wilde, A., Ramm, P., Weber, J.: Design support for 3D system integration by multi physics simulation, Materials and Technologies for 3-D Integration: Symposium E, Boston, Massachusetts, U.S.A., 1–3 Dez 2008, Warrendale, Pa.: MRS, (Materials Research Society Symposium Proceedings 1112), S. 235–246 (2009)

[SRS10] Schneider, P., Reitz, S., Stolle, J., Martin, R., Heinig, A., Wilde, A.: Design methods for 3D IC integration, CD-Rom of International Wafer-Level Packaging Conference & Tabletop Exhibition, IWLPC, S. 8–16. Santa Clara, CA, U.S.A., 11–14 Okt 2010

[SRW10] Schneider, P., Reitz, S., Wilde, A., Elst, G., Schwarz, P.: Towards a methodology for analysis of interconnect structures for 3D-integration of micro systems. Analog Integr. Circuit. Signal Process. 57(3), 205–211 (2008)

[SE08] Schneider, P., Elst, G.: Modeling approaches and design methods for 3D system design. In: Garrou, P. (Hrsg.) Handbook of 3D integration, Vol. 2: Technology and applications of 3D integrated circuits, S. 529–574. Wiley-VCH, Weinheim (2008). ISBN: 978-3-527-32034-9

[CWZ04] Cong, J., Wei, J., Zhang, Y.: A thermal-driven floorplanning algorithm for 3D ICs, IEEE/ACM International Conference on Computer Aided Design, S. 306–313, ICCAD-2004

# 3D-Simulation von Strukturen zur Modellgenerierung

5

Jörn Stolle und Sven Reitz

## 5.1 Einleitung

Wie bereits im vorhergehenden Kapitel beschrieben, ergibt sich bei der 3D-Integration durch den geringen Abstand verschiedener Funktionsblöcke eine große Zahl möglicher physikalischer Wechselwirkungen innerhalb des 3D-Systems. Besonders der Einfluss von Integrations-, Packaging- und Verbindungstechnologien auf das Systemverhalten muss möglichst frühzeitig im Entwurfsprozess berücksichtigt werden.

Um die Gesamtfunktionalität des Systems gewährleisten zu können, muss einerseits das Hochfrequenzverhalten der Verbindungsstrukturen in die Betrachtungen einbezogen werden, welches Signalintegrität, Übersprechverhalten und Verzögerungszeiten beeinflusst. Andererseits spielen thermische Interaktionen innerhalb der Stapelstruktur eine wichtige Rolle. Durch die hohe Packungsdichte können verlustleistungserzeugende und temperaturempfindliche Blöcke sehr eng beieinander liegen, ebenso können thermische Gradienten bzw. Temperaturwechsel im System durch die verschiedenen Ausdehnungskoeffizienten der eingesetzten Materialien einen großen Einfluss auf die mechanische Zuverlässigkeit haben.

Durch die Vielfalt der zu berücksichtigenden physikalischen Effekte und der benötigten Entwurfswerkzeuge ist eine ebenenübergreifende Methodik für die multiphysikalische Modellierung und Simulation sowohl für Verbindungsstrukturen als auch für den kompletten Stack des 3D-Systems notwendig. Ein modularer Modellierungsansatz ermöglicht es, effizient und ebenenübergreifend – sowohl hinsichtlich der Modellabstraktionsebenen als auch der physikalischen Domänen – Effekte in 3D-Strukturen zu modellieren.

J. Stolle (✉) · S. Reitz
Fraunhofer-Institut für Integrierte Schaltungen, Institutsteil Entwurfsautomatisierung, Dresden, Deutschland
E-Mail: joern.stolle@eas.iis.fraunhofer.de

S. Reitz
E-Mail: sven.reitz@eas.iis.fraunhofer.de

J. Lienig, M. Dietrich (Hrsg.), *Entwurf integrierter 3D-Systeme der Elektronik*,
DOI 10.1007/978-3-642-30572-6_5, © Springer-Verlag Berlin Heidelberg 2012

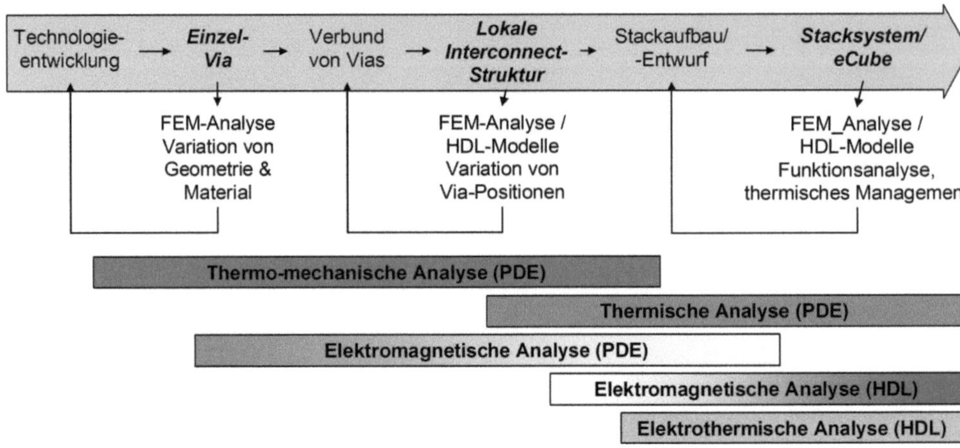


**Abb. 5.1** Analysearten für die Entwurfsunterstützung von 3D-Systemen

Mit Hilfe von Feldsimulationen im HF-Bereich können parasitäre Schaltelementwerte für Widerstände, Kapazitäten und Induktivitäten der Verbindungsstrukturen ermittelt und später für die Schaltungs- und Systemsimulation bereitgestellt werden. Lösungsverfahren für partielle Differentialgleichungen werden ebenfalls für die Analyse der Wärmeausbreitung sowie als Basis für die Generierung von Verhaltensmodellen eingesetzt. Die genannten Verhaltensmodelle können mit Modellen für die elektrische Funktion kombiniert und somit für Gesamtsystemsimulationen genutzt werden.

## 5.2 Modellierungsmethoden

In Abhängigkeit vom jeweiligen Schritt im Entwurfsprozess müssen unterschiedliche Modelle verwendet und unterschiedliche Arten von Simulationen ausgeführt werden (Abb. 5.1). So werden z. B. thermomechanische Analysen mit Hilfe von PDE-Lösern (Partial Differential Equations, partielle Differentialgleichungen) zur Untersuchung der Zuverlässigkeit von einzelnen Vias oder kleinerer Gruppen durchgeführt. Variationen geometrischer Parameter und der Einfluss unterschiedlicher Materialien können so untersucht und Informationen für eine Optimierung der Vias abgeleitet werden.

Mit Hilfe von elektrostatischen und elektromagnetischen Simulationen im HF-Bereich, z. B. mit Methoden der Finiten Integrations Theorie (FIT), lassen sich parasitäre Schaltelementwerte für Widerstände, Kapazitäten und Induktivitäten der Vias ermitteln und später für die Schaltungs- und Systemsimulation bereitstellen.

Lösungsverfahren für partielle Differentialgleichungen, z. B. durch Methoden der finiten Elemente (FE), werden ebenfalls für die Analyse der Wärmeausbreitung von lokalen Interchip-Verbindungen und der gesamten gestapelten Struktur sowie als Basis für die Ableitung von Verhaltensmodellen in HDL (Hardware Description Language) eingesetzt. Die

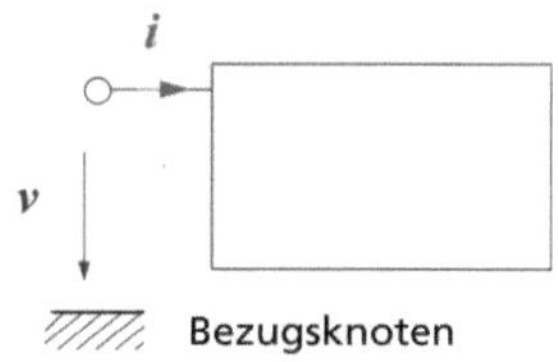


**Abb. 5.2** Klemmengrößen eines Teilsystems (Fluss- und Differenzgrößenvektoren $i$ bzw. $v$)

genannten Verhaltensmodelle können mit Modellen für die elektrische Funktion kombiniert werden und somit für Gesamtsystemsimulationen genutzt werden. Dabei können einerseits der Einfluss des elektrischen Verhaltens der Vias auf das Systemverhalten und andererseits thermisch-elektrische Wechselwirkungen untersucht werden.

Eine Modellierungsmethodik, die diese sehr unterschiedlichen Arten von Analysen effizient unterstützt, umfasst:

- einen modularen Modellierungsansatz
- Methoden für die rechnerunterstützte Modellgenerierung
- die Modellvalidierung sowie
- die Integration von Netzwerk- oder Verhaltensmodellen in den Entwurfsablauf

Auf die ersten beiden Punkte wird in den nachfolgenden Abschnitten genauer eingegangen.

### 5.2.1 Verhaltensmodelle und Verhaltensbeschreibung

Es wurde weiter oben bereits mehrfach von Verhaltensmodellen gesprochen, aber um was handelt es sich hier?

Das Kernstück moderner Systemsimulationsprogramme und Spice-kompatibler Schaltungssimulatoren sind numerische Verfahren zur Lösung von Algebro-Differentialgleichungssystemen. Diese Gleichungssysteme werden aus Netzlistenbeschreibungen der zu simulierenden Probleme aufgebaut. Ursprünglich wurden diese Programme für die Simulation elektronischer Schaltungen entwickelt. Die Netzlisten mussten unter Verwendung vorgegebener Grundelemente (Widerstände, Kapazitäten, Induktivitäten, unabhängige und einfache gesteuerte Quellen, …) aufgebaut werden. Aber auch nichtelektrische Systeme sind durch Netzwerke beschreibbar. Wegen der seit langem bekannten Analogien zu den elektrischen Netzwerken (s. z. B. [SMR67], [RS76] und die dort zitierte Literatur) lassen sich daher Spice-kompatible Programme [K95] auch für die Behandlung nichtelektrischer Probleme einsetzen.

Durch die Verfügbarkeit von Verhaltensbeschreibungssprachen wie VHDL-AMS, Verilog-AMS, Modelica u. a. können vom Anwender moderner Schaltungs- und Systemsimulationsprogramme wie Spectre und Dymola eigene Modelle erstellt werden. Dabei sind Bedingungen für mögliche Signale (Fluss- und Differenzgrößenvektoren) an den Klemmen des Modells festzulegen (Abb. 5.2).

Die allgemeine Form für die Beschreibung einer linearen (mechanischen) Komponente ist durch

$$M\frac{d^2v}{dt^2} + D\frac{dv}{dt} + Kv = F \tag{5.1}$$

gegeben. $F$ ist hierbei der Vektor der Flussgrößen in einem festen (globalen) Referenzkoordinatensystem und $v$ der Vektor der Differenzgrößen. Für einen Balken z. B. besteht der Vektor $F$ aus den (Schnitt-) Kräften und Momenten, in $v$ sind die Verschiebungen und Verdrehungen zusammengefasst. $M$, $D$ und $K$ sind Masse-, Dämpfungs- und Steifigkeitsmatrizen im lokalen Koordinatensystem. Diese Matrizen können über entsprechende Transformationsmatrizen in das globale Referenzkoordinatensystem transformiert werden. Das System (5.1) kann direkt in Verhaltensmodellen mit entsprechenden Verhaltensbeschreibungssprachen abgebildet werden.

Die von FE-Simulatoren aufgestellten Gleichungen für die Simulation einer (linearen) Komponente oder eines Systems haben im Prinzip dieselbe Struktur wie Gl. (5.1). Auf Basis von Beschreibungen der Grundelemente, der Geometrie und Materialen von Komponenten und der Verbindungen der Grundelemente werden im Simulator die Koeffizientenmatrizen (Systemmatrizen) aufgestellt und mit festen numerischen Werten belegt. Einige FE-Simulatoren wie beispielsweise ANSYS [A10] erlauben den Zugriff auf die numerischen Werte dieser Matrizen, die dann verwendet werden können, um das Klemmenverhalten von Verhaltensmodellen für Schaltungs- und Systemsimulatoren abzuleiten. Wie dies erfolgt, wird in Abschn. 5.4 dargestellt. Vorteile bietet dieser Weg bei Strukturen, die sich nicht leicht aus Grundelementen (wie z. B. Balkenelementen), für die bereits Verhaltensmodelle vorhanden sind, zusammensetzen lassen.

## 5.2.2 Methode der Finiten Elemente

Es wurde soeben festgestellt, dass die Gleichungssysteme von FE-Simulatoren denen ähnlich sind, mit denen das Klemmenverhalten von Verhaltensmodellen beschrieben wird. Wie ist dies möglich?

Der Grundgedanke der Finiten-Elemente-Methode ist die Zerlegung des betrachteten Gebietes in hinreichend kleine Teilgebiete (z. B. Dreiecke in 2D oder Tetraeder in 3D) sowie die Zuordnung eines Variationsproblems zu einer partiellen Differentialgleichung. Dabei ist ein Funktional, interpretierbar als Energie des Gesamtsystems, zu minimieren. Die Gesamtenergie des Systems wird aus der Summe der Energien der Teilsysteme bestimmt, deren Wert von den Signalgrößen in vorgegebenen Knotenpunkten abhängt (Abb. 5.3). Die Werte in den Knotenpunkten werden so bestimmt, dass die Gesamtenergie minimiert wird [TGK85]. Das Vorgehen entspricht dem Ritz-Verfahren zur Minimierung des ursprünglichen Funktionals in einem endlich dimensionalen Teilraum [B97].

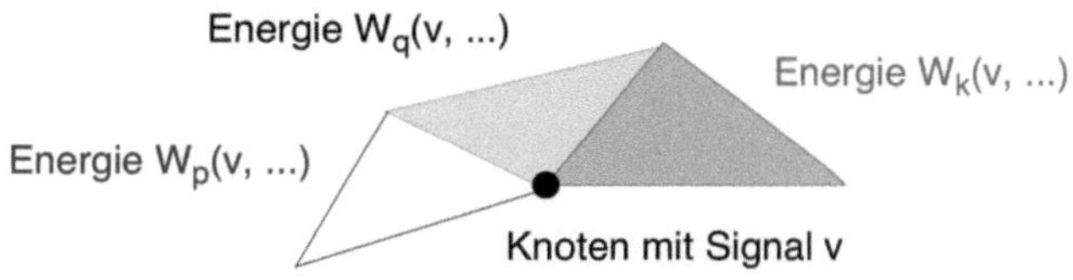


**Abb. 5.3** Teilsysteme eines Gesamtsystems (Prinzipdarstellung)

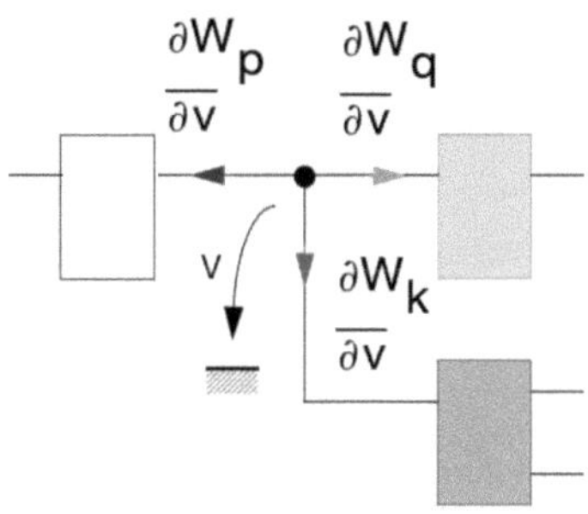


**Abb. 5.4** Kirchhoff'scher Knotensatz (Beispiel)

Für die Minimierung der Energie $W$ des Gesamtsystems ist es notwendig, dass die Ableitung von $W$ nach allen Knotensignalen Null ist. Abbildung 5.3 zeigt eine Situation, in der das Signal $v$ nur die Energien $W_p$, $W_q$ und $W_k$ der benachbarten Teilsysteme beeinflusst. Es gilt

$$W_S = \ldots + W_p(v, \ldots) + W_q(v, \ldots) + W_k(v, \ldots) + \ldots \tag{5.2}$$

Damit ergibt sich

$$\frac{\partial W_S}{\partial v} = 0 = \frac{\partial W_p}{\partial v} + \frac{\partial W_q}{\partial v} + \frac{\partial W_k}{\partial v} \tag{5.3}$$

Diese Gleichung kann als Kirchhoff'scher Knotensatz interpretiert werden (s. Abb. 5.4).

Damit kann im Prinzip dieselbe Beschreibung für die Finiten Elemente und die Ableitung des Klemmenverhaltens der Modelle für einen Schaltungs- und Systemsimulator verwendet werden (s. dazu auch [A10]). Sei $W(v, \ldots)$ die Energie eines Teilsystems in Abhängigkeit von der Klemmengröße $v$, die dem Signalwert am Knoten bei Zusammenschaltung entspricht, so gilt für die zugehörige Flussgröße (s. auch Abb. 5.2)

$$i = \frac{\partial W}{\partial v} \tag{5.4}$$

Die Beziehung (5.3) lässt sich als Ausgangspunkt für die Implementierung eines Verhaltensmodells verwenden. Im konkreten Fall sind eventuell noch einige Modifikationen vorzunehmen. Zu beachten ist beispielsweise, dass im Fall einer elektrischen Klemme die Ableitung nach der Klemmenspannung die Ladung ergibt. Um den Strom als Klemmengröße verwenden zu können, macht sich eine Ableitung der Ladung nach der Zeit erforderlich. Des Weiteren könnte in (5.3) auch die negative Ableitung verwendet werden. Das

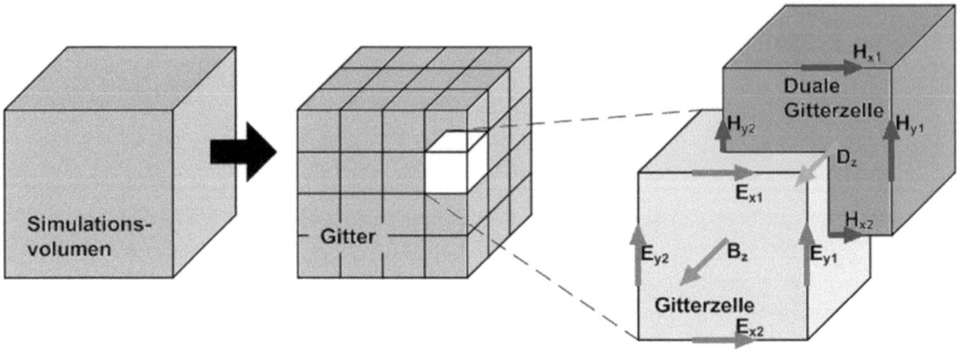


**Abb. 5.5** Darstellung dualorthogonaler Gitter der FIT-Methode, nach [CST05].

würde nichts an der Gültigkeit von (5.3) bei der Zusammenschaltung ändern, hätte aber Auswirkungen auf die Zählrichtung eingeprägter Größen (z. B. externer Kräfte im Fall mechanischer Modelle).

Außerdem haben die Gleichungssysteme von FE-Modellen schnell eine Ordnung von über einer Million, d. h. 1 Mio. Unbekannte. Dies ist natürlich nicht direkt in Verhaltensmodelle umsetzbar. Die Ordnung des Ausgangssystems muss mathematisch so reduziert werden, dass zum einen das statische und dynamische Verhalten des Ausgangssystems weiterhin (sehr) gut nachgebildet wird und zum anderen die Größe des reduzierten Systems möglichst klein ist. Die Ordnungsreduktion wird in Abschn. 5.4 beschrieben.

### 5.2.3 Methode der Finiten Integrations Theorie

Die Methode der Finiten Integrations Theorie (FIT) wurde bereits 1977 erstmals von T. Weiland beschrieben und stellt seitdem eine der wichtigsten Grundlagen zur Entwicklung numerischer Algorithmen für die dreidimensionale elektromagnetische Feldberechnung dar [TUD]. Sie ist hier gebräuchlicher als die Methode der Finiten Elemente.

Die FIT-Methode berechnet die diskretisierten Maxwell-Gleichungen in Integralform im Zeitbereich. Hierfür ist zunächst das Modell, welches grundsätzlich aus Materialien mit unterschiedlichen elektrischen Leitfähigkeiten, Permittivitäten und Permeabilitäten bestehen kann, sowie der umgebende Raum (meist Luft oder Vakuum) zu diskretisieren. Das Simulationsvolumen wird in ein System aus zwei zueinander dualorthogonalen Gittern unterteilt, das aus einer Vielzahl von Elementarzellen besteht (s. Abb. 5.5).

Die elektrischen Feldstärken werden mittels der FIT-Methode auf den Kanten des primären Gitters berechnet. Senkrecht auf diesen Flächen, die durch die Seiten des Gitterwürfels gebildet werden, stehen die magnetischen Flussdichten, die aus einer numerischen Lösung des Induktionsgesetzes (s. auch Gl. (5.5)) der Maxwell-Gleichungen resultieren.

$$rot\vec{E}(\vec{r},t) = -\frac{\partial}{\partial t}\vec{B}(\vec{r},t) \tag{5.5}$$

Hierzu wird die Rotation über die elektrische Feldstärke durch die Summe der vier diskreten Feldkomponenten ersetzt. Wie bereits erwähnt, erfolgt die Berechnung der Felder auf den Gitterkanten im Zeitbereich. Die Ableitungen bezüglich der Zeit in den Maxwell-Gleichungen werden durch zentrale Differenzen ersetzt. Das bedeutet, dass man zur Berechnung einer aktuellen Feldgröße sowohl die elektrischen als auch die magnetischen Feldwerte des vorangegangenen Zeitschrittes verwendet. Im Folgenden soll kurz anhand der in Abb. 5.5 dargestellten Gitterzelle diese Vorgehensweise verdeutlicht werden:

- Das Induktionsgesetz (5.5) wird zunächst auf dem Gitter diskretisiert

$$(E_{x2} + E_{y1} - E_{x1} - E_{y2})ds = -\frac{d}{dt} B_z dA \tag{5.6}$$

wobei $ds$ die Kantenlänge und $dA$ eine Seitenfläche des Würfels sind.

- Der Differential-Operator bezüglich der Zeit auf der rechten Seite wird durch einen Differenzenquotienten ersetzt. Dabei werden die Felder an den aufeinander folgenden Zeitpunkten $t_1$ und $t_2$ betrachtet:

$$\left(E_{x2}^{t1} + E_{y1}^{t1} - E_{x1}^{t1} - E_{y2}^{t1}\right) ds = -\frac{B_z^{t2} - B_z^{t1}}{\Delta t} \tag{5.7}$$

- Die obige Gleichung lässt sich nun so umstellen, dass man den aktuellen Wert der magnetischen Flussdichte erhält:

$$B_z^{t2} = B_z^{t1} - \Delta t \left(E_{x2}^{t1} + E_{y1}^{t1} - E_{x1}^{t1} - E_{y2}^{t1}\right) ds \tag{5.8}$$

Diese Vorgehensweise der numerischen Integration wird als Leap-Frog Algorithmus bezeichnet. Ebenso wie bei der elektrischen Feldstärke $E_{in}$ und der magnetischen Flussdichte $B_i$ sind auf den Kanten des dualen Gitters die magnetischen Feldstärken $H_{in}$ definiert. Die Verschiebungsflussdichte $D_i$ steht auch hier senkrecht auf den Gitterflächen. Mit dieser Vorgehensweise erhält man schließlich ein System von sogenannten Maxwell-Gittergleichungen (Maxwell-Grid-Equations). Bei einer Anregung mit einem gaußförmig modulierten Sinussignal kann mit diesem Verfahren, verbunden mit einer Fourier-Transformation, eine breitbandige Berechnung der elektromagnetischen Felder erfolgen. Da in der Praxis das Simulationsgebiet immer räumlich und zeitlich begrenzt ist, müssen daher am Rand des Simulationsvolumens zuvor definierte Randbedingungen von den elektrischen und magnetischen Feldern erfüllt werden.

## 5.3 Modularer Modellierungsansatz

Um Simulationen zur Unterstützung des Entwurfs von 3D-Systemen durchführen zu können, wird für die geometrische Modellierung der Ansatz einer werkzeugunabhängigen Methodik verfolgt. Ziel dieser Methodik ist es, einen modularen Modellierungsansatz zur

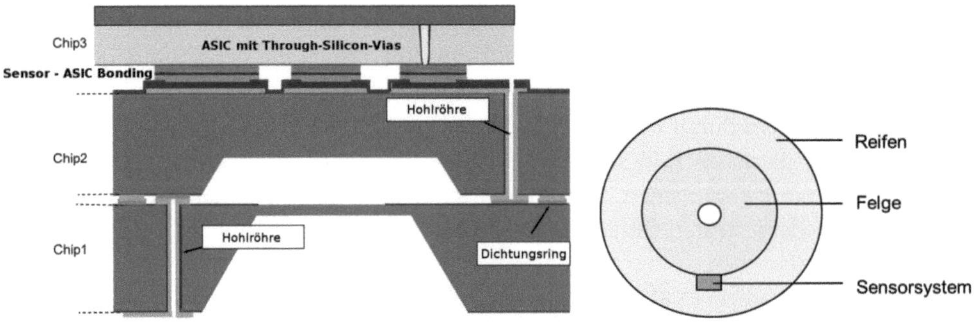


**Abb. 5.6** *Links*: Prinzipskizze der 3D-Struktur eines intelligenten Drucksensors. (Quelle: Sintef, Norwegen), *rechts*: Montage des Sensorsystems an der Felge

Unterstützung der Technologieentwicklung und Analyse physikalischer Effekte bereitzustellen [SRW07]. In Abhängigkeit vom jeweiligen Schritt im Entwurfsprozess werden unterschiedliche Modelle verwendet und unterschiedliche Arten von Simulationen ausgeführt. So werden z. B. thermische Analysen zur Vermeidung lokaler Erwärmungen, sog. Hotspots, elektrothermische Analysen zu Wechselwirkungen in gestackten 3D-Systemen und elektromagnetische Analysen zur Untersuchung des elektrischen Verhalten im Hochfrequenzbereich von einzelnen Vias oder kleinerer Gruppen durchgeführt [ESR06, SKB06]. Die Grundidee ist, parametrische Modelle von Grundstrukturen des 3D-Systems bereitzustellen, die hinsichtlich ihres geometrischen Aufbaus, ihrer Materialparameter sowie des betrachteten physikalischen Effekts variabel sind. Weiterhin ist die räumliche Lage der Grundstrukturen im Gesamtsystem frei wählbar. Wesentlicher Baustein dieses Ansatzes ist eine werkzeugunabhängige Strukturbeschreibung, die eine teilweise automatisierte Generierung von FE- bzw. FIT-Modellen sowie die Ableitung von Modellen für die Systemsimulation unterstützt. Die Strukturrepräsentation kann dabei mit Hilfe von XML-Dateien realisiert werden. Dieser modulare Modellierungsansatz erlaubt somit die detaillierte Analyse des Verhaltens einzelner Grundstrukturen und andererseits die Untersuchung komplexer zusammengesetzter Strukturen, wie sie in 3D-System zu finden sind.

### 5.3.1 Methode der Finiten Elemente

Die Anwendung dieser Methodik im Bereich der Finiten Elemente wird am Beispiel eines Drucksensorsystems für Autoreifen demonstriert. Abbildung 5.6 links zeigt die komplexe Struktur des 3D-Systems. Es besteht im Wesentlichen aus drei Chips. Chip 1 und Chip 2 bilden einen Drucksensor mit Membranstruktur, in Chip 3 (ASIC) wird die Signalverarbeitung realisiert.

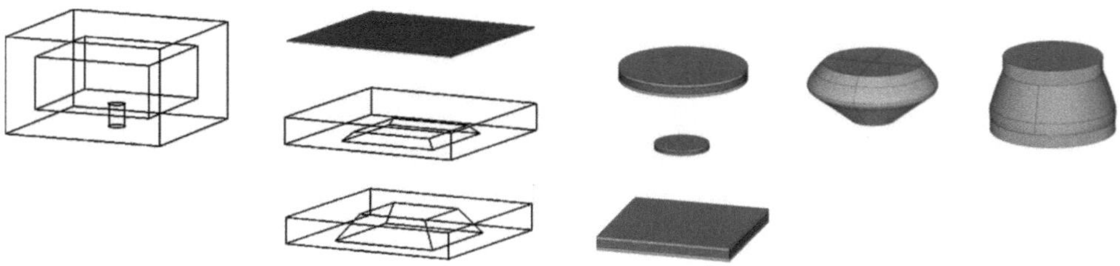

**Abb. 5.7** *Links*: Gehäuse und 3 Chipvarianten (ASIC und 2 Chips des Drucksensors), *rechts*: 3 mögliche Bondvarianten (SLID in verschiedenen Formen und Größen, Au-Stud-Bump, Micro-Flip-Chip)

Die Lage des Sensorsystems wird in Abb. 5.6 rechts veranschaulicht. Das Sensorgehäuse ist mit seiner Oberseite direkt mit der Felge verbunden, die anderen Oberflächen des Gehäuses sind von der Luft des Reifens umgeben.

Für thermische Untersuchungen wird das FE-Modell des Gesamtsystems mit Hilfe einer Bibliothek von Grundstrukturen erstellt. Grundstrukturen bzw. Basismodule sind in diesem Fall das Gehäuse, die drei gestapelten Chips, Through-Silicon Vias (TSVs), Verbindungsstrukturen zwischen den Chips, verschiedene Leitbahnen, ein Sealring u. v. a. Eine Auswahl zeigt Abb. 5.7. Die Generierung des Gesamtmodells läuft teilautomatisiert ab, so dass bei Änderung der geometrischen bzw. Materialparameter der Einzelmodule das zusammengesetzte Modell sehr einfach aktualisiert werden kann.

### 5.3.2 Methode der Finiten Integrations Theorie

Ebenso kann der Ansatz der modularen Modellierung auf die Methode der Finiten Integrations Theorie angewendet werden. Die FIT-Methode berechnet die diskretisierten Maxwell-Gleichungen im Zeitbereich und eignet sich daher besonders für die Analyse des elektrischen Verhaltens im Hochfrequenzbereich.

Für die Gesamtsystemsimulation ist es sinnvoll, komplexe Verbindungsstrukturen aus einfachen Grundmodellen zusammenzusetzen. Hierzu wird zunächst die komplexe 3D-Struktur in einzelne parametrische Modelle von Grundstrukturen zerlegt. Diese Grundmodelle erlauben zum einen eine detailliertere Simulation hinsichtlich parasitärer Eigenschaften wie Skin- und Proximitty-Effekt sowie Wellenausbreitung. Zum anderen lassen sich diese Modelle in Bibliotheken ablegen und später einfach hinsichtlich Geometrie oder Materialien modifizieren und erneut simulieren. Ebenso wird der zur Simulation benötigte Speicher- und Rechenzeitbedarf erheblich reduziert.

Im Folgenden soll am Beispiel einer Koplanarleitung mit zwei TSV-Arrays mit jeweils $3 \times 5$ Vias sowie Kontaktstellen das prinzipielle Vorgehen beschrieben werden. Die betrachtete Koplanarleitung kann durch eine Serienschaltung von fünf Grundmodellen dargestellt werden, die aus den beiden Anschlusspads, den Durchkontaktierungen sowie der Leitung besteht (s. Abb. 5.8).

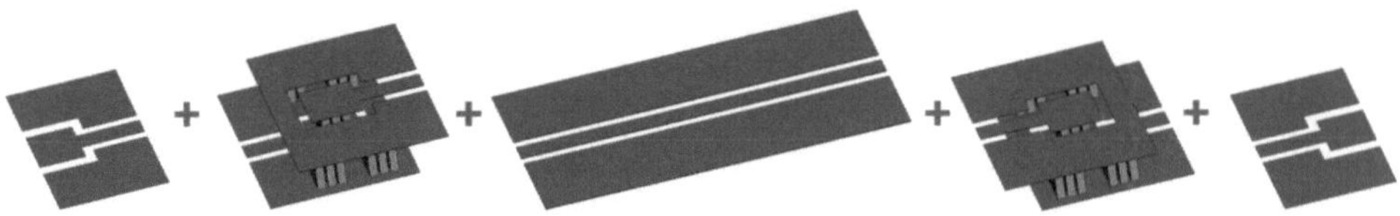

**Abb. 5.8** Aufteilung der Koplanarleitung in fünf Teilelemente (außen Anschlusspads, Durchkontaktierungen und Leitung in der Mitte)

Mit Hilfe von FIT-Simulatoren lassen sich die Einzelstrukturen leicht aus der Gesamtstruktur extrahieren und simulieren. Diese Ergebnisse sind aber nicht direkt experimentell überprüfbar, da die Einzelstrukturen keine Anschlusspads besitzen, welche mit Messspitzen kontaktiert werden können. Außerdem ist die Wahl der Schnittflächen bei der Auftrennung der Gesamtstruktur nicht trivial, weil die Voraussetzung für die anschließende Verbindung von Einzelstrukturen ist, dass der E-Feld-Vektor in der Schnittfläche liegt, d. h. dass nahezu reine TE-Wellen in der Schnittebene vorliegen. Um die Simulationsergebnisse einerseits einer experimentellen Überprüfung zugänglich zu machen, andererseits aber auch die Modellierung, d. h. die Wahl der Schnittstellen, zu überprüfen, wird daher im Folgenden das formale Vorgehen des sog. Embeddings betrachtet.

Bei der FIT-Simulation werden Streuparameter, sog. S-Parameter, berechnet. Diese erhält man zum einen für die Gesamtstruktur, zum anderen für jede der fünf Einzelstrukturen aus Abb. 5.8.

Sind jedoch die Transmissionskoeffizienten zweier Systeme A und B bekannt, folgt die Transmissionsmatrix (T-Matrix) des Gesamtsystems [A04]:

$$[T] = [T_A][T_B] \tag{5.9}$$

Der Vorgang der Multiplikation mehrerer Transmissionsmatrizen zu einem Gesamtsystem wird Embedding genannt. Demnach kann für unser Beispiel der Koplanarleitung die T-Matrix wie folgt berechnet werden:

$$[T_{SIM}] = [T^A_{Pad}][T^A_{Vias}][T_{Leitung}][T^B_{Vias}][T^B_{Pad}] \tag{5.10}$$

Generell kann man zwischen den Streu- und Transmissionsmatrizen wie folgt umrechnen:

$$\begin{aligned}\begin{bmatrix} T_{11} & T_{12} \\ T_{21} & T_{22} \end{bmatrix} &= \begin{bmatrix} -\dfrac{S_{11}S_{22} - S_{12}S_{21}}{S_{21}} & \dfrac{S_{11}}{S_{21}} \\ -\dfrac{S_{22}}{S_{21}} & \dfrac{1}{S_{21}} \end{bmatrix} \begin{bmatrix} S_{11} & S_{12} \\ S_{21} & S_{22} \end{bmatrix} \\ &= \begin{bmatrix} \dfrac{T_{12}}{T_{22}} & \dfrac{T_{11}T_{22} - T_{12}T_{21}}{T_{22}} \\ \dfrac{1}{T_{22}} & -\dfrac{T_{21}}{T_{22}} \end{bmatrix}\end{aligned} \tag{5.11}$$

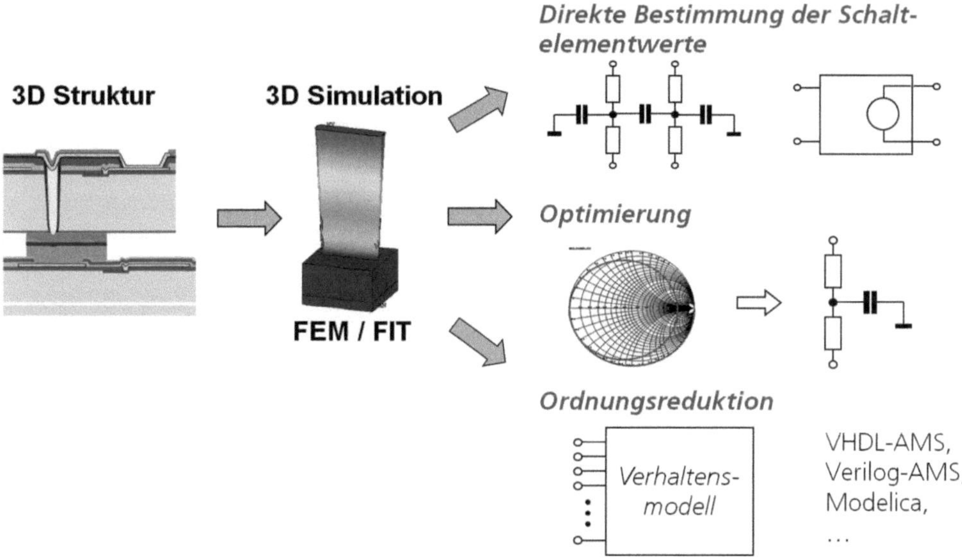


**Abb. 5.9** Ansätze zur Ermittlung von Ersatzschaltungen und Verhaltensmodellen von 3D-Strukturen

So ist es möglich, aus den berechneten S-Parametern der Einzelstrukturen, welche in T-Parameter umgerechnet werden, die T-Parameter des Gesamtsystems und somit letztendlich wieder dessen gesuchte S-Parameter zu bestimmen und so das elektrische Verhalten des zusammengesetzten Gesamtsystems zu ermitteln.

## 5.4 Methoden für die rechnerunterstützte Modellgenerierung

Um die Ergebnisse der 3D-Simulationen in den verschiedenen physikalischen Domänen effizient in Ersatzschaltungen bzw. Verhaltensmodelle überführen zu können, werden Methoden zur rechnergestützten Modellgenerierung benötigt. Hierbei verwendet man abhängig vom jeweiligen Simulationstool unterschiedliche Methoden. Die Modelle können anschließend Schaltungssimulatoren zur Verfügung gestellt und somit in die Gesamtsystemsimulation integriert werden.

In Abb. 5.9 ist ersichtlich, wie von einer 3D-Struktur über 3D-Simulationen (z. B. Finite-Elemente-Methode oder Finite Integrations Theorie) über drei verschiedene Arten der Modellgenerierung die Ersatzschaltungen bzw. Verhaltensmodelle erzeugt werden können.

Zum einen ist es möglich, die Bauelementewerte von Ersatzschaltungen direkt aus den berechneten Feldenergien oder S-Parametern zu bestimmen. Ein anderer Weg ist die Nutzung generischer Ersatzschaltungen, deren Bauelementewerte sich durch Optimierungsverfahren so anpassen lassen, dass das Verhalten der Ersatzschaltung möglichst ähnlich zum Verhalten des Ausgangssystems ist. Der dritte Weg ist, die durch den 3D-Simulator

**Tab. 5.1** Methoden zur rechnerunterstützten Ableitung von Verhaltensmodellen

| Methode | Vorteile | Nachteile |
|---|---|---|
| Direkt (CST/IdEM) | Schneller und genauer Ansatz | Ersatzschaltungen mit gesteuerten Quellen |
| | | Dadurch nicht für jeden Schaltungssimulator geeignet |
| Optimierung (MOSCITO Simon) | Passive, physikalische Ersatzschaltungen | Lange Optimierungszyklen |
| | Eignung für sämtliche Schaltungssimulatoren | Händische Ableitung der Topologie der Ersatzschaltungen |
| Ordnungsreduktion (MORMS) | Toolunabhängig | Händische Ableitung der Topologie der Ersatzschaltungen |
| | Output in Vielzahl von Verhaltenssprachen | |

aufgestellten und meist sehr großen Systemmatrizen über Ordnungsreduktionsverfahren so zu reduzieren, dass das reduzierte System möglichst klein ist und dennoch ein vergleichbares Übertragungsverhalten hat. Aus diesen Systemmatrizen lassen sich dann automatisch Verhaltensmodelle in verschiedenen Beschreibungssprachen generieren.

Die Vor- und Nachteile der genannten Methoden sind in Tab. 5.1 kurz gegenüber gestellt. Auf die Methoden der Optimierung und der Modellordnungsreduktion wird in den nächsten Unterpunkten ausführlicher eingegangen.

### 5.4.1 Optimierung mit MOSCITO Simon

Unter dem Namen MOSCITO Simon ist eine allgemeine Integrationsplattform zu verstehen, mit der unter anderem die simulationsgestützte Optimierung zur Unterstützung des 3D-Entwurfs durchgeführt werden kann [SI03]. Der Kerngedanke besteht darin, dass das Optimierungsprogramm und der Simulator zwei für sich eigenständige Module darstellen, die über eine Softwareinfrastruktur (MOSCITO Simon) flexibel gekoppelt werden.

Vorteil dieses Ansatzes ist die Flexibilität. Sowohl auf Seite der Optimierungsalgorithmen als auch auf Seite der Simulationswerkzeuge können jeweils die für das Problem angepassten Programme ausgewählt und mit Hilfe von MOSCITO Simon zu einem Simulations-Optimierungs-Zyklus kombiniert werden. In Abb. 5.10 ist der Gesamtzyklus und die sich daraus ergebende Softwarearchitektur dargestellt. Sie eignet sich neben der Designoptimierung unter anderem auch für die Parameteranpassung bei Modellen. Für diesen Zweck wurde zur Parameteroptimierung auf der Basis von S-Parametern das Tool um ein grafisches Front-End erweitert, das dem Entwerfer die Optimierung von Bauelementeparametern (RLCG) in einer gewählten Ersatzschaltung erlaubt. Als Spezifikation bzw. Optimierungsziel werden dabei die Ergebnisse einer S-Paramterberechnung, z. B. einer Full-Wave-Simulation mit Microwave Studio, vorgegeben. Als Optimierungsmodul wird das am Fraunhofer IIS/EAS entwickelte Programm OPAL verwendet. OPAL stellt

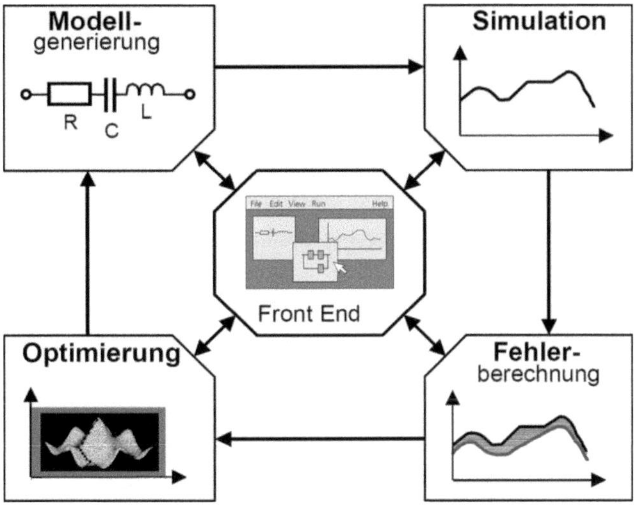


**Abb. 5.10** Prinzip der simulationsgestützten Optimierung [BHS04]

ein weites Spektrum von deterministischen und stochastischen Optimierungsalgorithmen (Powell, Nelder Mead, Simulated Annealing, FSCP, ...) zur Verfügung [SSB02]. Für die Simulation der Ersatzschaltung kommt ein frei verfügbarer SPICE-Simulator zum Einsatz. Darüber hinaus lassen sich an dieser Stelle auch noch weitere Simulatoren (ANSYS, Matlab, Saber, ...) einbinden.

Zu Beginn einer Parameteranpassung werden die gewählte Ersatzschaltung als SPICE-Subcircuit sowie die S-Parameter der Full-Wave-Simulation als Spezifikation an MOSCITO Simon übergeben. Über eine Parameterdatei können die anzupassenden Parameter inklusive unterer und oberer Schranke definiert und der Optimierungsalgorithmus gewählt werden. Danach wird die Optimierung gestartet. Der Optimierungsfortschritt und die Simulationsergebnisse werden online in verschiedenen Diagrammen visualisiert. Der Optimierungsprozess kann somit beobachtet, gegebenenfalls angehalten und mit einem anderen, erfolgsversprechenderen Optimierungsalgorithmus erneut gestartet werden. Als Ergebnis liefert das Tool eine optimal parametrisierte Ersatzschaltung (s. auch Abschn. 5.6). MOSCITO Simon wurde in Java implementiert und steht – zusammen mit OPAL und SPICE – als Komplettprogramm für Windows und diverse UNIX/Linux-Systeme zur Verfügung.

### 5.4.2 Modellgenerierung mit Modellordnungsreduktion

Bei der Modellierung mikromechanisch-elektrischer Systeme (MEMS) werden die zugehörigen partiellen Differentialgleichungen in der Regel mit Hilfe der Finite-Elemente-Methode räumlich semidiskretisiert. Als Ergebnis erhält man lineare Deskriptorsysteme „zweiter Ordnung" [BH03]

$$\begin{aligned} M\ddot{x} + D\dot{x} + Kx &= B^{in}u \\ y &= B_1^{out}x + B_2^{out}\dot{x} \end{aligned} \tag{5.12}$$

mit den konstanten, dünn besetzten Systemmatrizen $M$, $D$, $K$. Dabei wird die Vektorfunktion $u = u(t)$ als Eingang bezeichnet, $x = x(t)$ beschreibt den inneren Zustand des Systems und $y = y(t)$ ist der Ausgangsvektor. Die Extraktion der Systemmatrizen aus den FE-Tools erfolgt mit dem Inhouse-Tool MORMS des Fraunhofer IIS/EAS.

Die Anzahl $N$ der Komponenten von $x$ nennt man auch Zustandsraumdimension. Diese erreicht typischerweise Größenordnungen von $10^4 \ldots 10^8$. Dadurch sind Zeitbereichssimulationen extrem rechenintensiv, insbesondere wenn größere Teilsysteme für eine Simulation auf Systemebene gekoppelt werden sollen. Bei einem mechanischen System entspricht $M$ der Massematrix, $D$ der Dämpfungsmatrix und $K$ der Steifigkeitsmatrix. Bei einem Wärmeleitungsproblem bzw. bei der modifizierten Knotenspannungsanalyse von linearen elektrischen Netzwerken treten ebenfalls Systeme der Form wie Gl. (5.12) auf. Jedoch handelt es sich dann um ein System erster Ordnung, d. h. $M = 0$. $D$ und $K$ beinhalten dann die Wärmekapazitäten und -leitwerte bzw. die elektrischen Kapazitäten, Induktivitäten und Leitwerte.

Durch Anwendung der Laplace-Transformation auf (5.12) erhält man die Übertragungsfunktion

$$H(s) := (B_1^{out} + sB_2^{out})(s^2M + sD + K)^{-1}B^{in} \tag{5.13}$$

Sie beschreibt im Frequenzbereich die Wirkung des Systems auf ein Eingangssignal $U(s)$, d. h. das zugehörige Ausgangssignal $Y(s)$ ergibt sich zu:

$$Y(s) = H(s)U(s) \tag{5.14}$$

Ziel der Modellordnungsreduktion (MOR) ist nun die Reduktion der Zustandsraumdimension, d. h. die Approximation von (5.12) durch ein reduziertes System mit einer deutlich kleineren Anzahl innerer Zustände $n << N$ ($n < 100$) und dennoch ähnlichem Übertragungsverhalten. Die Anzahl der Ein- und Ausgänge $p$ bzw. $q$ soll sich dabei nicht ändern, so dass das Ausgangssystem nahtlos durch das reduzierte System ersetzt werden kann. Hierbei ist anzumerken, dass sich jedes System k-ter Ordnung äquivalent in ein System erster Ordnung mit Zustandsraumdimension $N_1 = k \cdot N$ transformieren lässt, weshalb die Begriffe Dimension und Ordnung gegeneinander austauschbar sind. Jedoch meint Modellordnungsreduktion in der Regel die Reduktion der Zustandsraumdimension $N$. Mit Hilfe einer rechteckigen Projektionsmatrix $V$ erhält man durch folgende Projektion der Systemmatrizen aus (5.12) ein reduziertes System:

$$\begin{aligned} \widetilde{M} &:= V_n^T M V_n & \widetilde{D} &:= V_n^T D V_n \\ \widetilde{K} &:= V_n^T K V_n & \widetilde{B}^{in} &:= V_n^T B^{in} \\ \widetilde{B}_1^{out} &:= B_1^{out} V_n & \widetilde{B}_2^{out} &:= B_2^{out} V_n \end{aligned} \tag{5.15}$$

Für die Erzeugung einer geeigneten Projektionsmatrix haben sich in der Praxis rationale Block-Krylov-Unterraumverfahren bewährt [F00, K06], mit deren Hilfe eine gewisse Anzahl von Momenten der Übertragungsfunktion des reduzierten Systems mit denen des Ausgangssystems übereinstimmt. Dieser Ansatz wird auch als implizite Momentenanpassung (implicit moment matching) für mehrere Entwicklungspunkte bezeichnet. Schließ-

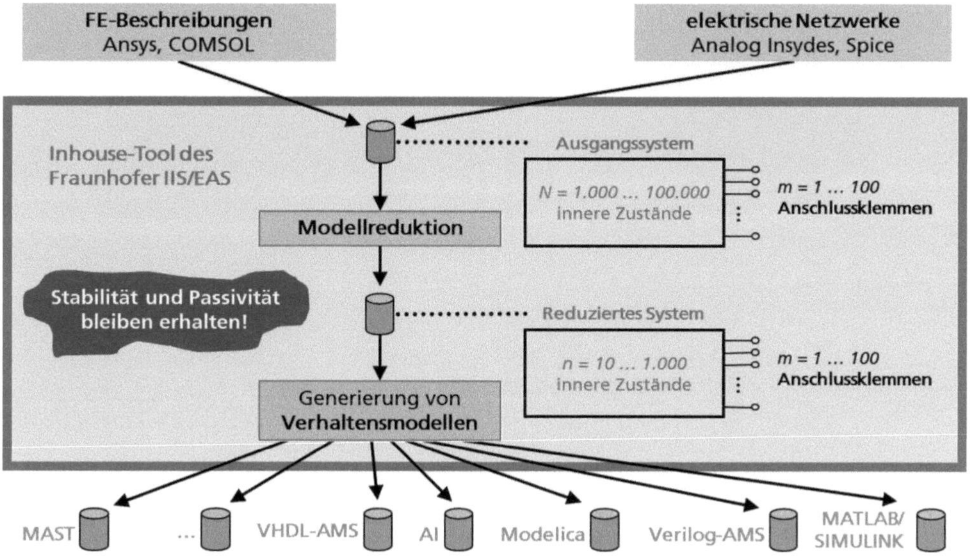


**Abb. 5.11** Tool (MORMS) zur Extraktion der Systemmatrizen, Ordnungsreduktion sowie Generierung von Modellen in verschiedenen Verhaltensbeschreibungssprachen

lich wird das reduzierte System über ein entsprechendes Inhouse-Tool (MORMS) in ein Verhaltensmodell exportiert und kann entsprechend mit anderen Systemen gekoppelt werden (Abb. 5.11).

Dabei ist anzumerken, dass die verwendete Projektionsmatix $V_n$ in jedem Fall orthonormiert sein sollte, um die positive Semidefinitheit der Systemmatrizen $M$, $D$ und $K$ zu erhalten. Dadurch ist bei passivem Ausgangssystem auch das reduzierte System passiv [S99]. Passivität besagt, dass das System keine Energie erzeugen kann sondern lediglich Energie verbraucht. Diese Eigenschaft ist bei der Kopplung von Systemen wichtig, weil dadurch die Stabilität des Gesamtsystems garantiert werden kann [AV73].

## 5.5 3D-Simulation des thermischen Verhaltens

Als Beispiele für 3D-Simulationen mit dem Finite-Elemente-Simulator ANSYS sollen thermische Untersuchungen sowohl an einer Einzelstruktur als auch an einer komplexen 3D-Struktur durchgeführt werden.

### 5.5.1 Einzelstruktur

Der modulare Ansatz erlaubt zum einen die Analyse thermischer Eigenschaften von Einzelstrukturen, sogenannter modularer Grundelemente, aus denen komplexe Strukturen aufgebaut werden können. Durch die Parametrisierbarkeit können einfach Studien

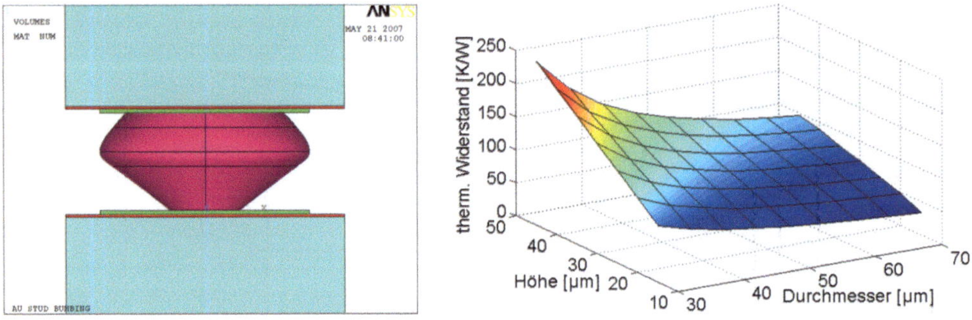


**Abb. 5.12** *Links*: Finite-Elemente-Modell eines Au-Stud-Bump in ANSYS, *rechts*: dessen thermischer Widerstand als Funktion von Durchmesser und Höhe der Struktur

zum Einfluss von Geometrie- und Materialparametern erfolgen. Durch die relativ geringe Komplexität der Strukturen sind solche Studien mit relativ geringem Speicher- und Rechenzeitbedarf machbar. In Abb. 5.12 sind exemplarisch das FE-Modell in ANSYS als auch der thermische Widerstand eines Au-Stud-Bump als Funktion von Durchmesser und Höhe der Struktur dargestellt.

### 5.5.2 Komplexe 3D-Struktur

Anderseits erlaubt der modulare Modellierungsansatz die Untersuchung des thermischen Verhaltens von aus modularen Grundelementen aufgebauten komplexen 3D-Systemen. Speziell zur Vermeidung lokaler Erwärmungen, sog. Hotspots, können thermische Simulationen des gesamten Stacks sehr hilfreich sein. Für die Analyse elektrothermischer Wechselwirkungen in elektrischen Schaltungen sind neben der elektrischen Systembeschreibung, z. B. in Form von Netzlisten, auch Modelle des thermischen Verhaltens als thermisches Netzwerk oder Verhaltensmodell nötig.

Hierzu werden elektrothermische Modelle der Halbleiterbauelemente benötigt, die einerseits eine Berechnung der lokal umgesetzten Verlustleistung und andererseits die Einbeziehung der lokalen Temperatur in die Modellgleichung des Bauelementes realisieren.

**Stackstruktur** Als Beispiel wurde ein Stack, bestehend aus drei Dies (Abb. 5.13 links) gewählt, welche über Vias miteinander verbunden sind sowie zusätzliche thermische Vias zur Wärmeableitung enthalten. In der obersten Schicht des Stapels befindet sich ein Leistungsbauelement (quadratischer Bereich). Aufgabe ist, ein Verhaltensmodell abzuleiten, welches die Temperatur an den temperaturempfindlichen Bauelementen, die sich an den Punkten P1, P2 und P3 befinden, in ihrem dynamischen Verhalten als Funktion der Verlustleistung des Leistungsbauelements beschreibt.

Zunächst wurde der Stapel in ANSYS modelliert. Die Dimension der sich ergebenden Systemmatrizen betrug ca. 95.000. Nach Export und Ordnungsreduktion stand ein Glei-

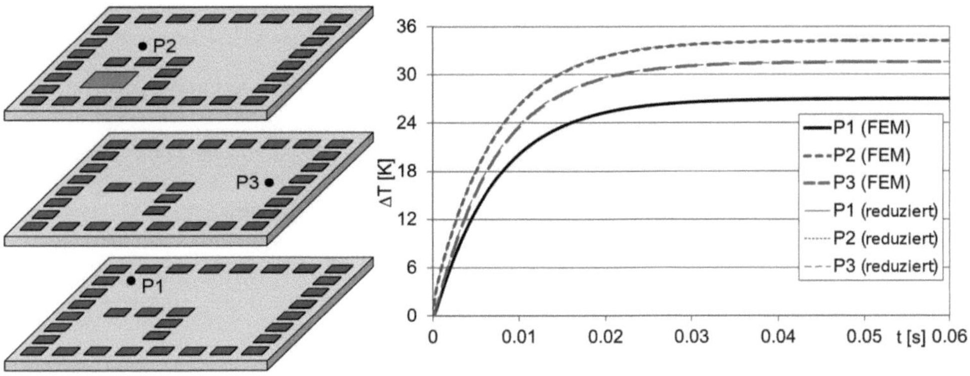


**Abb. 5.13** *Links*: Schichtstruktur des dreilagigen Stacks: Lage des leistungsintensiven Bauelements (quadratischer Bereich in oberer Schicht) und der temperatursensitiven Bauelemente in den Schichten (P1, P2 und P3), *rechts*: Temperaturverlauf an den temperatursensitiven Bauelementen – vergleichende Darstellung der Ergebnisse aus FEM- und Systemsimulation

chungssystem der Ordnung 40 zur Verfügung. Aus diesem wurde ein Verhaltensmodell in der Sprache VHDL-AMS erzeugt. Zur Überprüfung der Modellgenauigkeit wurden vergleichende Simulationen mit ANSYS und AdvanceMS durchgeführt.

Dazu wurde zum Zeitpunkt t = 0 ein Verlustleistungssprung von 0 auf 100 mW im Leistungsbauelement in der oberen Schicht eingeprägt und der zeitliche Verlauf der Temperatur an den Punkten P1, P2 und P3 berechnet. Wie in Abb. 5.13 rechts dargestellt, ergibt sich eine sehr gute Übereinstimmung zwischen FE-Modell (ANSYS), welches im Minutenbereich rechnet, und dem im Sekundenbereich laufenden reduzierten Verhaltensmodell für die Systemsimulation. Das so generierte Verhaltensmodell kann nun in gekoppelten elektrothermischen Simulationen verwendet werden.

**Komplexer Stack eines Reifendrucksensorsystems** Abbildung 5.14 zeigt ein innovatives 3D-integriertes Sensorsystem, welches eine komplexe 3D-Struktur enthält. Durch die Integration von Drucksensor, ASIC, Mikrocontroller und Bulk Acoustic Resonator (BAR) wird ein Reifendrucksensorsystem (Tire pressure monitoring system, TPMS) gebildet, welches in der Automobilbranche eingesetzt wird [FDH08].

Ziel der Modellierung und Simulation war es, Hotspots und Temperaturverteilungen im gesamten 3D-System als Funktion der Randbedingungen (z. B. Temperatur von Felge und Luft im Reifen) und der regelmäßigen Aktivitäten der Elektronik für mehrere Betriebsarten zu ermitteln.

Durch Verwendung des modularen Modellierungsansatzes konnte das thermische FE-Modell des gesamten und komplexen TPMS sehr bequem in ANSYS erstellt werden. Sämtliche der mehr als 100 Basismodule, welche zum Aufbau des Geometriemodells dieser Struktur erforderlich sind, sind voll parametrierbar und ermöglichen so eine einfache Geometrie- und Materialvariation. Dies sind Module für Verbindungsstrukturen wie Au-Stud-Bumps

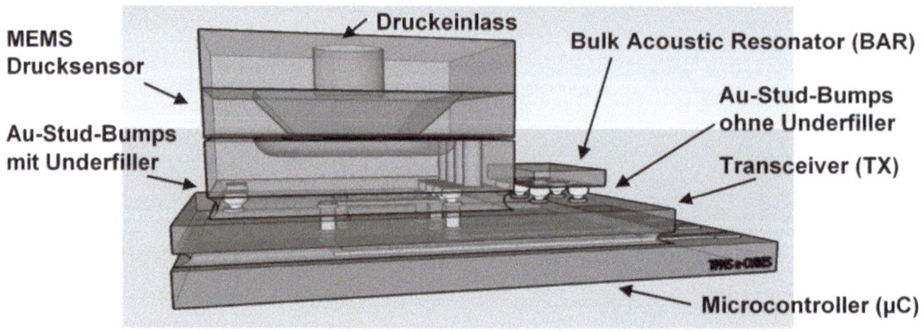


**Abb. 5.14** Reifendrucksensor (Tire pressure monitoring system, TPMS ), welcher verschiedene Technologien zur 3D-Integration kombiniert. (Quelle: Sintef, Norwegen)

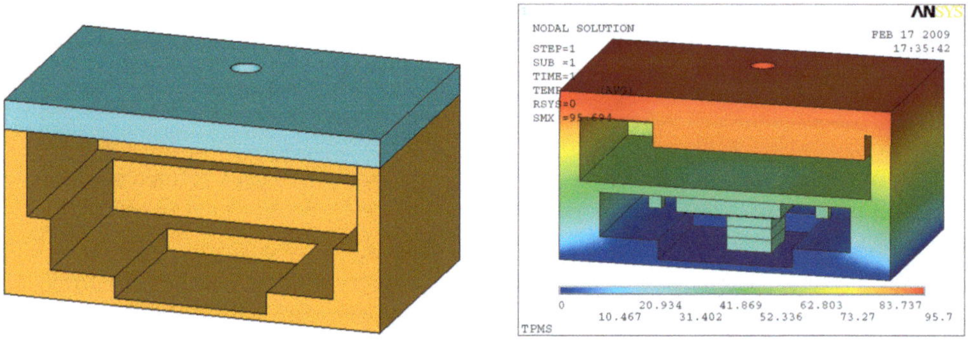


**Abb. 5.15** *Links*: Geometriemodell des Gehäuses (Schnittdarstellung), *rechts*: Temperaturverteilung für den statischen Fall bei Felgentemperatur von 0 °C und Reifenlufttemperatur von 125 °C

und Mikro-Flipchips (Abb. 5.7), für MEMS-Drucksensoren usw. Zusätzlich zu diesen Modulen wurden weitere Grundmodule entwickelt, um die Umgebung des TPMS beschreiben zu können: Kondensatoren, ASIC für Energy Harvesting, Gehäuse (Abb. 5.15 links) u. a.

Ein Ergebnis der thermischen Simulation, welches die Designer interessiert, ist die Temperaturverteilung im gesamten System bei der extremen Kombination von Randbedingungen: Felgentemperatur von 0 °C, Luft im Reifen mit 125 °C. Dies bedeutet, dass ein vorher heißer Reifen über Eis rollt. Für derartige stationäre Untersuchungen werden Mittelwerte der sich dynamisch ändernden elektrischen Verlustleistungen des Gesamtsystems verwendet. Die rechte Seite von Abb. 5.15 zeigt die statischen Endtemperaturen in der Schnittdarstellung des 3D-Systems. Unter dem Deckel des Gehäuses sind der Energy Harvester und unterhalb des PCB in der Mitte des Gehäuses das Sensorsystem und die Kondensatoren dargestellt.

Da die Frequenz des BAR stark temperaturabhängig ist, sich auf ihm jedoch keine Temperatursensoren befinden, muss die Temperatur an anderen Stellen des Systems gemessen und anschließend auf die BAR-Temperatur geschlossen werden. Abbildung 5.16 zeigt beispielhaft die Temperaturdifferenz zwischen BAR und einem Messpunkt auf dem TX-ASIC über einen Messzyklus bei verschiedenen Verbindungstechnologien und Umgebungstemperaturen. Zum Zeitpunkt von etwa 4,5 ms wird die Temperatur auf dem TX gemessen

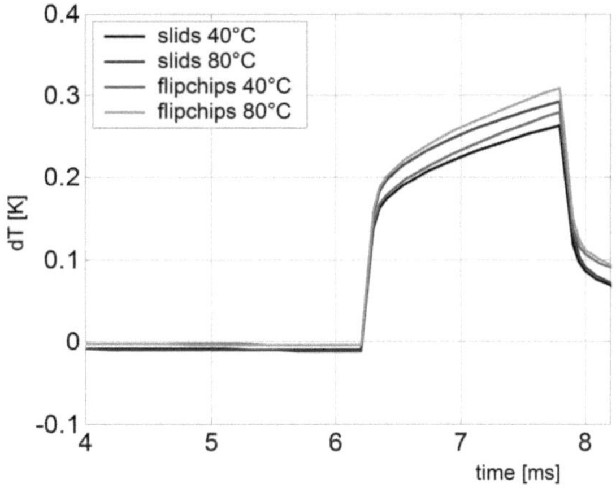


**Abb. 5.16** Temperaturdifferenzen zwischen BAR und dem Messpunkt auf dem TX-ASIC während eines Messzyklusses für die SLID- und die Mikro-Flipchip-Technologien bei Umgebungstemperaturen von 40 und 80 °C

und zwischen 6,2 und 7,8 ms muss der BAR mit der richtigen Frequenz arbeiten. Durch diese entwurfsbegleitende 3D-Simulation konnte eine durchschnittliche Temperaturdifferenz zum Messpunkt von ca. 0,27 K ermittelt werden. Die Designer sind mit diesem Wissen in der Lage, den BAR vor Start der Signalübertragung genau abzustimmen.

Neben den hier ausschnittsweise vorgestellten Simulationsergebnissen kann das aus Grundmodulen erzeugte komplexe FE-Modell auch verwendet werden, um ein thermisches Verhaltensmodell des 3D-Systems für gekoppelte thermo-elektrische Simulationen auf Systemebene zu generieren. Diese Ableitung kann z. B. mit den weiter vorn vorgestellten Methoden der Modellordnungsreduktion und Modellgenerierung erfolgen. Thermo-elektrische Interaktionen dieses Systems waren bisher jedoch nicht Gegenstand der Untersuchung.

## 5.6 3D-Simulation im HF-Bereich

Die Analyse des elektromagnetischen Verhaltens im Hochfrequenzbereich wird am Beispiel einer Verbindungsstruktur mit Through-Silicon Vias (TSVs) erläutert. Betrachtet werden dabei parasitäre Effekte wie Skin- und Proximity-Effekt und deren Einfluss auf die elektrische Funktionalität des gesamten gestapelten 3D-Systems. Es werden im Folgenden zwei Ansätze zur Berechnung des elektrischen Verhaltens des Gesamtsystems von Verbindungsstrukturen vorgestellt.

Bei der ersten Möglichkeit werden die Maxwellschen Gleichungen der kompletten Struktur in einem PDE-Löser, z. B. dem Full-Wave Simulationstool Microwave Studio (MWS) von CST, berechnet. Diese Variante benötigt sowohl sehr hohe Systemressourcen als auch eine lange Simulationsdauer und wird deswegen nicht näher betrachtet.

Beim Ansatz der modularen Modellierung wird eine andere Herangehensweise verfolgt. Unter der Annahme, dass die verschiedenen Lagen eines Stapels durch unterschiedliche Verbindungstechnologien verbunden werden und die Vias eines Typs zwischen zwei Lagen innerhalb eines Stacks weitgehend gleiche Gestalt haben, kann ein modularer Ansatz für die Modellierung der geometrischen Struktur verwendet werden [SRS07].

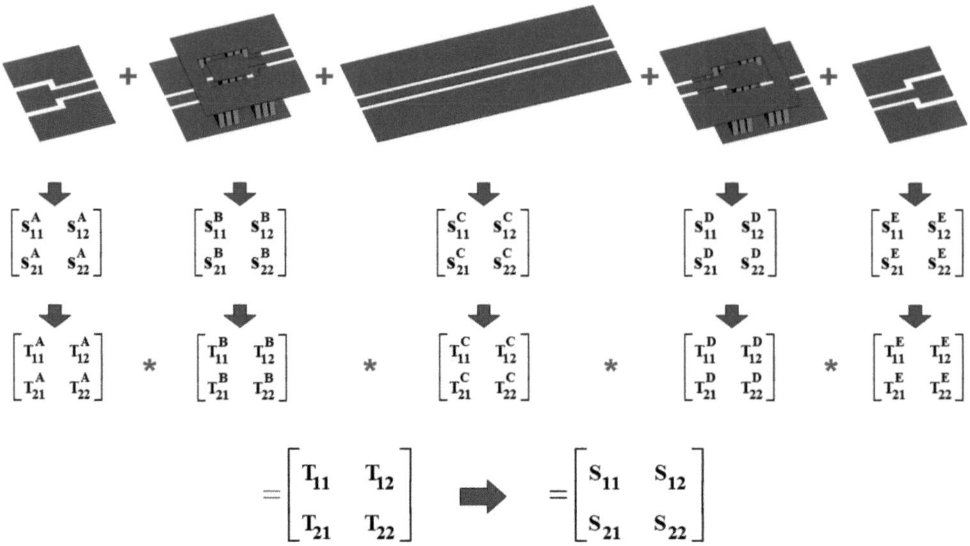

**Abb. 5.17** *Oben*: Verbindungsstruktur bestehend aus Through-Silicon Vias und Signalleitungen, *unten*: Embedding-Technik für diese Verbindungsstruktur

**Abb. 5.18** Vergleich von Mess-, Simulations- und Embeddingergebnissen für die Gesamtstruktur (Übertragungsfaktor als Funktion der Frequenz (in GHz))

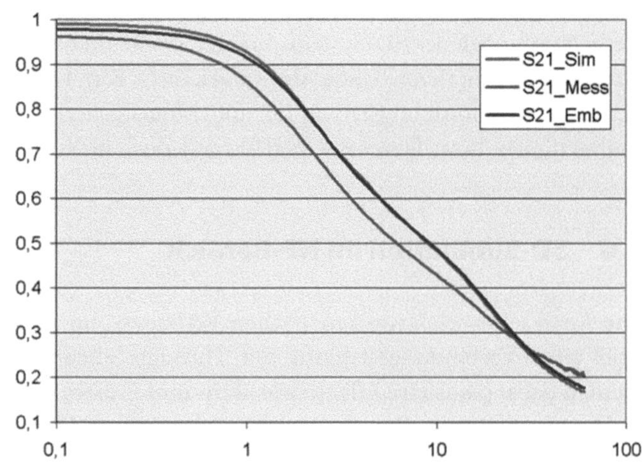


Die einzelnen Strukturen (Abb. 5.17 oben) werden aus der gesamten Verbindungsstruktur extrahiert und anschließend separat in MWS simuliert. Dies reduziert die benötigten Systemressourcen und die Simulationszeit auf einen Bruchteil. Wie bereits weiter vorn beschrieben, entstehen so Basismodule der einzelnen Strukturen, die in einer Modellbibliothek abgespeichert werden und über Embedding-Techniken (Abb. 5.17 unten) zu einer bedeutend komplexeren Struktur zusammengefügt werden können.

Für das in dieser Arbeit verwendete Beispiel einer Verbindungsstruktur mit Through-Silicon Vias ist in Abb. 5.18 der Vergleich des berechneten Übertragungsverhaltens zwi-

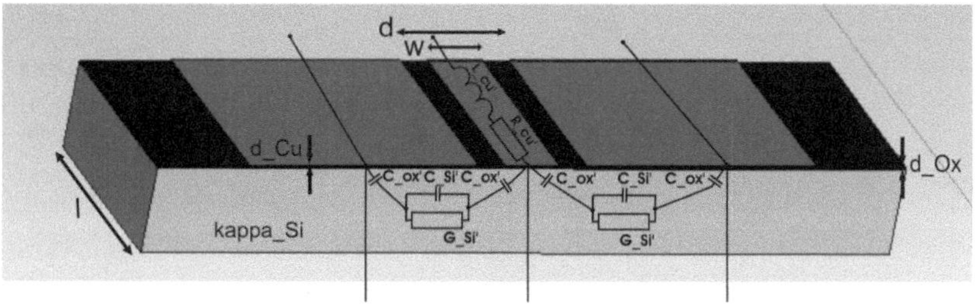


**Abb. 5.19** „Physikalische" Ersatzschaltung eines koplanaren Wellenleiters

schen der komplett simulierten, der per „Embedding" zusammengefügten, und der gemessenen Struktur dargestellt.

Um die Ergebnisse der Full-Wave-Simulation in Schaltungssimulatoren nutzen zu können, werden Ersatzschaltungen aus passiven Elementen (RLCG) aufgebaut, die das elektrische Verhalten – gegeben durch die S-Parameterverläufe der Originalstrukturen – nachbilden. Zu diesem Zweck werden in einem ersten Schritt geeignete Schaltungen ausgewählt. Abbildung 5.19 zeigt die Ersatzschaltung für ein Teilstück einer Koplanarleitung sowie die Lage der passiven Bauelemente innerhalb der Struktur.

Passive RLCG-Ersatzschaltungen haben gegenüber generisch erzeugten Ersatzschaltungen mit gesteuerten Quellen den Vorteil, besser mit dem physikalischen Verhalten und Aufbau der Struktur zu korrelieren. Widerstände, Induktivitäten und Kapazitäten der Struktur können hierbei direkt von den Bauelementwerten der Ersatzschaltung abgelesen werden. Über den in Abschn. 5.4 beschriebenen Weg der Optimierung mit dem Tool MOSCITO Simon wird im nächsten Schritt das elektrische Verhalten (S-Parameter) der Ersatzschaltung an das tatsächliche Verhalten (S-Parameter der Full-Wave-Simulation) der Struktur durch Variation der Bauelementewerte angepasst. Ergebnis der Optimierung sind parametrische RLCG Ersatzschaltungen mit vorzugsweise gleichem elektrischem Verhalten in Bezug auf die gegebene Verbindungstruktur (z. B. 15 µm Koplanarleitung, s. Abb. 5.20). Diese Modelle können nun in den Designflow aufgenommen und in Kombination mit dem elektrischen Modell des Gesamtsystems zur genaueren Charakterisierung des elektrischen Verhaltens unter Berücksichtigung parasitärer Effekte verwendet werden.

## 5.7 Zusammenfassung

Im vorliegenden Kap. 5 wurde eine Methodik für die multiphysikalische Modellierung und Simulation sowohl für Einzelstrukturen als auch für komplette 3D-Systeme vorgestellt. Das Hauptziel ist die Unterstützung beim Entwurf von 3D-Systemen.

Der modulare Modellierungsansatz ermöglicht es, effizient und ebenenübergreifend – sowohl hinsichtlich der Modellabstraktionsebenen als auch der physikalischen Domänen – Effekte in 3D-Strukturen zu modellieren. Durch die Parametrisierbarkeit und Aus-

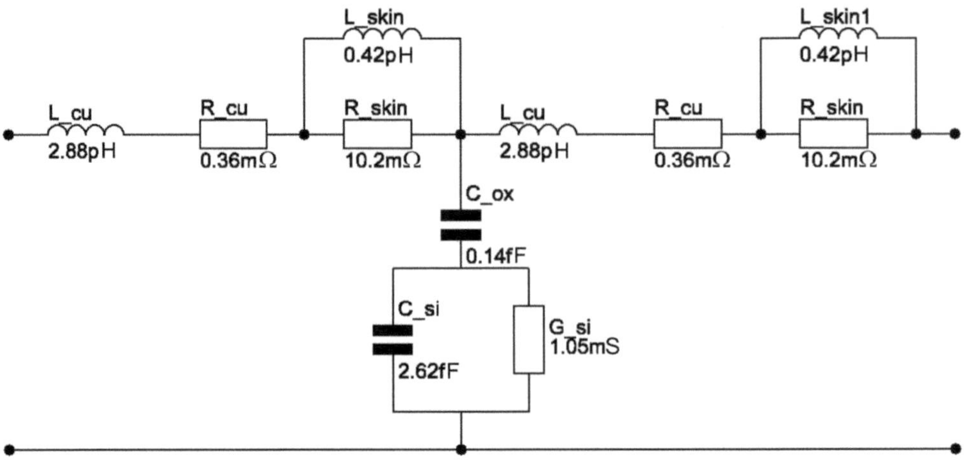


**Abb. 5.20** RLCG-Ersatzschaltung eines 15 μm langen koplanaren Wellenleiters

tauschbarkeit der Module können vorhandene Modelle mit geringem Aufwand an neue Geometrien, Technologien und Materialien angepasst werden.

Im Bereich der thermischen Analyse mit 3D-Simulationen ist es so z. B. möglich, Hotspots im System, Temperaturgradienten oder die Temperaturen an empfindlichen Bauelementen zu ermitteln. Vom Gesamtmodell sind thermische Ersatznetzwerke (Spice, VHDL-AMS, Verilog-AMS, …) ableitbar, um bei der Simulation des elektrischen Verhaltens des Gesamtsystems die thermisch-elektrischen Wechselwirkungen zu erfassen (siehe auch Kap. 6 und 11).

Ebenso wird das Hochfrequenzverhalten der Verbindungsstrukturen in die Betrachtungen einbezogen, um die Gesamtfunktionalität des Systems gewährleisten zu können. Full-Wave-Simulatoren bieten die Möglichkeit, bereits in der Entwicklungsphase das elektrische Verhalten von Teilstrukturen des Systems durch Lösung der Maxwellschen Gleichungen zu betrachten. Die Extraktion einzelner kritischer Verbindungsstrukturen aus dem Gesamtsystem ermöglicht die Ableitung passiver Ersatzschaltungen (RLCG), um parasitäre Effekte und deren Einfluss auf Übersprechen und Signallaufzeiten in der Schaltung im Rahmen einer Systemsimulation berücksichtigen zu können.

## Literatur

[A04] Agilent Technologies: De-embedding and Embedding S-parameter Networks Using a Vector Network Analyzer. Agilent Aplication Note 1364-1, May 2004

[A10] ANSYS Theory Reference und advanced analysis techniques. 13. Aufl. SAS IP (2010)

[AV73] Anderson, B.D. Vongpanitlerd, su-meth: Network analysis and synthesis: A modern systems theory approach. Prentice Hall Inc., 1973 (Networks Series)

[B97] Braess, D.: Finite elemente. Springer-Verlag, Berlin (1997)

[BH03] Bastian, J., Haase, J.: Order reduction for second order systems. MATH-MOD Vienna. **4**, 418–424 (2003)

[BHS04] Becker, J., Falter, B., Haase, J., Schneider, A., Scholz, S., Schwarz, P.: Werkzeuge für den Entwurf von Modulen für die optische Hochgeschwindigkeitsübertragung, Tagungsband, 10. GMM Workshop Methoden und Werkzeuge für den Entwurf von Mikrosystemen, 20.10.–22.10.2004, Cottbus, S. 125–132

[CST05] CST Microwave Studio: advanced topics, version 2006. Software documentation, CST-Computer Simulation Technology, September 2005

[ESR06] Elst, G., Schneider, P., Ramm, P.: Modeling and simulation of parasitic effects in stacked silicon. Proc. 2006 MRS Fall Meeting, November 27–December 1, 2006, Boston, S. 61–65

[F00] Freund, R.W.: Krylov-subspace methods for reduced-order modeling in circuit simulation. J. Comput. Appl. Math. **123**, 395–421 (2000)

[FDH08] Flatscher, M., Dielacher, M., Herndl, T., Lentsch, T., Matischek, R., Prainsack, J., Theuss, H., Weber, W.: A bulk acoustic wave(BAW)-based sensor node for automotive wireless sensor networks, e&I Elektrotechnik und Informationstechnik, 125(4), April 2008, Springer. S. 143–146

[K06] Köhler, A.: Modellreduktion von linearen Deskriptorsystemen erster und zweiter Ordnung mit Hilfe von Block-Krylov-Unterraumverfahren. TU Bergakademie Freiberg, Diplomarbeit, (2006)

[K95] Kundert, K.S.: The designer's guide to spice and spectre. Kluwer Academic Publishers, Boston (1995)

[RS76] Reinschke, K., Schwarz, P.: Verfahren zur rechnergestützten Analyse linearer Netzwerke. Akademie-Verlag, Berlin (1976)

[S99] Sheehan, B.N.: ENOR: Model order reduction of rlc circuits using nodal equations for efficient factorization. In: Proceedings of the 36th ACM/IEEE conference on Design automation, S. 17–21. (1999)

[SI03] Schneider, A., Ivask, E.: Internet-based Collaborative System Design Using MOSCITO. Proc. Workshop on Challenges in Collaborative Engineering, Poznan (Poland), April 15–16, S. 221–226 (2003)

[SSB02] Schneider, A., Schneider, P., Bastian, J.: MOSCITO – Ein modulares, Internetbasiertes Programmsystem für die Optimierung von Mikrosystemen. Proc. Abschlussseminar des Vorhabens OMID, Karlsruhe, 25.-26. November 2002, S. 140–151

[SKB06] Shakouri, A., Kang, S.-M., Bar-Cohen, A., Courtois, B. (Hrsg.): Proc. of IEEE, Special Issue On-Chip Thermal Engineering. **94**(8), August 2006

[SMR67] Shearer, J.L., Murphy, A.T., Richardson, H.H.: Introduction to system dynamics. Addison-Wesley Publishing Company, Reading (1967)

[SRS07] Schneider, P., Reitz, S., Stolle, J., Wilde, A.: Ein modularer Modellierungsansatz für die Analyse thermischer und elektromagnetischer Effekte bei der 3D-Systemintegration. 8. Chemnitzer Fachtagung Mikromechanik & Mikroelektronik, Chemnitz, Germany, 14–15 November 2007, S. 79–86

[SRW07] Schneider, P., Reitz, S., Wilde, A., Elst, G., Schwarz, P.: Towards a methodology for analysis of interconnect structures for 3D-integration of micro systems. Proc. DTIP2007, 25.–27. April 2007, Stresa, S. 162–168

[TGK85] Törning, W., Gipser, M., Kaspar, B.: Numerische Lösung von partiellen Differentialgleichungen der Technik. Teubner, Stuttgart (1985)

[TUD] Technische Universität Darmstadt. Institut für Theorie Elektromagnetischer Felder: Die Finite-Integrations-Theorie und das Programmpaket MAFIA. http://www.temf.tu-darmstadt.de/forschung_5/fitmafia/fit.de.jsp

# 6 Thermische Analyse von 3D-Strukturen

Roland Jancke und Christian Bayer

## 6.1 Einleitung

Der 3D-Entwurf zielt auf eine Verringerung der räumlichen Ausdehnung von Baugruppen ab. Dies stellt jedoch gleichzeitig eine große Herausforderung an das thermische Management dar. Bauelemente, die durch ihre elektrische Verlustleistung einen Wärmeeintrag liefern, sind kompakter angeordnet. Die Stapelung von Chips mit thermischen Hotspots kann zu einer schlechteren Wärmeableitung führen, was bei der Platzierung der Blöcke auf den einzelnen Ebenen berücksichtigt werden muss. Um Spezifikationsvorgaben unter allen Betriebsbedingungen einhalten zu können, sind geeignete Maßnahmen für eine effektive Wärmeabfuhr bereits während der Designphase zu treffen. Im 3D-Entwurf bieten beispielsweise thermische Vias eine Möglichkeit, die Wärmeleitung gezielt zu beeinflussen. Die thermische Analyse wird somit Bestandteil des Entwurfs und setzt entsprechende Randbedingungen für das Layout und einzufügende Komponenten zur Wärmeabfuhr. Wichtig ist deshalb eine gemeinsame Betrachtung der elektrischen Eigenschaften eines Systems, der geometrischen Anordnung der Komponenten und ihrer thermischen Verkopplung. Dieses Kap. 6 gibt eine Übersicht zu gängigen Verfahren der thermischen Simulation und erläutert die Integration in den Designflow.

Unabhängig von der Anzahl der Dimensionen ist es Aufgabe der thermischen Analyse, das thermische Verhalten von Bauelementen zu simulieren. Wichtige Fragestellungen sind dabei vor allem die Veränderung von Bauelementeparametern durch temperaturabhängige Eigenschaften, die gegenseitige Beeinflussung von Bauelementen und die Wechselwirkungen mit ihrer Umgebung. Einerseits können die Ermittlung der Temperatur an bestimmten Stellen im Aufbau und der Vergleich mit Spezifikationsgrenzen gefragt sein.

R. Jancke (✉) · C. Bayer
Fraunhofer-Institut für Integrierte Schaltungen, Institutsteil Entwurfsautomatisierung, Dresden, Deutschland
E-Mail: roland.jancke@eas.iis.fraunhofer.de

C. Bayer
E-Mail: christian.bayer@eas.iis.fraunhofer.de

J. Lienig, M. Dietrich (Hrsg.), *Entwurf integrierter 3D-Systeme der Elektronik*,
DOI 10.1007/978-3-642-30572-6_6, © Springer-Verlag Berlin Heidelberg 2012

Zum anderen wird häufig ein Modell für die thermische Verkopplung mit der Umgebung gebraucht, um den Eintrag von Wärme aus der Umgebung oder die Möglichkeiten der Wärmeabfuhr an die Umgebung realistisch abschätzen zu können. Diese Fragestellungen lassen sich nur mit einer guten Abbildung der thermischen Eigenschaften des Gesamtsystems aus der Realität in die Welt der Simulatoren sinnvoll beantworten.

Im heutigen Entwurfsablauf für integrierte Schaltkreise spielen diese Fragen häufig eine untergeordnete Rolle. Die elektrische Schaltungssimulation kann zwar verschiedene Temperaturen für einzelne Bauelemente verarbeiten, jedoch hat man im Allgemeinen diese Temperaturen an verschiedenen Orten auf dem Chip nicht zur Verfügung. Außerdem lassen sich Bauelemente-Temperaturen in Standardsimulatoren nicht ohne weiteres während der Simulation dynamisch anpassen.

Üblicherweise werden heutzutage zur Verifikation eines Schaltungsentwurfs die Betriebsparameter Umgebungstemperatur und Versorgungsspannung auf die spezifizierten Grenzwerte gesetzt. In der Simulation soll damit geprüft werden, ob die Schaltung weiterhin ihren vorgesehenen Einsatzzweck erfüllt. Durch die Anzahl der zu berücksichtigenden Grenzwerte („Corners") in modernen Technologien wird dieses Vorgehen immer aufwändiger. Darüber hinaus wird das grenzwertbasierte Verfahren der eigentlichen thermischen Problemstellung aus folgenden Gründen häufig nicht gerecht:

- Die Eigenerwärmung des Chips wird bei der Vorgabe einer Umgebungstemperatur völlig außer Acht gelassen.
- Kritischer als absolute Temperaturen sind in vielen Fällen Temperaturgradienten über dem Chip (z. B. für Matching Pairs von Transistoren).
- Dynamische Änderungen der Temperatur können nicht berücksichtigt werden.

Während all diese Probleme beim Entwurf eines einzelnen Chips heute entweder gelöst oder vernachlässigt werden können, setzt die Stapelung von mehreren Chips in Form der 3D-Integration ganz neue Maßstäbe und bringt die Fragestellungen erneut und zwingend auf die Tagesordnung. Durch die extrem erhöhte Packungsdichte sind die Beachtung der lokalen Temperatur und die Abfuhr der eingebrachten Wärme zu einem ernsthaften Problem geworden. Dafür gibt es mehrere Gründe:

- Die einmal eingebrachte Wärme kann durch die höhere Packungsdichte schlechter nach außen abgeleitet werden.
- Lokale Temperaturspitzen (thermische Hotspots) beeinflussen nicht nur die lokale Chip-Umgebung, sondern wirken auch auf Bauelemente in benachbarten Ebenen.
- Die Häufung von thermischen Hotspots auf benachbarten Ebenen zusammen mit der schlechteren Wärmeableitung führt zum Wärmestau und lokaler Überhitzung.
- Als Folge davon können elektro-thermo-mechanische Spannungen im Chipstapel auftreten.
- Einige Alterungsvorgänge sind stark temperaturabhängig, was zu Problemen mit der Zuverlässigkeit für die Bauelemente und Verbindungsleitungen an den thermischen Hotspots führen kann.

Eine grobe Abschätzung der Wärmeverteilung und zweidimensionale Temperaturkarten (thermal maps) für jede Ebene werden hier nicht mehr ausreichen. Auch die Berücksichtigung der räumlichen Anordnung der Chips im Stapel und im Gehäuse sowie die Möglichkeiten der Wärmeableitung in die Umgebung spielen eine wesentlich größere Rolle.

Somit wird die Analyse des thermischen Verhaltens zu einem wesentlichen Aspekt im Entwurf von 3D-Systemen. Diese Analyse muss in einer sehr frühen Phase des Entwurfs stattfinden, da wichtige Entscheidungen maßgeblich davon beeinflusst werden:

- Partitionierung des Systems,
- Anordnung von Blöcken auf den verschiedenen Ebenen,
- Auswahl der Aufbau- und Verbindungstechnik sowie des Gehäuses,
- Notwendigkeit und Anordnung von wärmeableitenden Strukturen.

Vor der Ableitung von thermisch motivierten Entwurfsentscheidungen (siehe dazu auch Kap. 11) steht jedoch der Schritt der thermischen Analyse. In diesem Kapitel werden deshalb verschiedene Modellierungsansätze, Methoden zur automatisierten Ableitung der Modelle, Verfahren zur elektrothermisch gekoppelten Simulation und zur Einbindung in vorhandene Entwurfsumgebungen betrachtet. Ausgangspunkt ist jeweils die Analyse des physikalischen Problems (detailliertere Betrachtungen dazu ebenfalls in Kap. 11). Daraus wird eine mathematische Aufgabenstellung abgeleitet, die schließlich numerisch gelöst werden muss. Dazu ist eine softwaretechnische Implementierung unter den Randbedingungen von Geschwindigkeit, Genauigkeit und Einbindung in vorhandene Entwurfswerkzeuge erforderlich.

Notwendig ist eine konsistente Betrachtung über mehrere Abstraktionsebenen hinweg: vom Bauelement über die Schaltung auf dem Einzelchip, die Verbindungsstrukturen zwischen den Ebenen bis hin zum Stapel mit dem Gehäuse und der Umgebung. Alle Einzelteile haben ihren Anteil an der Leistungsfähigkeit des Gesamtsystems und nur eine gemeinsame Betrachtung führt zu realistischen Ergebnissen. Der Detaillierungsgrad und die Modellierungsansätze können allerdings verschieden auf den jeweiligen Abstraktionsebenen sein; zusammen muss sich aber eine konsistente Betrachtung mit definierten Schnittstellen und passfähigen Modellen ergeben.

Ziel einer genauen und umfassenden thermischen Analyse ist somit die Unterstützung des Entwurfsprozesses für 3D-Systeme. Modellierung und Simulation von thermischen und elektrischen Zusammenhängen kann als Voraussetzung für die Ableitung von Entwurfsschritten folgende Zielrichtungen haben:

- Abschätzung der Größenordnung thermisch bedingter Veränderungen elektrischer Parameter,
- Sicherung der Einhaltung von elektrischen Spezifikationsvorgaben unter allen möglichen thermischen Betriebsbedingungen,
- belastbare Aussagen zur Zuverlässigkeit der verwendeten Bauelemente sowie Verbindungsnetzwerke und daraus abzuleitende Designvorgaben bei gegebenen Betriebsbedingungen und vorgesehener Ziellebensdauer,

- Abschätzung des Umfangs elektro-thermo-mechanischer Spannungen und deren Auswirkungen auf die Zuverlässigkeit des gesamten Aufbaus,
- Unterstützung bei der Partitionierung des gesamten Designs in Teilsysteme und deren Platzierung und Verdrahtung über Ebenen hinweg unter thermischen Gesichtspunkten (möglichst gleichmäßige Erwärmung, Vermeidung thermischer Hotspots),
- Platzierung einzelner Bauelemente und Gruppen von Bauelementen unter Matching-Aspekten bei Berücksichtigung (auch zeitlich veränderlicher) thermischer Gradienten,
- Nutzen, Auswahl und Platzierung von Strukturen zur gezielten Abfuhr von Wärme aus dem 3D-Stapel.

An dieser Liste von Zielrichtungen lässt sich die Bedeutung von thermischen Analysen für einen erfolgreichen Entwurf von 3D-Systemen ablesen. Gleichzeitig wird klar, dass nur durch eine frühzeitige Anwendung im Designflow eine zuverlässige Funktionsweise des gesamten 3D-Systems in einem kostengünstigen Entwurfsprozess gesichert werden kann. Daher wird neben der Realisierung genauer und schneller thermischer Untersuchungen auch immer deren nahtlose Anbindung an bestehende und neu zu schaffende Entwurfswerkzeuge im Fokus stehen.

## 6.2 Methoden der thermischen Analyse

Ziel dieses Kapitels ist die Darlegung grundlegender Zusammenhänge zur Modellierung und Simulation thermischer Probleme. Die ursächlichen Hintergründe und Lösungsansätze liegen in der Physik und den Materialwissenschaften begründet. Für eine nähere Abhandlung dazu sei auf Kap. 11 verwiesen. Das vorliegende Kap. 6 startet bei der Betrachtung der mathematischen Gleichungen und erläutert Verfahren zu deren rechnergestützten Lösung.

Anliegen ist es dabei, ein grundsätzliches Verständnis für die Zusammenhänge, die Herausforderungen und Lösungsansätze beim Leser zu schaffen. Die Fragestellungen und Herangehensweisen sind dabei nicht notwendigerweise an den 3D-Entwurf gekoppelt. Vergleichbare Verfahren können auch im Entwurf eines Einzelchips, für diskrete Bauelemente und ganze Baugruppen eingesetzt werden. Die dreidimensionale Betrachtung eines einlagigen integrierten Siliziumchips mit umgebender Vergussmasse, Gehäuse und Leiterplatte unterscheidet sich von mathematischer Sicht aus nicht prinzipiell von der gleichen Betrachtung eines 3D-integrierten Siliziumstapels.

Wie im vorangegangenen Abschnitt erläutert, liegt die Herausforderung beim 3D-Entwurf jedoch darin, dass die Anwendung der thermischen Analyseverfahren zwingend notwendig für eine umfassende Verifikation und sichere Erreichung der Spezifikationsziele ist. Zudem kommen weitere Punkte hinzu, die zusätzlich in der Analyse berücksichtigt werden müssen, wie:

- drastische Zunahme der Anzahl der zu betrachtenden Ebenen,
- Vielzahl an verschiedenen thermischen Leitfähigkeiten im Stapel,

- Berücksichtigung anisotroper Wärmeleitung gerade im Hinblick auf die Gestaltung von Strukturen zur gezielten Wärmeableitung,
- Berücksichtigung verschiedenster geometrischer Formen für die Verbindungsstrukturen zwischen den Ebenen (Balls, TSVs, Interposer, ...).

Im Hinblick auf diese Liste an zusätzlichen Aufgaben werden die Herausforderungen für die mathematische Behandlung des thermischen Analyseproblems weiter verschärft. In jedem Falle wird es darauf ankommen, den geeigneten Kompromiss zwischen notwendiger Genauigkeit und möglicher Abstraktion zu finden.

### 6.2.1 Mathematische Grundlagen der Modellierung

Die physikalischen Grundlagen der Wärmeleitung behandelt Kap. 11 eingehend und sollen hier nur kurz dargestellt werden [Mes06]. *Wärme* ist ein Maß, das sich aus der Molekülbewegung eines Stoffes ableitet. Sie ist durch die kinetische Energie dieser Moleküle definiert und kann durch Stöße zwischen ihnen weitergegeben werden. Dieser Vorgang wird als *Wärmeleitung* bezeichnet und spielt innerhalb eines Bauelementes, Schaltkreises oder Gehäuses eine entscheidende Rolle. Dieser und ein weiterer Mechanismus – *Wärmestrahlung* – transportieren die thermische Energie an den Rand des Packages, wo sie dann an die Umgebung abgegeben wird.

Der Wärmestrom innerhalb eines Körpers ist ein gerichteter Leistungsfluss und wird in Watt gemessen. Da die stoffliche Zusammensetzung insbesondere bei integrierten Schaltungen keineswegs homogen ist, ergibt sich durch unterschiedliche thermische Leitfähigkeiten eine lokale Wärmestromdichte. Diese ist ebenfalls gerichtet und hängt direkt vom lokalen Temperaturgradienten und der Absoluttemperatur ab. Diese beiden Abhängigkeiten führen auf die Wärmeleitungsgleichung

$$-\varrho c \frac{\partial T}{\partial t} = \nabla(\kappa \nabla T) + Q \tag{6.1}$$

mit der Temperatur $T$, Stoffdichte $\varrho$, spezifischer Wärmekapazität $c$, Wärmeleitfähigkeit $\kappa$ und Wärmequelldichte $Q$. Die Quelle $Q$ entspricht in den meisten Fällen dem Wärmeeintrag durch elektrische Verluste und entsteht daher vornehmlich in der Umgebung von Bauelementen, die eine hohe Leistung umsetzen. Gleichung (6.1) beinhaltet die zeitliche Ableitung der Temperatur und beschreibt deren transientes Verhalten. In vielen Fällen ändert sich die Temperaturverteilung nach Erreichen des thermischen Arbeitspunktes nur noch unwesentlich, so dass die linke Seite der Wärmeleitungsgleichung verschwindet und die gesuchte Lösung die des statischen Problems

$$-\nabla(\kappa \nabla T) = -\kappa \Delta T = Q \tag{6.2}$$

ist. In Gl. (6.2) wurde die Wärmeleitfähigkeit in dem betrachteten Gebiet als konstant angenommen.

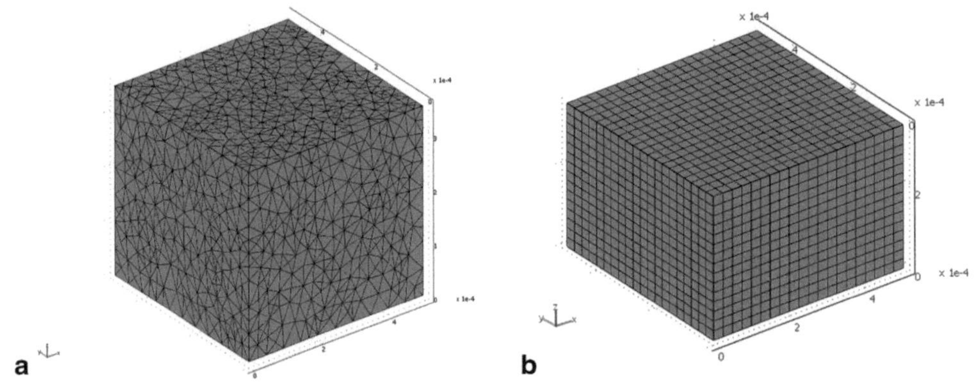

**Abb. 6.1** Beispiel für die Vernetzung eines Volumens bei FEM (**a**) und FDM (**b**)

Zur Lösung derartiger Aufgabenstellungen empfehlen sich numerische Verfahren, wie die *Finite Differenzen Methode* (FDM) oder *Finite Elemente Methode* (FEM). Beiden gemeinsam ist die Zerlegung des betrachteten Gebietes in hinreichend kleine Teilgebiete und die näherungsweise Bestimmung einer Lösung an diskreten Punkten im Raum über ein lineares Gleichungssystem.

Die FEM [GRT93] ist bezüglich der Vernetzung einer Geometrie sehr flexibel, da ihre Teilgebiete unterschiedliche Größe und Form annehmen dürfen und die Strukturen somit besser approximiert werden (Abb. 6.1a). Typische Grundelemente sind Dreiecke für 2D- und Tetraeder für 3D-Probleme. Die statische Wärmeleitungsgleichung wird zunächst als Variationsproblem ausgedrückt, dessen Form wiederum von der gegebenen Randbedingung abhängt. Diese Bedingung kann eine feste Temperatur oder ein bestimmter Temperaturgradient an der Begrenzung der Struktur sein. Die entstandene Variationsgleichung gilt dann für eine Menge an Grundfunktionen, die auf dem Lösungsgebiet definiert und untereinander linear unabhängig sind. Die Gesamtlösung lässt sich daher als Linearkombination dieser Basisfunktionen darstellen. Üblicherweise definiert man die Basisfunktionen so, dass sie nur innerhalb eines Teilgebietes – dem finiten Element – nicht verschwinden. Innerhalb des Elementes können sie beispielsweise Konstanten oder Polynomen entsprechen. Da jede Grundfunktion die Variationsgleichung erfüllt, entspricht die Menge der möglichen Gleichungen der der finiten Elemente und es entsteht letztlich ein Gleichungssystem für die Koeffizienten der Linearkombination für die Gesamtlösung.

Etwas einfacher gestaltet sich der Ansatz bei der FDM. Sie bietet jedoch weniger Flexibilität bei der Vernetzung, da vorzugsweise orthogonale Gitter mit fester Zellanzahl je Koordinatenrichtung genutzt werden (Abb. 6.1b). Eine lokale Verfeinerung der Teilgebiete ist daher nicht so gut zu realisieren wie bei der FEM. Diese Art der Diskretisierung erlaubt jedoch über die Taylor-Reihenentwicklung die Darstellung eines Differenzialoperators mittels lokaler, finiter Differenzen. Der numerische Fehler hängt hier von der Feinheit des Gitters ab und sinkt mit kleineren Diskretisierungsschritten $h$. Im Falle einer eindimensionalen Wärmeleitung in $x$-Richtung lautet die FD-Darstellung

$$\Delta_x T = \frac{\partial^2}{\partial x^2} T(x) = -\frac{Q(x)}{\kappa(x)} \approx \frac{T(x+h) - 2T(x) + T(x-h)}{h^2}. \tag{6.3}$$

Die finiten Differenzen enthalten ausschließlich Absolutwerte der gesuchten Größe $T$ und Parameterwerte des zu Grunde liegenden Gitters bzw. der Materialeigenschaften. Im statischen Fall lässt sich für jeden Gitterknoten auf Basis der Wärmeleitungsgleichung eine eigene Gleichung analog (6.3) definieren, was auch hier zu einem Gleichungssystem führt. Im Gegensatz zur FEM enthält der Lösungsvektor jedoch direkt die gesuchte Temperaturverteilung und nicht die Koeffizienten einer Linearkombination.

Finite Differenzen lassen sich auch für die zeitliche Ableitung der Temperatur in der Wärmeleitungsgleichung (6.1) bilden. FDM bietet sich daher auch für eine einfache Implementierung der dynamischen Simulation an. Im eindimensionalen Fall erhält man

$$\frac{T(x)^{n+1} - T(x)^n}{\Delta t} \approx -\frac{\kappa(x)}{\varrho(x)c(x)} \frac{T^n(x+h) - 2T^n(x) + T^n(x-h)}{h^2} - \frac{Q^n(x)}{\varrho(x)c(x)}. \tag{6.4}$$

Das dynamische Problem wird im Gegensatz zum statischen Fall jedoch iterativ gelöst. Durch Umstellen der finiten Differenzen-Gleichung (6.4) nach $T(x)^{n+1}$ entsteht eine Formulierung, die mit jeder Iteration die Temperatur für den aktuellen Zeitschritt $n+1$ liefert.

Beim 3D-Entwurf ist das thermische Verhalten über mehrere Ebenen hinweg von Interesse. Es ist nicht ausreichend, Wärmeentwicklung nur auf Bauelemente- oder Schaltkreisebene zu betrachten. Die vertikale Anordnung von Chips oder das Package haben bedeutenden Einfluss auf den Wärmetransport, was beim Entwurf berücksichtigt werden muss. Ein wesentliches Problem für die Simulation ergibt sich daher aus den sehr unterschiedlichen Größenverhältnissen. Das betrifft zum einen die dynamische Simulation im Hinblick auf die Zeitkonstanten des Wärmeübergangs. Die Zeit für den Temperaturausgleich in einem Volumen ist proportional zu diesem und indirekt proportional zur Wärmeleitfähigkeit. Diese Zeitkonstanten können innerhalb einer Struktur stark variieren und würden letztlich zu sehr langen Simulationszeiten führen, da sich der Zeitschritt an der kleinsten Zeitkonstante orientiert.

Ein anderes Problem ist die Diskretisierung des Lösungsgebietes. In Bereichen der Wärmequellen ist ein feines Gitter sinnvoll, während ein Package nur ein vergleichsweise grobes Gitter benötigt. Im Falle der FDM müsste das Package ebenfalls ein feines Gitter besitzen, da hier eine lokale Verfeinerung immer auch zu einer Verfeinerung der Außenbereiche führt. Um die Vorteile der FDM nutzen und gleichzeitig den numerischen Aufwand für die gesamte Simulation senken zu können, ist eine Gebietszerlegung sinnvoll. Bekannt ist diese Vorgehensweise aus der Parallelisierung von numerischen Simulationsverfahren. Das Lösungsgebiet wird dabei in Teilgebiete zerlegt, die sich zu einem gewissen Teil überlappen. Eine Überlappung ist notwendig, um die Lösungen an den sich berührenden Rändern anzugleichen. Die einzelnen Gebiete müssen nicht zwangsläufig eine kompatible Vernetzung besitzen, so lange sich Lösungen des einen Gebietes auf den Rand eines angrenzenden Gebietes projezieren lassen. Im statischen Fall erfolgt die Lösung iterativ. Zunächst werden alle Teillösungen entsprechend ihrer Randbedingungen ermittelt. Aufgrund der Überlappung befinden sich Ränder eines Gebiets innerhalb eines anderen und sie erhalten im nächsten Iterationsschritt die Werte der aktuellen Lösung des angrenzenden Gebiets. Auf diese Weise ändern sich in jedem Schritt die Randbedingungen aller Teilbereiche, bis die Lösung konvergiert. Dieses Vorgehen erweitert die Möglichkeiten der Simulation enorm und reduziert gleichzeitig den Aufwand.

Die Kopplung der thermischen Simulation an die elektrische erfordert einerseits entsprechende Schnittstellen und andererseits eine angemessene Leistungsfähigkeit der Rechentechnik (Performance). Die bei der thermischen Simulation entstehenden Gleichungssysteme haben im Hinblick auf große und kombinierte Strukturen eine hohe Anzahl von Freiheitsgraden. Jedoch werden meist nur Temperaturwerte für eine begrenzte Menge an Positionen, z. B. die der relevanten Bauelemente auf einem Chip benötigt.

Unter diesen Voraussetzungen sind Verfahren der Modellordnungsreduktion (MOR) anwendbar [SVR08][KRS09]. Sie reduzieren auf mathematischer Ebene die Anzahl der Freiheitsgrade in einem linearen System, indem sie die beispielsweise durch (6.3) entstehenden Matrizen durch geeignete Projektion verkleinern. Dabei bleiben Ein- und Ausgangsgrößen jedoch erhalten. Eingänge sind hier die diskreten Wärmequellen und Ausgänge die Stellen, an denen die Temperatur bestimmt werden soll. Derartig reduzierte Gleichungssysteme benötigen lediglich einen Bruchteil der Rechenzeit bei gleichzeitig geringem Fehler gegenüber dem Ausgangssystem. Dieses Verfahren ist vorteilhaft bei der wechselseitigen Simulation von thermischem und elektrischem Verhalten mit getrennten Simulatoren.

Es ist aber auch möglich, die thermischen Effekte mit Hilfe eines äquivalenten Ersatznetzwerkes direkt im Schaltungssimulator zu berechnen. In der finiten Differenzen-Darstellung der Wärmeleitungsgleichung finden sich gleiche mathematische Zusammenhänge wie in elektrischen Netzwerken. Formuliert man die für einen Gitterknoten geltende Gl. (6.4) geeignet um, erhält man eine Darstellung, die dem Kirchhoffschen Knotensatz für Ströme in der Elektrotechnik entspricht:

$$\varrho c \frac{\partial}{\partial t} T_0 + \frac{\kappa}{h^2}(T_{+1} - T_0) + \frac{\kappa}{h^2}(T_{-1} - T_0) + Q_0 = 0 \tag{6.5}$$

Der Index der Temperatur $T$ kennzeichnet den jeweiligen Gitterknoten, wobei $+1$ und $-1$ Nachbarknoten des betrachteten zentralen Knotens 0 sind. Interpretiert man die Temperatur in Gl. (6.5) als elektrische Spannung, so entspricht jeder Summand einem Zweigstrom. Der erste Term bildet einen kapazitiven Zweig, während die beiden folgenden Terme Leitwerte darstellen und der letzte eine Stromquelle. Alle Ströme laufen im zentralen Knoten zusammen und addieren sich zu Null.

Die in Abb. 6.2 gezeigte Schaltung ist in gleicher Weise für den dreidimensionalen Fall ableitbar. Die Ersatznetzwerke der einzelnen Knoten werden dem FD-Gitter entsprechend verbunden, so dass sich das thermische Verhalten bei entsprechender Interpretation der Größen in Gl. (6.5) mit einem Schaltungssimulator berechnen lässt. Es sind somit keine

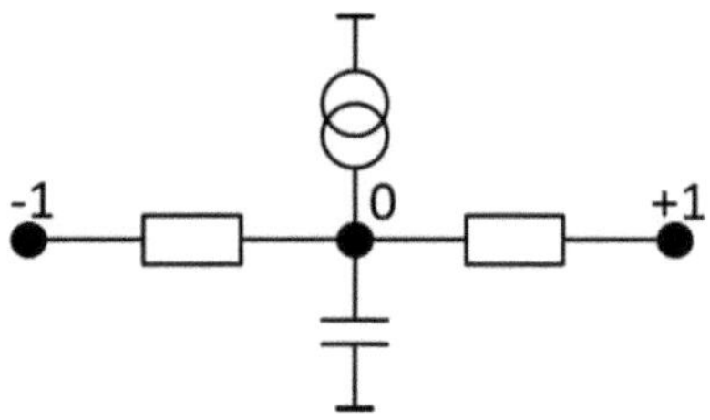


**Abb. 6.2** Elektrisches Ersatznetzwerk für eindimensionale Wärmeleitung

zwei getrennten Simulatoren für den elektrischen und thermischen Teil mehr notwendig. Nachteilig ist hier jedoch die üblicherweise hohe Anzahl Knoten, so dass der Simulator schnell überfordert ist. Auch ist die tatsächliche Umsetzung der Topologie passend zur Geometrie je nach Anwendung mit erhöhtem Aufwand verbunden, dessen Schritte nicht immer automatisiert werden können [JW10].

### 6.2.2 Verfahren für die elektrothermisch gekoppelte Simulation

Für die Kopplung einer elektrischen mit einer thermischen Simulation gibt es verschiedene Verfahren mit unterschiedlichen Anwendungsbereichen [JW10][WJ10]. Das Ziel dieser Analyse ist in jedem Falle die Ermittlung des elektrothermischen Arbeitspunktes, also die Iteration zwischen der elektrischen und der thermischen Simulation bis sich ein stabiler Arbeitspunkt einstellt. Damit wird der Tatsache Rechnung getragen, dass sich die Arbeitspunkte in den beiden verschiedenen Domänen gegenseitig bedingen und in unmittelbarer Wechselwirkung stehen: die elektrische Verlustleistung geht bei der thermischen Simulation in die Wärmequelle ein und wirkt sich auf die Temperaturen an verschiedenen Orten aus. Eine geänderte Temperatur ihrerseits hat wiederum eine Änderung des Stromflusses und damit der Verlustleistung eines Bauelements zur Folge.

In Anwendungen, in denen große Verlustleistungen auftreten bzw. signifikante Temperaturänderungen zu erwarten sind, ist diese gemeinsame Betrachtung aus elektrischem und thermischem Verhalten von essentieller Bedeutung für die Bewertung des tatsächlichen System-Verhaltens. Nur so erhält man ein realitätsnahes Abbild der vorliegenden Zusammenhänge. Aufwändiger werden die Verfahren, wenn mehrere Arbeitspunkte vorliegen oder das transiente Verhalten ebenfalls von Interesse ist. Außerdem können mindestens theoretisch bei der Iteration Grenzzyklen auftreten, die eine Konvergenz auf einen elektrothermischen Arbeitspunkt verhindern. Dies wird im Allgemeinen jedoch ein Problem der Modellierung sein und nicht dem realen Verhalten entsprechen. Hier sei gutartiges Verhalten vorausgesetzt, bei dem ein gemeinsamer Arbeitspunkt existiert und das System iterativ dorthin konvergiert.

Das erste Verfahren für die elektrothermisch gekoppelte Simulation ist die gemeinsame Simulation im Schaltungssimulator (s. Abb. 6.3a). Dabei ist für den thermischen Teil des Systems ein äquivalentes elektrisches Modell zu erstellen. Für diese Umrechnung wer-

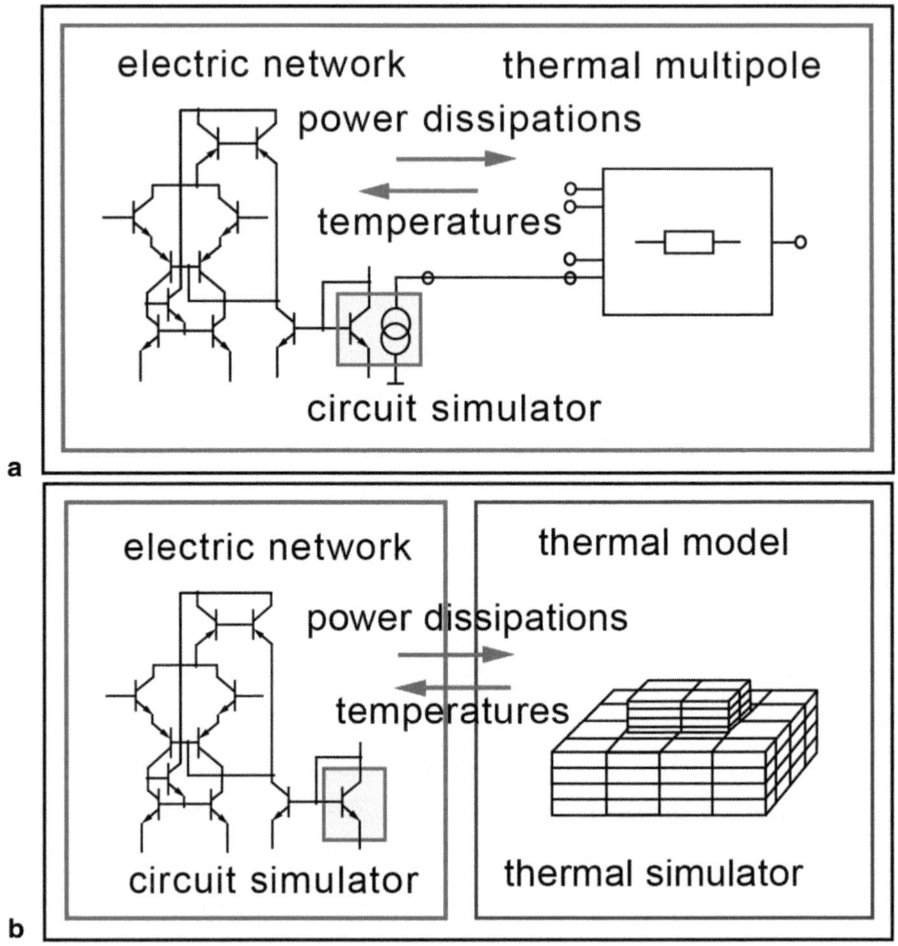


**Abb. 6.3** Varianten für die Realisierung elektrothermisch-gekoppelter Simulationen

den elektrisch-thermische Äquivalenzbeziehungen verwendet. Aus der Umformung der Grundgrößen lassen sich die Basiselemente ableiten und zu komplexeren Modellen kombinieren [TK05].

Anschließend kann das äquivalente elektrische Modell gemeinsam mit dem ohnehin vorhandenen elektrischen Teil des Systems im Schaltungssimulator berechnet werden. Abhängig von der Komplexität des Modells für den thermischen Teil des Systems kann die Geschwindigkeit der Berechnung des elektrischen Teils stark herabgesetzt werden. Zudem muss die Übergabe von Verlustleistungen und Temperaturen in der Simulation stattfinden. Dazu werden im Allgemeinen Bauelemente-Modelle mit einer *thermischen Klemme* benötigt [Lei98]. Diese thermische Klemme trägt als Flussgröße den Wärmestrom und als Differenzgröße die Temperatur. Übliche Standardmodelle für Transistoren (bis BSIM3) in aktuellen Designkits enthalten eine solche Klemme nicht. Falls die genannten Voraussetzungen allerdings vorliegen, ist die Analyse des elektrothermischen Arbeitspunkts sehr einfach. Sie entspricht der standardmäßigen DC-Analyse im Schaltungssimulator.

Das gegenteilige Vorgehen ist die Nutzung einer gekoppelten Simulation mit zwei spezialisierten Simulatoren: ein elektrischer Schaltungssimulator und ein geeigneter Löser für das thermische Modell (s. Abb. 6.3b). Jeder Teil des Systems kann damit in der jeweils vorgesehenen Domäne beschrieben und mit dem darauf spezialisierten Tool gelöst werden. Für die Übergabe von Informationen zwischen beiden Teilen können die bekannten Verfahren der Simulatorkopplung angewendet werden [WC97][DL97]. Allerdings müssen Schnittstellen in beiden Werkzeugen dafür vorhanden und programmierbar sein, um die Kopplung realisieren zu können. Vorteilhaft bei diesem Vorgehen ist, dass die Standard-Transistormodelle der Halbleiterfabrik ohne Anpassungen übernommen werden können. Der Aufwand steckt hier eher in der Anpassung der beteiligten Simulatoren für die Kopplung, was nicht immer ohne weiteres möglich ist. Zudem müssen bei einer derartigen Simulatorkopplung die Zeitregimes beider Simulatoren synchronisiert werden, wenn eine zeitabhängige Berechnung durchgeführt werden soll.

In vielen Fällen ist eine derart enge Kopplung zwischen elektrischer und thermischer Simulation jedoch nicht notwendig, da sich die Zeitkonstanten der Dynamik in beiden Teilsystemen um Größenordnungen unterscheiden. Unter dieser Voraussetzung bietet sich ein drittes Verfahren, die sogenannte „Ping-Pong"-Simulation an. In diesem Fall gibt es keine gleichzeitige Lösung beider Teile des Systems, sondern es werden abwechselnd zwei Teile der Simulation angestoßen. Die Ergebnisse einer Simulation sind jeweils die Randbedingungen der anderen und werden für diese Zeit als quasi-konstant angesehen. Im Ergebnis entstehen wieder neue Randbedingungen für die erste Simulation. Es gibt demnach kein gemeinsames Zeitregime sondern zwei abwechselnd stückweise laufende Simulationen. Ein Steuermechanismus muss allerdings dafür sorgen, dass die Übergabe an den jeweils anderen Simulator erfolgt, sobald die Annahme der quasi-konstanten Randbedingungen nicht mehr erfüllt ist, weil die Änderungen einen vorgegebenen Schwellwert überschritten haben.

Dabei ist es für die beschriebene Art der „Ping-Pong"-Simulation gleichgültig, ob abwechselnd zwei getrennte Modelle innerhalb eines Simulators (siehe erstes Verfahren) oder zwei spezialisierte Simulatoren (siehe zweites Verfahren) ausgeführt werden. Entscheidend sind der Ansatz von zwei ineinander verschachtelten Simulationen und die Organisation der Übergabe von Informationen zwischen beiden. Dazu müssen in den beteiligten Werkzeugen Möglichkeiten vorhanden sein, die Simulation in Abhängigkeit von einer Schwellwertüberschreitung abzubrechen, den vorhandenen Systemzustand abzuspeichern und aus einem vorhandenen Zustand die Simulation wieder aufzunehmen.

Die dargestellten Verfahren zur gekoppelten elektrothermischen Simulation sind – wie bereits erläutert – nicht an den Entwurf von 3D-integrierten Systemen gebunden. Allerdings wird ihr Einsatz zu einem notwendigen Bestandteil für den erfolgreichen Entwurf von kostengünstigen 3D-Systemen, deren zuverlässiger und robuster Einsatz unter verschiedensten thermischen Anwendungsbedingungen sichergestellt werden muss.

## 6.3 Hierarchischer Modellierungsansatz beim 3D-Entwurf

Nach der Vorstellung von Verfahren für die thermische Analyse von integrierten Schaltungen sollen diese Überlegungen nun in einen ebenenübergreifenden Modellierungsansatz integriert werden. Dem liegt die Überlegung zugrunde, dass eine Modellierung und Simulation auf der Schaltungsebene allein nicht erfolgreich sein werden, da die Randbedingungen und Modelle der angrenzenden Ebenen fehlen. Gebraucht wird ein hierarchischer Ansatz vom Bauelement über die Schaltung und den Chip bis hin zur Package-Ebene. Nur durch die gemeinsame Betrachtung der verschiedenen Abstraktionsebenen können aussagekräftige Abschätzungen der thermischen Einflüsse auf das Schaltungs- und Systemverhalten getroffen werden [MP09].

### 6.3.1 Bauelemente-Ebene

Die unterste Ebene eines hierarchischen Modellierungsansatzes stellt die Bauelemente-Ebene dar. Dort haben sich Software-Werkzeuge etabliert, die unter dem Begriff Technology CAD (TCAD) zusammengefasst werden. Mit ihnen ist es unter anderem möglich, das thermische Verhalten von Bauelementen sehr detailliert zu simulieren. Damit lassen sich die Größenordnung der lokalen Erwärmung im Kanalgebiet und die Ausbreitung der Wärme in den verschiedenen Materialien sehr genau untersuchen. Aufgrund dieser detaillierten Betrachtung können allerdings auf der Bauelemente-Ebene nur eng begrenzte geometrische Gebiete und wenige Devices gleichzeitig analysiert werden. Im Ergebnis der Bauelemente-Simulation entstehen Kennlinien, die das Device-Verhalten über einen gewissen Arbeitsbereich charakterisieren. Ein betrachteter Parameter wird dabei auch immer die Temperatur sein: Für verschiedene Temperaturen ergeben sich unterschiedliche statische Bauelemente-Kennlinien.

Üblicherweise werden im nächsten Schritt mit Hilfe dieser Kennlinien die Parameter sogenannter Kompaktmodelle angepasst. Darunter werden vordefinierte Bauelemente-Modelle verstanden, bei denen versucht wird, das komplexe Verhalten des Bauelements auf möglichst wenige analytische Gleichungen und eine Reihe von freien Parametern abzubilden. Die bekanntesten Modelle mit industrieller Relevanz für MOS-Transistoren sind die BSIM-, PSP-, EKV- und HiSIM-Modelle. Die meisten von ihnen verwenden die Temperatur lediglich als einen Modellparameter. Damit können sich die Bauelemente-Kennlinien zwar in Abhängigkeit von der Temperatur ändern, jedoch nicht dynamisch während der Simulation als Reaktion auf geänderte thermische Verhältnisse in der Umgebung des Transistors. Die Berücksichtigung der Selbsterwärmung des Transistors (self heating) kann sich demnach nur auf sehr kurzzeitige Vorgänge mit extrem geringer lokaler Ausdehnung beziehen.

Über die Selbsterwärmung der Bauelemente in ihrer Chipumgebung, wie sie sich gerade in gestapelten Chips von 3D-Systemen ergeben, hat das Transistormodell selbst keine Informationen. BSIM-Modelle in der Version 4, die für höchstintegrierte Technologien unterhalb von 65 nm entwickelt wurden, verfügen neuerdings über eine *thermische*

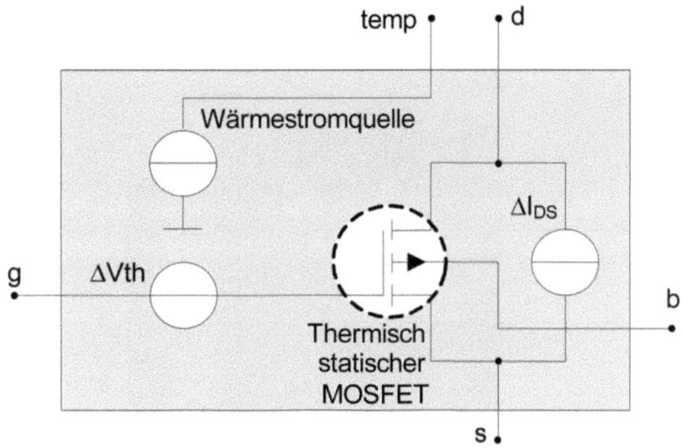


**Abb. 6.4** Makromodell für das dynamisch-thermische Verhalten eines Transistors

*Klemme.* Daran können thermische Ersatznetzwerke angeschlossen werden, die ein Modell für das Temperaturverhalten der Transistorumgebung nachbilden. Dies ermöglicht dann auch eine dynamische elektrothermische Simulation.

Eine Alternative zur thermischen Klemme ist die Verwendung von Standard-Transistormodellen innerhalb von Makromodellen, die zusätzliche Quellen und gesteuerte Elemente für die Abbildung des dynamischen Temperaturverhaltens beinhalten (s. Abb. 6.4). Zusammenfassend werden auf Bauelemente-Ebene Thermik und Elektrik generell gemeinsam betrachtet, die abgeleiteten Modelle beinhalten allerdings häufig nur statische Abhängigkeiten.

### 6.3.2 Schaltungsebene

Auf der Abstraktionsebene der Schaltungen ist die Betrachtungsweise klar zweigeteilt. Auf der einen Seite ist nur das rein funktionale elektrische Verhalten nachgebildet. Dieses wird im Allgemeinen mit einem Schematic bzw. durch eine entsprechende elektrische Netzliste beschrieben. Die eben besprochenen Bauelemente-Modelle müssen dafür passend parametrisiert vorliegen. Auf der anderen Seite sind parallel dazu, bezogen auf das thermische Verhalten, die nichtfunktionalen Verkopplungen zwischen den Bauelementen über den Chip und zwischen den Ebenen des Chipstapels zu modellieren. Dieser Teil der Modellierung, der beim Entwurf von rein planaren SoCs häufig vernachlässigt wird, ist ebenso wichtig für die thermische Betrachtung des Gesamtsystems. Die im Abschn. 6.2 genannten Verfahren zur Erstellung des thermischen Modells können hier angewendet werden.

Auch für die Verbindungsstrukturen zwischen den Ebenen (TSVs, Balls, Interposer, Bonddrähte im SiP) müssen einerseits elektrische Modelle zur funktionalen Verbindung der Blöcke auf den verschiedenen Ebenen erstellt werden [PL09]. Je nach erforderlicher Genauigkeit kann dies mit idealen verlustfreien Verbindungen, rein Ohmschen oder frequenzabhängigen Widerständen modelliert werden (s. Kap. 5). Andererseits muss auch hier parallel zum funktionalen Verhalten das thermische Modell für die Verbindungsstrukturen erstellt werden, da diese sowohl zur Ableitung der Wärme zwischen den Ebe-

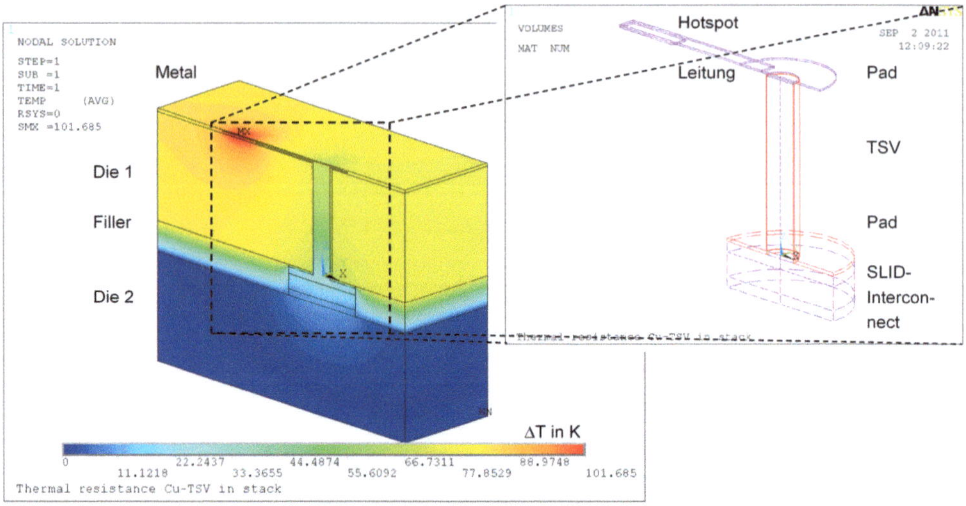


**Abb. 6.5** Simulation des thermischen Verhaltens eines Kupfer-TSVs

nen beitragen können, im ungünstigen Fall diese aber auch behindern können (z. B. durch Wahl von thermisch ungeeignetem Interposer-Material).

Abbildung 6.5 zeigt die Ergebnisse der detaillierten thermischen Simulation mit einem FEM-Tool an einem Through-Silicon Via aus Kupfer mit einem Durchmesser von 10 μm. Es zeigt sich, dass Verbindungsstrukturen mit diesem Durchmesser durchaus in der Lage sind, einen Teil der entstehenden Wärme abzuleiten. Reduzierte Modelle für dieses Verhalten werden dann in der thermischen Simulation des Gesamtsystems benötigt.

Darüber hinaus können im Extremfall bei sehr großen Strömen die Verlustleistungen an den ohmschen Widerständen der Verbindungsstrukturen selbst zur Erwärmung des Systems beitragen. Rein thermische Vias und andere Strukturen, die extra zur Ableitung von Wärme aus dem Chipstapel eingefügt wurden, haben wiederum nur ein thermisches Modell und keine Entsprechung auf der elektrischen Seite.

Zusammenfassend sind auf der Schaltungsebene stets die beiden Domänen – elektrisch und thermisch – zu beachten. Im Allgemeinen findet die Modellierung für jede Ebene getrennt statt. Beim Zusammenfügen beider Teile des Systems ist die Konsistenz zwischen beiden Seiten wichtig. Ebenso muss die verwendete Designumgebung für den Schaltungsentwurf eine flexible Anpassung der geometrischen Anordnung mit der entsprechenden Auswirkung auf das elektrische Verhalten ermöglichen.

### 6.3.3 Package-Ebene

Auf der Ebene des Gesamtsystems ist das thermische Verhalten des integrierten Chipstapels, des Gehäuses sowie des umgebenden Gebietes zu modellieren. Abgesehen von den

Strukturen zum elektrischen Kontaktieren des Chips handelt es sich hierbei um rein thermische Modelle. Dabei kommen vielfältige Materialien ins Spiel, aber auch unterschiedliche Wärmetransportvorgänge: Wärmeleitung, Konvektion, aktive oder passive Kühlmechanismen. Auch Kühltechniken mit Hilfe von Mikrokanälen zwischen den Ebenen des Stapels werden untersucht [SSA11]. Dafür können sehr komplizierte thermische Modelle erforderlich sein.

Der Grundaufbau für ein thermisches Umgebungsmodell umfasst das Gehäuse einschließlich der Anschluss-Pins, die Leiterplatte inklusive der Leiterzüge und thermisch wirksamer größerer Kupferflächen sowie die umgebende Luft bis zu einer gewissen Entfernung. Alle diese Bestandteile haben einen Einfluss auf die Möglichkeiten der Wärmeableitung vom integrierten 3D-Stapel. Allerdings werden die geometrischen Abmessungen dieser Strukturen in Millimetern oder Zentimetern gemessen im Gegensatz zu den Nanometer-Abmessungen der aktiven Gebiete innerhalb der Transistoren. Die mathematischen Herausforderungen bei der Lösung dieser Multiskalenprobleme wurden bereits angesprochen.

In jedem Falle können auch hier – ähnlich wie auf der Ebene der Bauelemente – mittels Diskretisierung sehr genaue thermische Modelle der Umgebung erzeugt werden. Diese sind jedoch häufig bereits zu detailliert, da sie lediglich die Randbedingungen für die darunterliegenden Beschreibungsebenen darstellen sollen.

Von der Standardisierungsorganisation JEDEC werden typische Gehäuseformate, die in der Industrie häufig vorkommen, definiert. Der jeweilige Standard beschreibt die geometrischen Abmessungen dieser Gehäuse, thermische Modelle sind dagegen nicht enthalten. Es werden lediglich Vorschriften zur Bestimmung von thermischen Übergangswiderständen für die Gehäuse angegeben. Auch hierfür gibt es seit Kurzem einen eigenen JEDEC-Standard. Das darin festgelegte Vorgehen beschränkt sich darauf, genau zwei Übergangswiderstände festzustellen: Umgebung zu Gehäuse (ambient to case) und Gehäuse zu Bauelement (case to junction). Es wird davon ausgegangen, dass sich beide Widerstände durch die Reichweite der Auswirkungen von eingebrachten Wärmepulsen trennen lassen. Als Vorschrift zur messtechnischen Erfassung der Widerstände für ein Datenblatt oder die grobe Abschätzung von Wärmeeintrag und -abfuhr mag dieses Vorgehen gerechtfertigt sein. Als Grundlage für die Anbindung an thermische Modelle eines 3D-Stapels sind zwei thermische Übergangswiderstände deutlich zu ungenau.

Die Modellierungsaufgabe auf Package-Ebene besteht demzufolge darin, einen geeigneten Kompromiss zwischen den sehr detaillierten FEM-Modellen mit begrenzter Reichweite und den standardisierten, aber sehr groben 2-Widerstands-Modellen zu finden.

### 6.3.4 Gesamtmodell

Für das Gesamtsystem, bestehend aus integrierten Bauelementen und daraus aufgebauten Schaltungen, gestapelten Chips und den dazwischen liegenden Verbindungsstrukturen sowie Gehäuse und Umgebung, ist schließlich ein gemeinsames Modell zu erstellen,

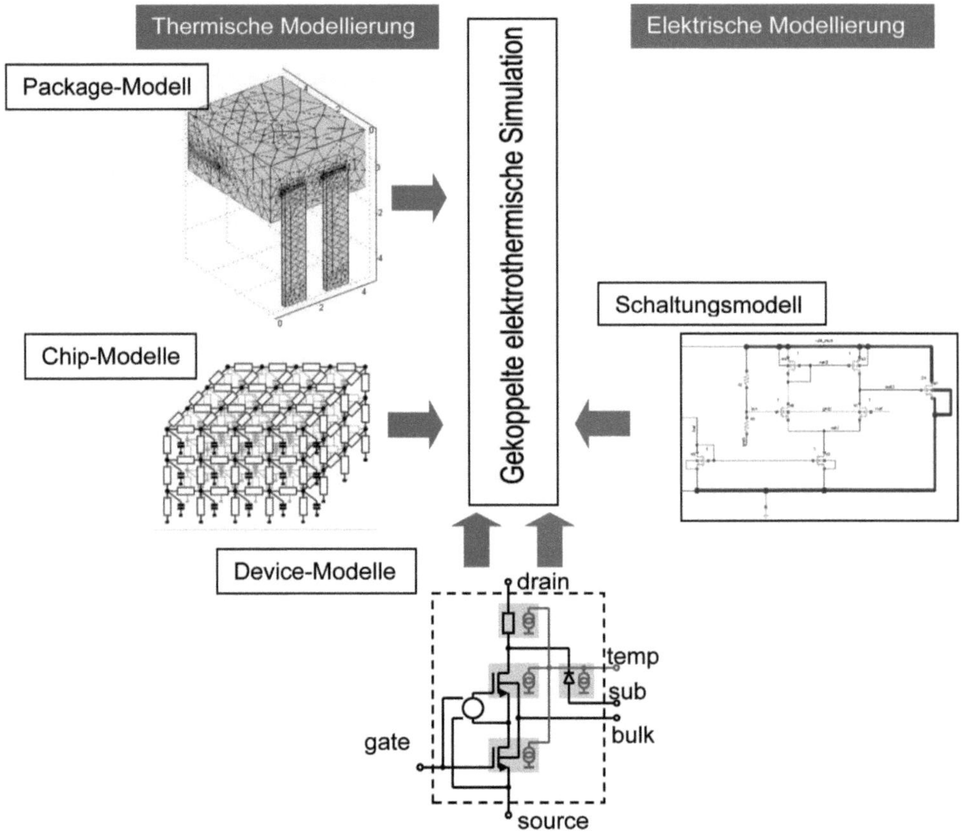


**Abb. 6.6** Hierarchischer Ansatz für die elektrothermische Modellierung des Gesamtsystems

um eine durchgehende thermische Analyse zu ermöglichen. Abbildung 6.6 stellt einen hierarchischen Ansatz zur Modellierung des gesamten elektrothermischen Systems unter Beachtung der verschiedenen Beschreibungsebenen dar.

Entscheidend für die Funktion und Effektivität des Gesamtmodells ist die Definition von geeigneten Schnittstellen mit folgenden Eigenschaften und Informationen:

- Konsistenz sowohl zwischen den verschiedenen Beschreibungsebenen als auch zwischen den physikalischen Domänen,
- geometrische Definition von Übergabepunkten bzw. den Grenzen des jeweiligen Modellierungsbereiches,
- Abbildungsvorschrift zwischen aneinander grenzende Diskretisierungen basierend auf unterschiedlichen Rastern,
- Synchronisierungsvorschrift zwischen den unterschiedlichen Taktraten der Teilmodelle und schließlich
- technische Randbedingungen, wie Formate und Protokolle.

Je nach Anwendung und notwendiger Genauigkeit können die festgelegten Schnittstellen und Modellierungskonzepte unterschiedlich ausfallen. Wichtig ist die Beachtung der immanenten Verkopplung zwischen den Abstraktionsebenen wie auch zwischen den Beschreibungsdomänen.

## Literatur


[TK05] Teichmann, J., Kraus, W., Liebermann, F., Täschner, G., Wallner, C.: Thermal and electrical simulation of smart power circuits by network analysis. Proc. 17. Int. Symp. on Power Semiconductor Devices & IC's, May 23–26, 2005, Santa Barbara, CA, S. 131–134

[Lei98] Leitner, T.: Electro-thermal simulation using a circuit simulator and a modified SPICE3 semiconductor model library. Proc. MIXDES'98, Lodz, Poland, 18.–22.6.1998, S. 189–194

[WC97] Wünsche, S., Clauß, C., Schwarz. P., Winkler, F.: Electro-thermal circuit simulation using simulator coupling. IEEE Trans. VLSI. 5(3), 277–282 (1997)

[DL97] Digele, G., Lindenkreuz, S., Kasper, E.: Fully coupled dynamic electro-thermal simulation. IEEE Trans. VLSI. 5(3), 250–257 (1997)

[PL09] Pathak, M., Lim, S. K.: Performance and thermal-aware steiner routing for 3-D stacked ICs. IEEE Trans. on CAD of Int. Circuit. Syst. 28(9), 1373 (2009)

[MP09] Martins, O., Peltier, N., Guédon, S., Kaiser, S., Marechal, Y., Avenas, Y.: A new methodology for multi-level thermal characterization of complex electronic systems: From die to board level, European Microelectronics and Packaging Conference (EMPC), S. 1–12. Rimini (2009)

[JW10] Jancke, R., Wilde, A., Martin, R., Reitz, S., Schneider, P.: Modeling and simulation of electro-thermal interaction effects in electronic circuits. Proc. 1st Conf. on multiphysics simulation: Advanced methods for industrial engineering, June 22–23, 2010, Bonn, Germany

[WJ10] Wilde, A., Jancke, R., Martin, R., Reitz, S., Schneider, P.: Simulation of electro-thermal interaction. Proc. Electronics System Integration Technology Conference, ESTC 2010. Sept. 13–16, 2010, Berlin, S. 222–227

[KRS09] Köhler, A., Reitz, S., Schneider, P., Clauß, C., Haase, J.: Parametrische Modellordnungsreduktion bei der automatisierten Modellgenerierung für den Elektronik- und Mikrosystemtechnikentwurf. 9. Chemnitzer Fachtagung Mikrosystemtechnik. Chemnitz, 5.–6. Nov. 2009, S. 96–102

[SVR08] Schilders, W., Vorst, H. van der, Rommes, J.: Model order reduction. Springer-Verlag, Berlin (2008)

[Mes06] Meschede, D.: Gerthsen Physik. Springer-Verlag, Berlin (2006)

[GRT93] Goering, H., Roos, H., Tobiska, L.: Finite-Element-Methode. Akademie Verlag GmbH, Berlin (1993)

[SSA11] Sridhar, A., Sabry, M. M., Atienza, D.: System-level thermal-aware design of 3D multiprocessors with inter-tier liquid cooling, Proc. 17th Int.Workshop on THERMal INvestigation of ICs and Systems THERMINIC2011, 27–29 Sept. 2011, Paris, France, S. 1–9

# XML-basierte Sprache für die hierarchische und parametrisierbare Beschreibung von 3D-Systemen

7

Susann Wolf, Andy Heinig und Uwe Knöchel

## 7.1 Motivation

Die Beschreibung und der Austausch von Geometrie- und Materialdaten nehmen im 3D-Entwurf eine wichtige Rolle ein. Ein Problem dabei stellen fehlende Datenformate zur einheitlichen Definition und Speicherung der Entwurfsdaten dar. Deshalb wird in diesem Beitrag ein Beschreibungsformat für den Entwurf dreidimensionaler integrierter elektronischer Systeme vorgestellt, welches verschiedene Hierarchieebenen des Entwurfs unterstützen soll, so dass sowohl Grundelemente von 3D-Systemen (z. B. Balls, Through-Silicon Vias, Siliziumkörper), als auch Teilbaugruppen (z. B. Bare Dies oder Gehäuse) und schließlich auch komplette 3D-Systeme beschrieben werden können. Außerdem kann das Format den Datenaustausch zwischen Arbeitsschritten wie Floorplanning, Package Design sowie elektrischer und thermischer Simulation vereinfachen. Der Fokus liegt dabei auf einer einheitlichen, effizienten und hierarchischen Beschreibungsform für 3D-Systeme.

Beim Entwurf eines 3D-Systems müssen Informationen aus verschiedenen Entwurfsdomänen wie z. B. Schaltkreisentwurf, Aufbau- und Verbindungstechnik und Gehäuseentwurf zusammengeführt werden, um die Baugruppen des Systems bestmöglich auf den verschiedenen Ebenen eines Wafer-Stacks anzuordnen. Die hohe Komplexität von 3D-Systemen setzt starke Leistungsanforderungen an den Design-Flow, so dass die Layout-Informationen eines Stacks bereits in frühen Entwurfsstadien mit einem entsprechenden Abstraktionsniveau berücksichtigt werden müssen.

S. Wolf (✉) · A. Heinig · U. Knöchel
Fraunhofer-Institut für Integrierte Schaltungen, Institutsteil Entwurfsautomatisierung, Dresden, Deutschland
E-Mail: susann.wolf@eas.iis.fraunhofer.de

A. Heinig
E-Mail: andy.heinig@eas.iis.fraunhofer.de

U. Knöchel
E-Mail: uwe.knoechel@eas.iis.fraunhofer.de

J. Lienig, M. Dietrich (Hrsg.), *Entwurf integrierter 3D-Systeme der Elektronik*,
DOI 10.1007/978-3-642-30572-6_7, © Springer-Verlag Berlin Heidelberg 2012

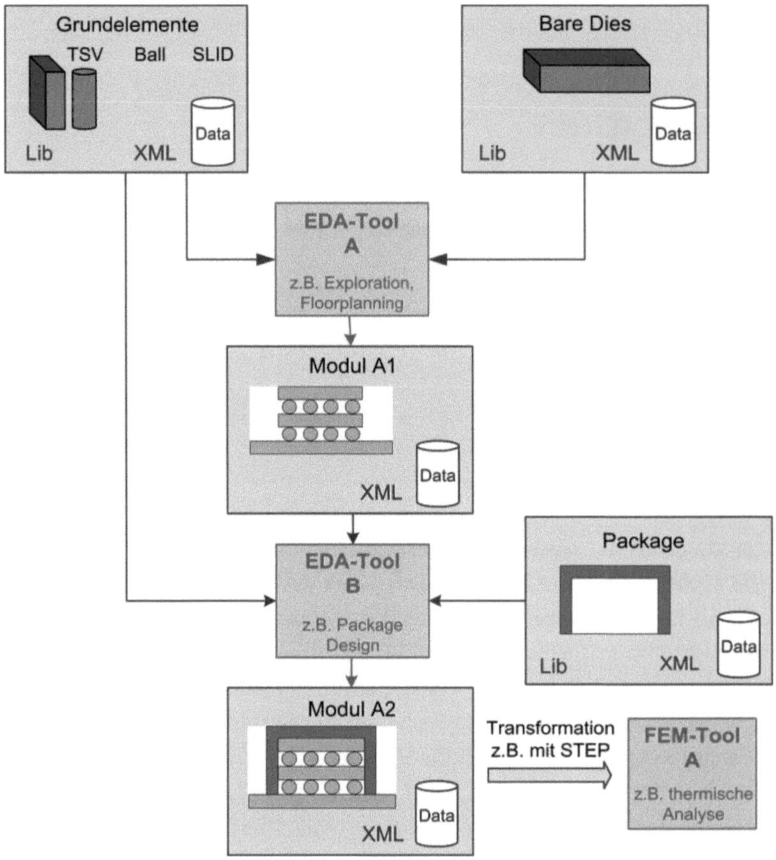


**Abb. 7.1** Anwendung der hier vorgestellten XML-basierten Beschreibungssprache im 3D-Entwurf

Design-Space-Exploration und Floorplanning erfordern sowohl Schaltungsdaten in Form von Netzlisten als auch zusätzliche Informationen aus anderen Entwurfsdomänen, wie z. B. der Aufbau- und Verbindungstechnik. Gegenwärtige Entwurfswerkzeuge für integrierte Schaltungen speichern Layout-Informationen in einem Satz von zweidimensionalen Beschreibungen der Schichten. Das GDSII-Format wird üblicherweise für die Datenübertragung an Halbleiterfabriken genutzt. Aber, wenn Daten für die 3D-Geometrien im Stack, z. B. für die parasitäre Charakterisierung von Bonddrähten, benötigt werden sind keine standardisierten Datenformate vorhanden. Stattdessen existieren einige geschützte Formate, eingeschränkt auf eine einzelne Entwurfsaufgabe, ein Gebiet oder eine Toolgruppe. Daten für die dritte Dimension müssen später über zusätzliche Formate hinzugefügt werden. Dies ergibt Schwierigkeiten für den Austausch von 3D-Daten zwischen verschiedenen elektronischen Entwurfswerkzeugen (EDA). Der Entwurf von 3D-Stacks verlangt eine enge Interaktion zwischen EDA-Tools und Multiphysik-Tools für die Analysen von thermischen, thermisch-mechanischen und elektromagnetischen Effekten, wie in Abb. 7.1 zu sehen.

Informationen von den verschiedenen physikalischen Domänen (elektrisch, thermisch, mechanisch) müssen den Designern zur Verfügung gestellt werden. Jedes physikalische Gebiet hat dabei sein eigenes zugeschnittenes Simulationswerkzeug, um z. B. thermisch induzierten Stress oder elektro-thermische Interaktionen zu betrachten. Beispielsweise werden elektromagnetische Betrachtungen der einzelnen Vias und der lokalen Verbindungsstrukturen unter Verwendung von CST Microwave Studio (MWS) durchgeführt. PDE-Löser (z. B. ANSYS) werden angewendet, um das thermische und thermo-mechanische Verhalten der lokalen Verbindungsstrukturen und des Stacks zu untersuchen. Folglich wird ein einheitliches Austauschformat für Geometriedaten für diese Multi-Tool- und Multi-Physik-Analysen benötigt.

Um diesen Engpass zu überwinden, wird im Folgenden eine allgemeine Beschreibung für die Speicherung und den Austausch von hierarchisch strukturierten 3D-Geometriedaten vorgestellt. Dabei stellt die Unterstützung des Datenaustausches in verschiedenen Entwurfsstadien und mit dem entsprechenden Abstraktionsgrad das Hauptziel dar. Zum Beispiel kann für thermische Analysen ein Die durch einen Quader bestehend aus Mischmaterial approximiert werden, während eine elektromagnetische Analyse ein genaues Modell der Metallschichten erfordert. Da die Optimierung von Designs Iterationen bedingt, ist die Leistungsfähigkeit des Datenaustausches wesentlich. Anforderungen an die Beschreibungssprache sind daher

- kompakte Speicherung von 3D-Geometriedaten (geringer Overhead),
- Unterstützung einer hierarchischen Beschreibung, bezogen auf Submodule im Entwurf,
- Unterstützung von parametrisierten und festen Elementen auf jeder Hierarchieebene,
- Unterstützung verschiedener Abstraktionsgrade, um den Simulationsaufwand zu reduzieren,
- Möglichkeit für zukünftige Erweiterungen, z. B. Beschreibungen für elektrische Parameter.

## 7.2 Beschreibungsformate für geometrische Daten

Da beim 3D-Entwurf große Datenmengen entstehen können, ist die effiziente Speicherung eine wesentliche Forderung. Um eine kompakte Speicherung von komplexen Designs zu erreichen, beruht das XML-basierte Format auf der Constructive Solid Geometry (CSG [Mo97]) Methode, d. h. Boolesche Operationen werden auf Körper angewendet. Komplexe Objekte können so relativ leicht erzeugt werden, indem Mengenoperationen benutzt werden, um einfache Körper hierarchisch zu kombinieren. Basisobjekte sind z. B. Kugel, Quader oder Zylinder. Dieser Ansatz speichert die Daten in einem Baum, dessen Wurzel das Gesamtsystem repräsentiert. Die Blattknoten stellen Subsysteme dar, wie z. B. ein gehäuster Chipstapel, wie in Modul A2 in Abb. 7.1 zu sehen ist. Jeder dieser Blattknoten kann in Subknoten unterteilt werden. Abbildung 7.1 zeigt dies für den gehäusten Chipstapel, welcher in ein Package und zwei übereinandergestapelte Dies mit Balls auf einem Board aufgeteilt ist. Die internen Knoten entsprechen den Booleschen Operationen.

Als Basis für die Sprachentwicklung wurde XML [Xml], [Ho10] gewählt, weil XML Vorteile wie Transformierbarkeit, Toolunterstützung, Flexibilität, Systemunabhängigkeit oder Erweiterbarkeit bietet. Des Weiteren stehen viele Werkzeuge zur Verarbeitung des Codes zur Verfügung, da XML und verwandte Auszeichnungssprachen weit verbreitete offene Standards sind, die von vielen, oftmals quelloffenen, Toolimplementierungen unterstützt werden. Für hierarchische Datenstrukturen ist XML gut geeignet, da XML-Dokumente einen baumartigen Aufbau haben. CSG-basierte Daten können so gut repräsentiert werden.

Der CSG-Ansatz unterscheidet sich von bekannten Formaten aus dem Maschinenbau, bei denen Körper und Flächen gewöhnlich als Freiformflächen beschrieben werden, z. B. bei der Boundary Repräsentation (B-Rep, [Mo97]). B-Rep repräsentiert Oberflächen- oder Volumenmodelle durch die begrenzenden Oberflächen. Die Datenformate IGES [Iges] und STEP (Standard for Exchange of Product Model Data, ISO 10303, [Step06], [Step]) unterstützen diese Ansätze. Im Gegensatz zu IGES kann STEP Daten des gesamten Produktlebenszyklus darstellen. Das Gesamtmodell setzt sich aus verschiedenen Partialmodellen (z. B. Material-, Oberflächen- oder Geometriemodell) zusammen. Des Weiteren stellen die modulare Definition dieses Standards (Baukastenprinzip), die Konvertierbarkeit zwischen verschiedenen Informationsebenen (Levelkonzept) und die definierte Implementierbarkeit von Untermengen (Subsets) weitere Vorteile von STEP dar. Daher vermochte dieser Standard andere Datenaustauschformate (z. B. IGES) abzulösen. Gewölbte Oberflächen können in diesen Formaten gut mit gekrümmten Flächen beschrieben werden, was aber große Datenmengen impliziert. Im Falle der 3D-Integration können die meisten Oberflächen mittels Quadern, Kugeln oder Zylindern beschrieben werden, weshalb eine CSG-basierte Darstellung Speicher-effizient ist.

Mit dem Electronic Design Interchange Format EDIF [Edif] ist ein komplettes Design in einer Datei repräsentierbar, welche Schaltplan, Netzliste und Leiterplatte (PCB) oder MCM (Multi-Chip-Modul) beinhaltet. EDIF 4.0 fand in STEP im Anwendungsprotokoll AP210 Fortsetzung, im Allgemeinen unterstützen diese Version aber nur wenige Werkzeuge. EdaXML [EdaX] ist ein EDA-spezifisches XML-Format, welches auf dem gleichen Informationsmodell wie EDIF 4.0 basiert.

Im Ergebnis der IP-XACT-Standardisierungsaktivitäten [Xact] und mit CMX (Common Model eXchange) liegen XML-Schemata vor, die die Struktur von XML-Dokumenten zur Beschreibung von Hard- und Softwareaspekten von IP (Intellectual Property) bzw. Bauelementemodellen definieren. Probleme der 3D-Integration werden dabei jedoch nicht speziell berücksichtigt. EDA-Anbieter unterstützen XML-Formate in einigen Flows. Beispielsweise erlaubt das PCB-Tool Allegro von Cadence den Import und Export von EdaXML-Daten und den Import von Si2 EC PinPak XML [EC01]. Jedoch begrenzen sich diese Formate auf das spezielle Gebiet der PCB-Anwendung.

## 7.3 Basiskonzept

Dieser Abschnitt beschreibt die hierarchische Struktur und das Koordinatensystem, welches die zugrundeliegenden Konzepte der Beschreibungssprache sind.

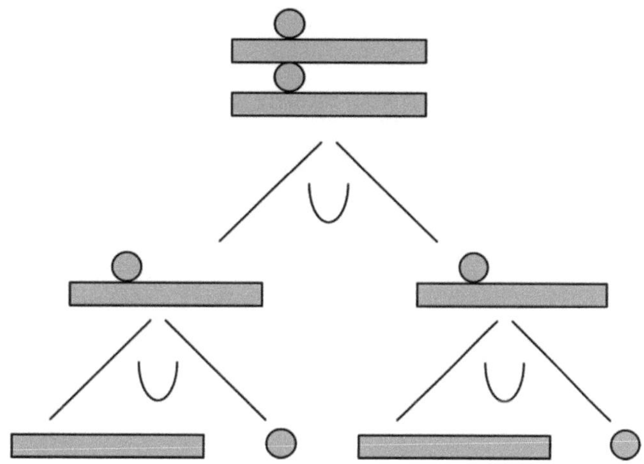

**Abb. 7.2** Struktur eines beliebigen XML-Baums

### 7.3.1 Hierarchie

Aufgrund der Komplexität der 3D-Systeme kommt ein hierarchischer Ansatz zum Einsatz. Das XML-basierte Datenformat unterstützt somit verschiedene Hierarchieebenen des Entwurfs, so dass Grundkörper des 3D-Entwurfs, Teilsysteme und komplette 3D-Systeme beschrieben werden können. Auf unterster Ebene sind Grundprimitive wie `Cuboid`, `Sphere` oder `Cylinder` definiert, spezifiziert im Abschn. 7.4.1. Von diesen Grundprimitiven werden dann Grundelemente wie `Balls` oder `TSVs` abgeleitet, indem zu der Geometrie der Primitive weitere Parameter, wie z. B. Materialeigenschaften, definiert werden, wie in Abschn. 7.4.2 beschrieben. Diese Elemente können wiederum zu hierarchischen Elementen gruppiert werden, welche aus `Balls`, `TSVs` oder hierarchischen Gruppierungen dieser Elemente bestehen. Dies ermöglicht die Wiederverwendung zuvor definierter Strukturen an verschiedenen Positionen in einem System und in verschiedenen Stadien im Chip-Entwurf. Zum Beispiel kann ein redundanter TSV aus zwei einzelnen TSVs zusammengesetzt werden.

Die Zusammensetzung von Körpern aus Grundelementen erlaubt eine effiziente und gut strukturierte Datenspeicherung. Durch hierarchische Anwendung von Grundoperationen unter Verwendung der CSG-Methode werden auf der Basis von dreidimensionalen Grundprimitiven, die solid sind, also über eine geschlossene Hülle verfügen, komplexe 3D-Modelle generiert. Aus einfachen Körpern können somit durch Operatoren neue geometrische Objekte zusammengesetzt werden. Weiterhin kann mittels eines Baums die Visualisierung der entwickelten hierarchischen XML-basierten Struktur erfolgen, wie in Abb. 7.2 zu sehen ist. Die Wurzel solch eines Baums repräsentiert das Gesamtsystem, ein 3D-System beliebiger Komplexität. Die Grundelemente stehen auf unterster Stufe und das Element der nächsthöheren Stufe geht aus der Anwendung einer der in Abschn. 7.4.3 definierten Operationen auf zwei Grundelemente hervor. Dieses Prinzip kann Stufe um Stufe fortgeführt werden, um das gewünschte 3D-System zu beschreiben. Die Entstehungsgeschichte des 3D-Systems wird demnach in einer Baumstruktur abgespeichert und kann bei Bedarf abgerufen werden.

### 7.3.2 Koordinatensystem

Die Spezifikation des Koordinatensystems muss den hierarchischen Aufbau von Systemen aus Grundelementen und Teilsystemen, welche wiederholt platziert werden können, unterstützen. Gruppierungen resultieren aus Operationen, die auf die Grundelemente angewendet werden.

Jedem Element, jeder Gruppe oder jedem System ist ein individuelles Koordinatensystem zugeordnet mit einem spezifizierten Koordinatenursprung als Referenzpunkt, der per Definition in (0, 0, 0) lokalisiert ist wie in Abb. 7.4 dargestellt. Alle Elemente einer Gruppierung werden mit relativen Koordinaten bezüglich des Referenzpunktes der Gruppierung platziert. Die Anweisung `<transform>` (`Translation`) spezifiziert, wo der Koordinatenursprung des Koordinatensystems des jeweiligen Elements im Koordinatensystem der Gruppierung platziert wird. Bezüglich der Grundprimitive wird die Position des Koordinatenursprungs durch deren geometrische Form definiert. Bei der Kugel ist der Koordinatenursprung im Kugelmittelpunkt, beim Zylinder im unteren Mittelpunkt und beim Quader in der vorderen unteren linken Ecke positioniert. Für die Grundelemente wird diese Information von den Grundprimitiven mittels der `<include>`-Anweisung abgeleitet. Die Vereinigungsoperation in Abschn. 7.4.3 veranschaulicht beispielhaft die Anwendung des Koordinatensystems.

Ein relativer Bezug hinsichtlich des Abstandes zwischen zwei Objekten ist ebenso erlaubt. Des Weiteren sind neben der Translation der Elemente auch die Instrumente Rotation und Skalierung mittels der Anweisung `<transform>` spezifiziert. Die Positionsdaten $x$, $y$, $z$ werden durch Anwendung einer Transformationsmatrix berechnet und anschließend wird die jeweilige Operation ausgeführt.

### 7.3.3 Umordnen des Baums

Der in Abschn. 7.3.1 beschriebene XML-Baum kann auf verschiedene Weise angeordnet werden. Dabei sind sowohl sehr tiefe als auch eher flache und dafür sehr breite Anordnungen möglich, welche eher nach Datenorganisationsgründen geordnet sind. Es sind aber auch Anordnungen möglich, die dem Produktionsprozess entsprechen. Durch die vielfältigen Möglichkeiten von XML zur Transformation der Bäume sind auch einfach Neuanordnungen möglich, die Veränderungen im Produktionsprozess widerspiegeln. So kann das in Abb. 7.2 dargestellte Gesamtsystem beispielsweise in zwei unterschiedlichen Reihenfolgen gefertigt werden. Beide Aufbauvarianten können in einem XML-Baum dargestellt werden (vergleiche Abb. 7.2 und 7.3) und sind einfach ineinander überführbar. Damit sind dann beide Varianten sehr leicht als Eingabe in eine Technologiesimulation der Aufbau- und Verbindungstechnik transformierbar.

Bezüglich der Fertigungsreihenfolge in Abb. 7.2 werden zunächst jeweils ein Die und ein Ball vereinigt und in der nächsten Stufe erfolgt dann wiederum eine Vereinigung dieser beiden Teilsysteme. Abbildung 7.3 zeigt das Resultat aus einer zweiten Fertigungsreihen-

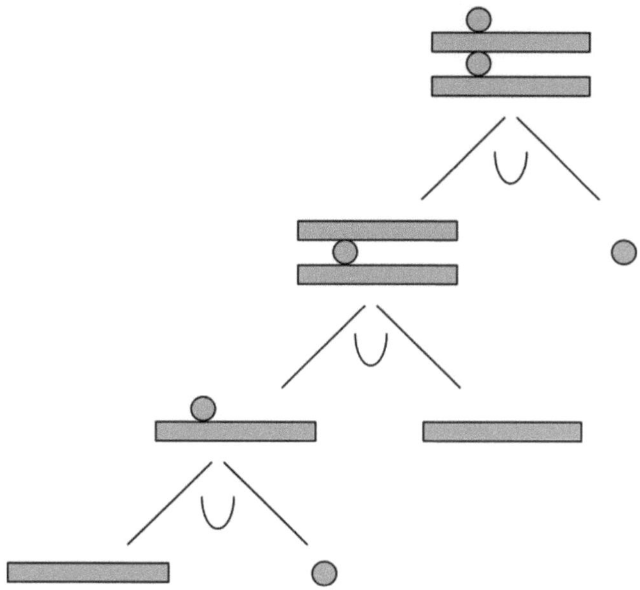

**Abb. 7.3** Baumstruktur einer zweiten Fertigungsreihenfolge

folge, wobei zunächst ein Die und ein Ball vereinigt werden. Danach wird diese Gruppierung mit einem weiteren Die zusammengeführt und im Anschluss wird dieses Teilsystem mit einem Ball vereinigt.

### 7.3.4 Unterstützung verschiedener Abstraktionsgrade

Ein weiterer wesentlicher Aspekt der Beschreibungssprache ist die Möglichkeit, die Modelle, anders als bei bisherigen Formaten, einheitlich in verschiedenen Abstraktionsgraden zu beschreiben. So kann beispielsweise ein rechteckiger TSV mit seinen fertigungsbedingten Abrundungen auch mittels des abstrakteren Modells eines Quaders modelliert werden. Die Auswahl des entsprechenden Modells erfolgt dann problemspezifisch. Zum Beispiel ist bei einer Charakterisierung der elektromagnetischen parasitären Effekte eine genaue Beschreibung der Geometrie erforderlich, während bei einer thermischen Modellierung ein vereinfachtes Modell ausreichend ist.

## 7.4 XML-basierte Beschreibungssprache

Dieser Abschnitt führt in die Syntax der Beschreibungssprache ein. Es sind Grundprimitive definiert, von welchen 3D-System-Grundelemente (z. B. `Balls` und `TSVs`) abgeleitet werden. Mittels mathematischer Funktionen können Module, Teilsysteme und beliebig komplexe Systeme hierarchisch aufgebaut werden.

### 7.4.1 Grundprimitive

Die Beschreibung typischer 3D-Systeme kann eine große Menge an Daten erzeugen, und daher müssen die Grundprimitive diese effizient darstellen. Einerseits besteht die Möglichkeit viele verschiedene Grundprimitive zu definieren, die jeweils nur über wenige Parameter verfügen. Da aber andererseits eine große Anzahl von Grundprimitiven die Überschaubarkeit der Beschreibung verschlechtert, sollte deren Zahl nicht zu groß gewählt werden. Für die Beschreibung von 3D-Systemen wurden die Grundprimitive Kugel, Zylinder, Quader, Kegel und Pyramide festgelegt. Beispielhaft ist im Folgenden die parametrisierte Beschreibung der Grundprimitive `Sphere`, `Cylinder` und `Cuboid` dargestellt:

**Grundprimitive**

```
<element name = "Sphere">
  <interface>
    <field name = "Diameter" type = "double"/>
  </interface>
  <diameter d = "Diameter"/>
  <!- point of origin located in center of Sphere -->
</element>
<element name = "Cylinder">
  <interface>
    <field name = "DiameterHeight" type = "doubleVec2"/>
  </interface>
  <diameter d = "DiameterHeight[0]"/>
  <height h = "DiameterHeight[1]"/>
  <!-- point of origin located in lower center point of Cylinder -->
</element>
<element name = "Cuboid">
  <interface>
    <field name = "LengthWidthHeight" type = "doubleVec3"/>
  </interface>
  <length l = "LengthWidthHeight[0]"/>
  <width w = "LengthWidthHeight[1]"/>
  <height h = "LengthWidthHeight[2]"/>
  <!-- point of origin located in front lower left corner of Cuboid -->
</element>
```

Für jedes dieser Grundprimitive sind geometrische Merkmale wie z. B. der Durchmesser spezifiziert. Per Definition ist festgelegt, in welchem Punkt des Körpers der Koordinatenursprung des zugehörigen Koordinatensystems liegt. Das Konstrukt `<interface>`

spezifiziert `name` und `type` der Parameter des Elements. Zum Beispiel deklariert `DiameterHeight` den Durchmesser und die Höhe als Parameter des Zylinders. Diese Grundprimitive können nun zur Beschreibung konkreter Grundelemente von 3D-Systemen verwendet werden.

### 7.4.2 3D-System-Grundelemente

Die Grundelemente von 3D-Systemen werden aus Grundprimitiven gebildet, welche mittels des Schlüsselwortes `<include>` importiert werden. Im Falle des nicht-parametrisierten Grundelements `TSV 20um` wird die Größe des Grundprimitivs `Cylinder` auf einen Durchmesser von 20 µm und eine Höhe von 100 µm gesetzt. Zusätzlich wird durch `<material>` das Material des Grundelements beschrieben, typischerweise z. B. Kupfer oder Wolfram.

Wichtige Grundelemente von 3D-Systemen sind: `Silicon-Die`, `TSV`, `TSV 20um und Ball`, wobei `Silicon-Die`, `TSV` und `Ball` parametrisierte Elemente sind. Weitere Grundelemente wie SLID oder Bump können in ähnlicher Weise definiert werden.

**3D-System-Grundelemente**

```
<element name = "SiliconDie">
  <interface>
    <field name = "LengthWidthHeightDie" type = "doubleVec3"/>
  </interface>
  <statement issue = ""/>
  <scaleUnits type = "um"/>
  <operation name = "Insert">
    <include name = "Cuboid">
      <fieldValue name="LengthWidthHeight" value="LengthWidthHeightDie"/>
      <material type = "Silicon"/>
    </include>
  </operation>
</element>
<element name = "TSV">
  <interface>
    <field name = "DiameterHeightTSV" type = "doubleVec2"/>
  </interface>
  <statement issue = ""/>
  <scaleUnits type = "um"/>
  <operation name = "Insert">
    <include name = "Cylinder">
      <fieldValue name = "DiameterHeight" value = "DiameterHeightTSV"/>
```

```
            <material type = "Copper"/>
        </include>
    </operation>
</element>
<element name = "TSV 20um">
    <interface>
    </interface>
    <statement issue = " "/>
    <scaleUnits type = "um"/>
    <operation name = "Insert">
        <include name = "Cylinder">
            <fieldValue name = "DiameterHeight" value = "20.0 100.0"/>
            <material type = "Copper"/>
        </include>
    </operation>
</element>
<element name = "Ball">
    <interface>
        <field name = "DiameterBall" type = "double"/>
    </interface>
    <statement issue = " "/>
    <scaleUnits type = "um"/>
    <operation name = "Insert">
        <include name = "Sphere">
            <fieldValue name = "Diameter" value = "DiameterBall"/>
            <material type = "Solder"/>
        </include>
    </operation>
</element>
```

Das Schlüsselwort `<statement>` drückt einen allgemeinen Bezeichner (String) aus und `<scaleUnits>` ist für die Spezifizierung von Maßeinheiten für die dimensionslos angegebenen Parameter vorgesehen. Bisher handelt es sich um Längenangaben, aber aufgrund der vorgesehenen Erweiterungen zur Modellierung thermischer und elektrischer Eigenschaften soll auch zwischen verschiedenen Maßeinheiten unterschieden werden können.

Zusätzlich ist ein `<interface>` spezifiziert, welches dazu verwendet werden kann, Werte einer Elementdefinition in eine Elementdefinition eines höheren hierarchischen Levels zu übergeben. Das Schlüsselwort `<field>` definiert den Parameter, der mittels `<fieldValue> (name, value)` in der Anweisung `<include>` gesetzt wird. Zusammengefasst wird diese Beschreibung durch die Operation `Insert`, verbunden mit der Materialspezifikation des Elements. Die Positionierung des Referenzpunktes des Grundprimitivs erfolgt per Definition im Koordinatenursprung des Koordinatensystems des Grundelements.

### 7.4.3 Operationen zum Aufbau von Systemen

Um aus den einzelnen Grundelementen komplexe Systeme aufbauen zu können, sind Operationen definiert worden. Im Folgenden werden verschiedene Operationen vorgestellt, die das leisten. Wir unterscheiden zwischen Grundoperationen und zusammengesetzten Operationen.

Unter Verwendung der Vereinigungsoperation (`Unite`, $\cup$) können zwei oder mehr Elemente zu einem neuen Element verbunden werden (z. B. Hülle des ersten Elements $\cup$ Hülle des zweiten Elements). Folglich stellt das neue Element eine Gruppierung dar. `Unite` verbindet Grundelemente oder zusammengesetzte Elemente, welche mittels `<include>` importiert werden. Die neue Gruppierung besitzt ein Koordinatensystem mit dem Koordinatenursprung in (0, 0, 0) als Referenzpunkt. `<transform>` (`Translation`) spezifiziert die Position der importierten Elemente mit den Koordinaten *x*, *y*, *z* relativ zum Referenzpunkt der Gruppierung. Da `Unite` eine Vereinigung aus geometrischer Sicht repräsentiert, bleiben die Materialdaten der Elemente unverändert. Der folgende exemplarische XML-Code beschreibt die Vereinigung eines Dies mit zwei Balls.

**Beispiel für die Vereinigung von Grundelementen**

```
<element name = "DieAndTwoBalls">
  <interface>
  </interface>
  <operation name = "Unite">
    <transform name = "Translation" type = "doubleVec3" value = "0.0 0.0 0.0">
      <include name = "SiliconDie">
        <fieldValue name = "LengthWidthHeight" value = "5000.0 3000.0 100.0"/>
      </include>
    </transform>
    <transform name = "Translation" type = "doubleVec3" value = "1500.0
      1200.0 125.0">
      <include name = "Ball">
        <fieldValue name = "Diameter" value = "50.0"/>
      </include>
    </transform>
    <transform name = "Translation" type = "doubleVec3" value = "3500.0
      1200.0 125.0">
```

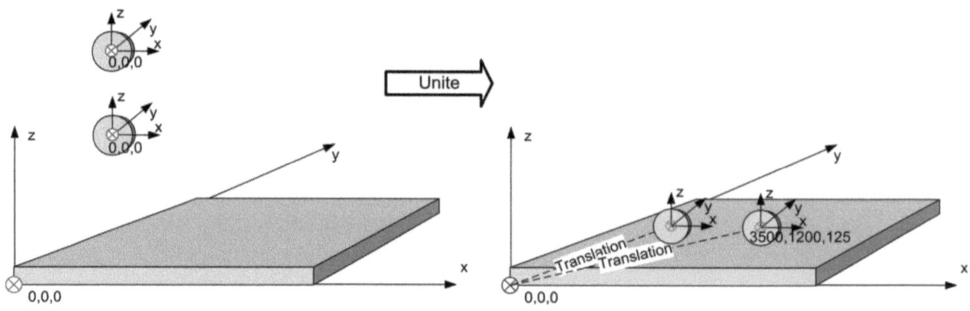


**Abb. 7.4** Vereinigung von einem Die mit zwei Balls (nicht skaliert)

```
      <include name = "Ball">
        <fieldValue name = "Diameter" value = "50.0"/>
      </include>
    </transform>
  </operation>
</element>
```

Abbildung 7.4 stellt die resultierende Gruppierung dar und veranschaulicht die Behandlung bezüglich der Koordinaten.

Die linke Seite zeigt das Element `SiliconDie` und die zwei `Balls` vor der Vereinigung. Jedes dieser Elemente besitzt ein individuelles Koordinatensystem. Der Koordinatenursprung von `SiliconDie` ist als die vordere linke untere Ecke des Elements definiert, da es vom Grundprimitiv `Cuboid` abgeleitet ist. Im Mittelpunkt der importierten Kugel ist der Koordinatenursprung der `Balls` festgelegt. Die Funktion `Unite` erstellt die Gruppierung `DieAndTwoBalls` mit dem Koordinatenursprung als Referenzpunkt in (0, 0, 0). Zuerst wird das Element `SiliconDie` in (0, 0, 0) positioniert, d. h. der Referenzpunkt des Elements wird im Ursprung der Gruppierung platziert. Die `Balls` werden mit verschiedenen Koordinaten platziert. Zum Beispiel wird die Höhe $z$ durch die Höhe des `SiliconDie` addiert mit dem halben Durchmesser des `Balls` berechnet. `<translate>` mit der Festlegung `Translation` platziert den Referenzpunkt der Kugel (Mittelpunkt) auf die gewünschte Position. Da die $z$-Koordinate mit der Hälfte des Durchmessers der `Balls` berechnet worden ist, berührt deren Oberfläche die des `SiliconDie`.

Die resultierende Gruppierung kann zum hierarchischen Aufbau komplexerer Systeme verwendet werden. Nachfolgendes Beispiel zeigt die Vereinigung dieser Gruppierung mit einem weiteren Die. Wiederum wird durch die `<transform>`-Anweisung festgelegt, wo die Referenzpunkte der Elemente im Koordinatensystem der resultierenden Gruppierung platziert werden. In diesem Beispiel wird ein zweiter Die auf die Gruppierung `DieAndTwoBalls` gestapelt.

**Abb. 7.5** Ausschneiden eines TSVs aus einem SiliconDie und anschließende Vereinigung mit einem TSV

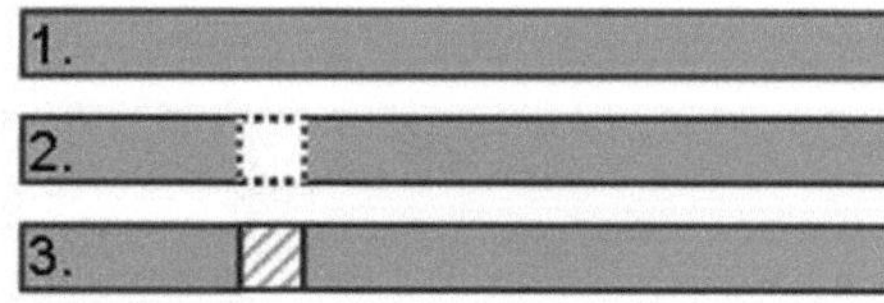


**Vereinigung einer Gruppe mit einem Grundelement**

```
<element name = "DieAndTwoBallsAndDie">
   <interface>
   </interface>
   <operation name = "Unite">
      <transform name = "Translation" type = "doubleVec3" value = "0.0 0.0 0.0">
         <include name = "DieAndTwoBalls"/>
      </transform>
      <transform name = "Translation" type = "doubleVec3" value = "0.0 0.0 150.0">
         <include name = "SiliconDie">
            <fieldValue name = "LengthWidthHeight" value = "5000.0 3000.0 100.0"/>
         </include>
      </transform>
   </operation>
</element>
```

Analog zur Beschreibung der Vereinigungsoperation wird eine weitere Grundoperation eingeführt. Diese Differenzoperation (`Cut, \`) repräsentiert das Ausschneiden der Körperhülle eines Elements aus der Hülle eines anderen Elements. Der ausgeschnittene Bereich des ersten Operanden ist somit leer. Das resultierende Element `DieMinusTSV` (Hülle des ersten Elements\Hülle des zweiten Elements) ist in der nachfolgenden Beschreibung und im zweiten Punkt von Abb. 7.5 dargestellt.

**Anwendung der Differenzfunktion**

```
<element name = "DieMinusTSV">
   <interface>
   </interface>
   <operation name = "Cut">
      <transform name = "Translation" type = "doubleVec3" value = "0.0 0.0 0.0">
         <include name = "SiliconDie">
            <fieldValue name = "LengthWidthHeight" value = "5000.0 3000.0 100.0"/>
         </include>
      </transform>
```

```
            <transform name = "Translation" type = "doubleVec3" value = "1200.0 0.0 0.0">
                <include name = "TSV">
                    <fieldValue name = "DiameterHeight" value = "20.0 100.0"/>
                </include>
            </transform>
        </operation>
</element>
```

Durch die nachfolgende zusammengesetzte Operation kann die Effizienz der Beschreibung komplexer 3D-Systeme erhöht werden. Diese Operation ist eine Kombination der beiden Operationen `Unite` und `Cut`. Die Operation `Cut_Unite` repräsentiert demnach eine Differenzoperation, gefolgt von einer Vereinigung. Eine verbreitete Anwendung ist die Modellierung von `TSVs`. Zunächst wird die Hülle eines `TSVs` aus einem `SiliconDie` herausgeschnitten, wobei ein leerer Bereich verbleibt. Danach wird das resultierende Element wiederum mit der Hülle eines `TSVs` vereinigt. Die Materialien der Elemente bleiben während des Vereinigens erhalten. Dabei wird der TSV an einer definierten Position des Dies eingefügt. Bei dieser Operation weisen der zweite und dritte Operand die gleiche Position auf. Im Folgenden ist die Operation im Detail dargestellt:

**Beschreibung eines TSV (ausführliche Form)**

```
<element name = "DieMinusAndTSV">
    <interface>
    </interface>
    <operation name = "Cut_Unite">
        <operation name = "Unite">
            <operation name = "Cut">
                <transform name = "Translation" type = "doubleVec3" value = "0.0 0.0 0.0">
                    <include name = "SiliconDie">
                        <fieldValue name = "LengthWidthHeight" value = "5000.0 3000.0
                            100.0"/>
                    </include>
                </transform>
                <transform name = "Translation" type = "doubleVec3" value = "1200.0
                    0.0 0.0">
                    <include name = "TSV">
                        <fieldValue name = "DiameterHeight" value = "20.0 100.0"/>
                    </include>
                </transform>
```

```
        </operation>
        <transform name = "Translation" type = "doubleVec3" value = "1200.0
          0.0 0.0">
          <include name = "TSV">
            <fieldValue name = "DiameterHeight" value = "20.0 100.0"/>
          </include>
        </transform>
      </operation>
    </operation>
</element>
```

Um die Anschaulichkeit des Codes zu erhöhen, wird von dieser Funktion die anschließend dargestellte verkürzte Beschreibungsform verwendet. Abbildung 7.5 zeigt das resultierende Element `DieMinusAndTSV`.

**Beschreibung eines TSV in Kurzform**

```
<element name = "DieMinusAndTSV">
  <interface>
  </interface>
  <operation name = "Cut_Unite">
    <transform name = "Translation" type = "doubleVec3" value = "0.0 0.0 0.0">
      <include name = "SiliconDie">
        <fieldValue name = "LengthWidthHeight" value = "5000.0 3000.0 100.0"/>
      </include>
    </transform>
    <transform name = "Translation" type = "doubleVec3" value = "1200.0 0.0 0.0">
      <include name = "TSV">
        <fieldValue name = "DiameterHeight" value = "20.0 100.0"/>
      </include>
    </transform>
  </operation>
</element>
```

Alternativ kann die Gruppierung `DieMinusAndTSV` ebenfalls durch die Operation `Unite`, angewendet auf die Elemente `DieMinusTSV` und `TSV`, repräsentiert werden. Jedoch ist die kombinierte Operation `Cut_Unite` effizienter, weil diese die Anzahl an Operationen und Elementen in einer Systembeschreibung verringert. Ähnlich der Vereinigungsoperation können mehrere TSVs in einem einzigen Aufruf platziert werden.

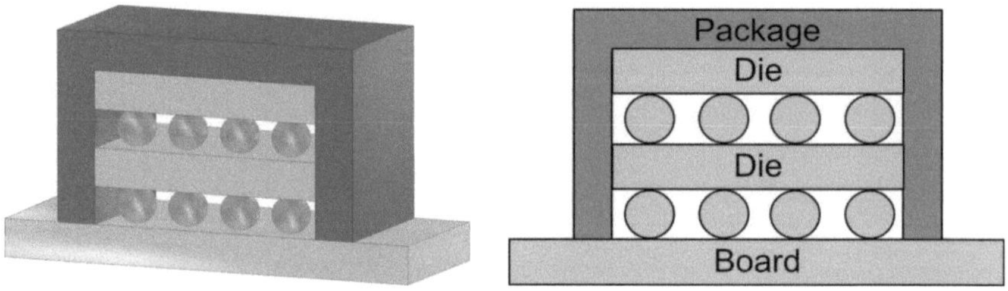


**Abb. 7.6** Beispiel eines gehäusten Chipstapels in zwei Perspektiven

### 7.4.4 Beispiel

Ein gehäuster Chipstapel, bestehend aus einer Platine, zwei übereinandergestapelten Dies mit Balls und einem Gehäuse, soll als Beispiel dienen. Diesen Aufbau veranschaulicht Abb. 7.6.

Für die Modellierung dieses Beispiels werden die Grundprimitive `Sphere` und `Cuboid` verwendet. Von diesen werden die Grundelemente `SiliconDie, Ball, PackageCuboid` und `Board` abgeleitet. Zunächst wird die Gruppierung `DieAndFourBalls` unter Verwendung der Operation `Unite` und der Elemente `SiliconDie` und vier `Balls` erzeugt. Danach verbindet `Unite` das Element `Board` wiederholt mit der Gruppierung `DieAndFourBalls`. Anschließend wird die Operation `Unite` auf `PackageCuboids` (Quader bestehend aus Vergussmasse) angewendet, wobei das Element `Package` entsteht. Aus einer weiteren Vereinigungsoperation resultiert das Endsystem `BoardAndTwoDieAndFourBallsAndPackage`. Die folgende Zusammenfassung des Quellcodes zeigt das Element `DieAndFourBalls` und das Gesamtsystem `BoardAndTwoDieAndFourBallsAndPackage`:

**Beschreibungsbeispiel eines Chipstapels im Gehäuse**

```
<?xml version = "1.0"?>
<PackagedStackModel>
  ...
  <element name = "DieAndFourBalls">
    <interface>
    </interface>
    <operation name = "Unite">
      <transform name = "Translation" type = "doubleVec3" value = "0.0 0.0 50.0">
        <include name = "SiliconDie">
          <fieldValue name = "LengthWidthHeight" value = "300.0 200.0 50.0"/>
        </include>
      </transform>
      <transform name = "Translation" type = "doubleVec3" value = "45.0 30.0
        25.0">
```

```
            <include name = "Ball">
               <fieldValue name = "Diameter" value = "50.0"/>
            </include>
         </transform>
         <transform name = "Translation" type = "doubleVec3" value = "115.0 30.0
            25.0">
            <include name = "Ball">
               <fieldValue name = "Diameter" value = "50.0"/>
            </include>
         </transform>
         ...
         <!-- "fourth Ball" -->
         ...
      </operation>
   </element>
   ...
   <element name = "BoardAndTwoDieAndFourBallsAndPackage">
      <interface>
      </interface>
      <operation name = "Unite">
         <transform name = "Translation" type = "doubleVec3" value = "0.0 0.0
            0.0">
            <include name = "BoardAndTwoDieAndFourBalls"/>
         </transform>
         <transform name = "Translation" type = "doubleVec3" value = "50.0 0.0
            50.0">
            <include name = "Package"/>
         </transform>
      </operation>
   </element>
</PackagedStackModel>
```

## 7.5 Transformationen

### 7.5.1 Transformation des XML-Formats in andere Formate

Durch die Standardisierung und die große Akzeptanz von XML gibt es zu dieser Sprache viele Werkzeuge. Die Möglichkeit der Transformation dieser hier vorgestellten XML-basierten Beschreibung von 3D-Systemen in andere XML-Beschreibungen oder andere Formate stellt einen gewichtigen Vorteil dar, diese Sprache für das Datenmanagement im Design-Flow mit verschiedenen Werkzeugen, wie zum Beispiel Floorplanning, Package Design oder elektrischer, elektromagnetischer und thermischer Simulation, zu verwenden. Außerdem ist XML im EDA-Umfeld weit verbreitet.

Als ein mögliches Beispiel für die Konvertierung in eine andere XML-Beschreibung sei der Export in das Format X3D (Extensible 3D, [X3d]) genannt. Eine Transformation in dieses XML-Format erlaubt eine Visualisierung von 3D-Geometrien mit geringem Aufwand. X3D ist ein Datenformat zur Speicherung modellierter 3D-Szenen, welches flexibel, erweiterbar und modular ist. Da das X3D-Format in einer XML-Struktur gespeichert ist, wird eine Transformation der entwickelten XML-Beschreibung für 3D-Systeme zum X3D-Format relativ einfach möglich, wodurch sich die 3D-Systeme einfach darstellen lassen. Das in Abb. 7.6 links dargestellte System zeigt die Repräsentation eines Elements als X3D-Grafik.

Ein weiterer Vorteil ist die Datentransformation (z. B. Geometrie, Material, Wärmeleitfähigkeit oder Hierarchie) in ein Datenaustauschformat, welches von Geometrie-basierten Simulationstools wie ANSYS unterstützt wird. Es existieren viele verschiedene CAD-Austauschformate. Basierend auf einer Literaturrecherche fiel die Entscheidung auf das neutrale und kompakte Austauschformat STEP. Bei diesem etablierten Maschinenbau-Austauschformat ist sowohl eine Modellierung mittels CSG als auch B-Rep vorgesehen. Aber obwohl STEP eine Modellierung mit CSG erlaubt, zeigten erste Tests, dass viele Tools, welche im 3D-Schaltungsentwurf eingesetzt werden, eine CSG-Modellierung nicht unterstützen, sondern eine B-Rep-Modellierung erwarten. Daher wird auch die Konvertierung einer CSG-Repräsentation in B-Rep notwendig, die im Abschn. 7.5.2 beschrieben ist.

Die Transformation der XML-basierten Beschreibungssprache in das Datenaustauschformat STEP soll mittels Open CASCADE umgesetzt werden. Open Cascade ist eine Software-Entwicklungsplattform, eine Bibliothek von C++-Funktionen zum Entwickeln von 3D-Anwendungsprogrammen und frei verfügbar als Open Source. Dies beinhaltet Komponenten für die 3D-Flächen- und Solidmodellierung, Visualisierung oder den Datenaustausch (z. B. STEP AP203 und AP214 oder IGES 5.3). Über die STEP-Schnittstelle soll dann die Transformation des XML-Formats in STEP erfolgen.

### 7.5.2 Transformation einer CSG-Repräsentation in B-Rep

Die XML-basierte Beschreibungssprache beruht auf der CSG-Repräsentation, als einer Methode zur Volumenbeschreibung von Körpern, bei welcher Mengenoperationen auf Körper angewendet werden. B-Rep stellt eine weitere Methode dar, wobei die Modellierung von 3D-Objekten durch ihre Begrenzungselemente (Oberfläche) erfolgt, die Raum umschließen und ihn damit definieren.

Die Transformation einer CSG-Repräsentation in B-Rep kann über die CSG-Voxelisation ausgeführt werden. Zunächst wird aus dem CSG-Modell eine Voxel-basierte Volumen-Repräsentation ermittelt. Dann kann mittels eines Marching-Cubes-Algorithmus (Polygonalisierungsalgorithmus) die Konstruktion eines vernetzten B-Rep-Solid-Modells erfolgen. Dies bedeutet eine Überführung eines Volumenmodells in eine polygonale Oberflächenrepräsentation, z. B. die Triangulation eines Voxelmodells. Der ursprüngliche Marching-Cubes-Algorithmus kreiert ein einfaches Netz, was für Visualisierungszwecke ausreichend ist. Dabei werden Würfel, in welche der Raum zerlegt wird, nacheinander durchlaufen und es wird bestimmt, wie die jeweiligen Würfel von der Oberfläche des Körpers geschnitten werden. Dies kann über den Vergleich mit einem vom Benutzer festgelegten Grenzwert (z. B. Dichtewert) geschehen, um zu bestimmen, welche Bereiche der Würfel innerhalb beziehungsweise außerhalb des Körpers liegen. Dann erfolgt die Ersetzung der Voxel (Würfel) durch geeignete Polygone entsprechend bestimmter Konfigurationen. Zur Effizienzsteigerung sind modifizierte Marching-Cubes-Algorithmen entwickelt worden. [TTGM07] verwenden für die Umwandlung von CSG-Modellen in triangulierte Solid-Modelle einen erweiterten Marching-Cubes-Algorithmus, basierend auf den Konzepten offene Begrenzung, B-Rep/CSG-Voxelisation-Mapping und konstruktive Triangulation aktiver Zellen. Der Algorithmus beschränkt dabei die Untersuchung auf den Raum, welcher von der Begrenzung des Körpers eingenommen wird, im Unterschied zum ursprünglichen Marching-Cubes-Algorithmus, der den kompletten Abtastbereich untersucht. In einem ersten Schritt werden die Ecken jedes Würfels, welcher auf der Begrenzung des CSG-Körpers liegt (Iso-Würfel), als innerhalb oder außerhalb des Körpers eingestuft. Mit dieser Klassifikation können die Iso-Punkte identifiziert werden, die durch die Entwicklung einer oder mehrerer offener Begrenzungen mittels Euler-Operatoren verbunden werden. Dieser Ansatz vermeidet Mehrdeutigkeiten und erzeugt eine Repräsentation mit geschlossener Hülle und einer zulässigen Topologie.

Die XML-basierte Beschreibungssprache sieht eine Modellierung von Bonddrähten vor. Als eine starke Approximation kann die Kombination dünner Zylinder angesehen werden. Eine genauere Beschreibung ist mittels Freiformflächen (B-Rep), z. B. durch B-Splines, realisierbar. Daher wird eine hybride Modellierung angestrebt, d. h. eine Kombination von überwiegend CSG-Primitiven (geringer Speicherbedarf) und auch Elementen, bei welchen die Körperbeschreibung durch Grenzflächen umgesetzt wird (B-Rep, großer Speicherbedarf). Solch eine Kombination aus CSG- und B-Rep-Repräsentation würde CSG als primäre Datenstruktur verwenden, erweitert um die sekundäre Datenstruktur B-Rep.

## 7.6 Anwendungen der Beschreibungssprache beim 3D-Entwurf

Die systematische und maschinenlesbare Beschreibung dreidimensionaler Geometrien ist die Grundlage für 3D-Entwurfswerkzeuge. Diese Beschreibung erleichtert den Datenaustausch zwischen Entwurfs- und Simulationswerkzeugen im Entwurfsprozess. Dringend benötigte Erweiterungen gegenüber den existierenden 2D-Entwurfsverfahren sind:

- Prüfung von Entwurfsregeln im Stack und Package,
- Analyse der Wärmeausbreitung,
- Floorplanning für 3D-Systeme.

Die vorgeschlagene XML-Beschreibung vereinfacht die Darstellung der Geometrie von 3D-Systemen. Durch die gute Transformierbarkeit der XML-Daten in andere Formate wird der Austausch zwischen beispielsweise dem Floorplanning-Algorithmus und externen Simulatoren sowie Platzierungs- und Verdrahtungswerkzeugen ermöglicht. Zukünftig ist geplant, die Sprache zu erweitern, um zusätzlich elektrische und thermische Eigenschaften der Elemente in einer zentralen Datenbasis zu erfassen.

Eine weitere Anwendung ist das Erkennen von Kontaktflächen zur Berechnung der Wärmeausbreitung. Das Abführen von Verlustleistung in Form von Wärme stellt im 3D-Design eine große Herausforderung dar. TSV-Strukturen und Metallisierungsebenen transportieren Wärme aus inneren Schichten des Stapels ab. Eine Betrachtung als 3D-Geometrie erlaubt das Erkennen und Beheben sogenannter Hotspots im Design, die zu Fehlfunktion oder reduzierter Lebensdauer führen können. Es besteht daher das Ziel, die entwickelte Sprachstruktur für die Modellierung der Wärmeausbreitung zu erweitern. Dazu ist u. a. die Angabe thermischer Materialeigenschaften der Grundelemente erforderlich. Zur Berechnung der Wärmeausbreitung ist es außerdem nötig, diejenigen Flächen erkennen zu können, bei denen Kontakt zwischen den einzelnen Elementen des Systems besteht. Die vorgeschlagene Datenstruktur unterstützt verschiedene Algorithmen für Kontaktabfragen.

Zusammen mit einer Beschreibung von Designregeln erlaubt die strukturierte Beschreibung von 3D-Systemen, die Einhaltung geometrischer Entwurfsregeln zu überprüfen. Verglichen mit dem klassischen 2D-Entwurf müssen mehr und andere Designregeln betrachtet werden:

- Das Einhalten von Mindestabständen in drei Dimensionen,
- die Überschneidung von Systemkomponenten,
- Kontakt/Berühren zwischen Systemkomponenten,
- zulässiges Eindringen.

Durch die vielfältigen technologischen Möglichkeiten der 3D-Fertigung erhöht sich die Zahl und Kompliziertheit zu berücksichtigender Designregeln. Deshalb würde eine automatische Prüfung von Designregeln, welche mit 3D-Geometrien umgehen kann, die Entwurfsproduktivität signifikant erhöhen. Da die Definition von Designregeln eine schwierige Aufgabe darstellt, ist ein standardisiertes und Tool-unabhängiges Datenformat notwendig. Es besteht die Möglichkeit, Sprachkonstrukte zur Beschreibung von Designregeln dem beschriebenen XML-basierten Format hinzuzufügen.

## 7.7 Zusammenfassung und Ausblick

Mit der vorgestellten hierarchischen Beschreibungssprache können Komponenten, Teilsysteme sowie komplette Systeme in der 3D-Integration beschrieben werden. Außerdem wird der Datenaustausch sowohl zwischen physikalischen Entwurfs- und EDA-Tools als auch innerhalb von EDA-Tools erleichtert. Das entwickelte Format beruht auf der XML-Auszeichnungssprache und ist damit mit vielen für diese Sprache entwickelten Werkzeugen handhabbar. Ein weiterer Vorteil ist die einfache Transformation der Daten in andere sowohl XML-basierte Formate sowie externe Formate. Diese Transformationen und deren Anwendung im Entwurf wurden ebenfalls vorgestellt.

Das Beschreibungsformat stellt ein Grundkonzept dar, welches weiterentwickelt und entsprechend den Anforderungen aus den praktischen Anwendungen angepasst wird. Eine wichtige Erweiterungsmöglichkeit stellt beispielsweise die Einbindung elektrischer Ersatzmodelle der Grundelemente dar. Zielvorstellung ist ein standardisiertes Beschreibungsformat für 3D-Systeme, welches von vielen Tools im 3D-Design-Flow unterstützt wird, welche Geometrie- und Materialdaten benötigen.

## Literatur

[Mo97] Mortenson, M.: Geometric Modeling. Wiley (1997)

[Xml] XML: http://en.wikipedia.org/wiki/XML, http://www.xml.com

[Ho10] Hosoya, H.: Foundations of XML processing: the tree-automata approach. Cambridge University Press (2010)

[Iges] IGES: http://en.wikipedia.org/wiki/IGES

[Step06] Step Application Handbook, ISO10303, Version 3 (2006)

[Step] STEP: http://www.steptools.com/library/standard/

[Edif] EDIF: http://en.wikipedia.org/wiki/EDIF

[EdaX] EdaXML: XML Document Type Definition (DTD) EdaXML.dtd. http://www.elgris.com/content/xml_translators.html

[Xact] IP-XACT: http://dx.doi.org/10.1109/IEEESTD.2010.5417309

[EC01] EC PinPak, An open library format for electronic component information exchange specification, Version 1.0 (2001)

[X3d] X3D: http://en.wikipedia.org/wiki/X3D, www.web3d.org

[TTGM07] Tsuzuki, Marcos de S. G., Takase, Fabio K., Garcia, Murilo A. S., Martins, Thiago de C.: Converting CSG models into meshed B-Rep models using euler operators and propagation based marching cubes. J Braz. Soc. Mech. Sci. Eng. **29**(4), S. 337–344, Rio de Janeiro (2007)

# Teil III
# Layoutentwurf

# Herausforderungen bei der Automatisierung des Layoutentwurfs von 3D-Systemen

# 8

Jens Lienig

## 8.1 Einleitung

Der Layoutentwurf realisiert die Transformation einer Schaltungsbeschreibung (Schematic oder Netzliste) in eine Layoutdarstellung. Dazu werden für jedes Schaltungselement das geometrische Abbild erstellt und die räumliche Anordnung (Platzierung) sowie die elektrischen Verbindungsstrukturen (Verdrahtung) zwischen diesen Elementen ermittelt. Bei integrierten Schaltungen erfolgt nach Prüfung der entstandenen Strukturen (Layoutverifikation) das ebenenweise Übertragen auf Masken zu deren Herstellung in einer Waferfab.

Um die potenziellen Vorteile von 3D-Systemen zu nutzen, sind sämtliche Entwurfsschritte an deren besondere Eigenschaften, wie z. B. die vertikale Anordnung mehrerer aktiver Schaltkreislagen, anzupassen. Hiervon sind insbesondere der Layoutentwurf und seine inhärenten Entwurfsalgorithmen stark betroffen, da der Übergang zur dreidimensionalen Anordnung von Schaltungselementen einen topologischen Wandel darstellt. Zum Beispiel wird der Lösungsraum durch die zusätzliche dritte Dimension vergrößert. Neben der höheren Komplexität sind auch zusätzliche Randbedingungen zu berücksichtigen. Hierzu zählen z. B. Verdrahtungshindernisse aufgrund der relativ großen Through-Silicon Vias, (TSVs, auch als Inter-tier Vias bezeichnet) und die stärkere Einbeziehung von thermischen Kriterien bei der Layoutoptimierung.

Das Kap. 8 gibt einen Überblick über den Layoutentwurf im neuen 3D-Kontext. Dazu werden dessen einzelne Entwurfsschritte, wie Partitionierung, Floorplanning, Platzierung und Verdrahtung untersucht, um die neuen Herausforderungen beim Layoutentwurf von 3D-Systemen aufzuzeigen sowie erste Lösungsansätze zu präsentieren. Die nachfolgenden Kap. 9–11 gehen anschließend auf einige der hier genannten Problemstellungen vertiefend ein.

J. Lienig (✉)
Institut für Feinwerktechnik und Elektronik-Design, Technische Universität Dresden, Dresden, Deutschland
E-Mail: jens.lienig@tu-dresden.de

J. Lienig, M. Dietrich (Hrsg.), *Entwurf integrierter 3D-Systeme der Elektronik*,
DOI 10.1007/978-3-642-30572-6_8, © Springer-Verlag Berlin Heidelberg 2012

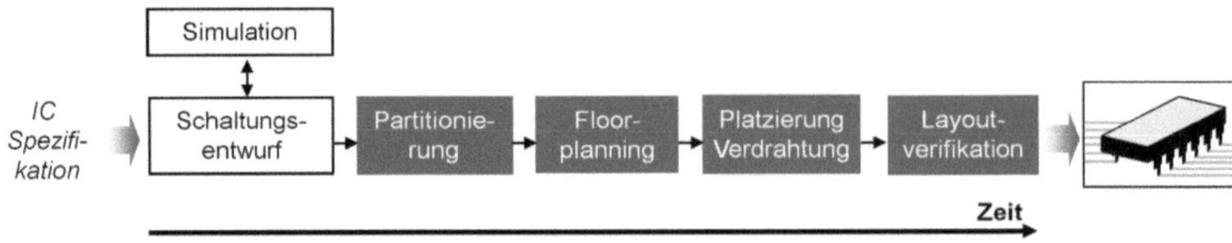


**Abb. 8.1** Vereinfachte Darstellung der Grundschritte im Entwurfsfluss mit dem Schwerpunkt auf den Layoutentwurf (grau)

## 8.2 Herausforderungen an den 3D-Layoutentwurf

Der Entwurf jedes elektronischen Systems, wie z. B. eines integrierten Schaltkreises, ist ein komplexer Prozess. Aufgrund dieser Komplexität wird der Entwurf in mehrere Einzelaufgaben unterteilt, die man oftmals überlappend abarbeitet. Während des Layoutentwurfs werden sämtliche Schaltkreiskomponenten mit ihren geometrischen Repräsentationen abgebildet. Dazu ist die Schaltung in geeignete Teilschaltungen zu zerlegen (*Partitionierung*), sind alle Makros, Zellen, Transistoren usw. in ihrer geometrischen Darstellung (Form, Größe und Ebene) einer Position zuzuweisen (*Floorplanning, Platzierung*) und sind ihre Verbindungen untereinander festzulegen (*Verdrahtung*). Als Ergebnis des Layoutentwurfs liegen Herstellungsspezifikationen vor, welche anschließend nochmals auf ihre technologische und elektrische Realisierbarkeit sowie Korrektheit zu überprüfen sind (*Layoutverifikation*).

Die wesentlichen Grundschritte im 3D-Layoutentwurf sind in Abb. 8.1 dargestellt und unterscheiden sich damit nicht von denen einer konventionellen 2D-Baugruppe. Jeder individuelle Entwurfsschritt muss jedoch die besonderen Randbedingungen der 3D-Integration berücksichtigen. Der Layoutentwurf von 3D-Systemen lässt sich also nicht einfach als ein „Stapel“ mehrerer 2D-Entwürfe betrachten.

Die wichtigsten 3D-spezifischen Herausforderungen beim Layoutentwurf sind:

- Die Netzanschlüsse befinden sich nicht mehr nur in einer aktiven Ebene, womit erstmals mehrere Schaltkreislagen umfassende Netztopologien notwendig sind.
- Der Einfluss von Through-Silicon Vias (TSVs) unterscheidet sich deutlich von denen „regulärer“ Signalvias. Die maximal erreichbare Dichte von TSVs ist mindestens um den Faktor 100 kleiner als die von Signalvias für alle gegenwärtigen und absehbaren 3D-Technologien [ITR07].
- Blockierungen durch thermische und Through-Silicon Vias verstärken die notwendige Interaktion zwischen der Verdrahtung und der Platzierung aktiver Komponenten. Diese Vias erfordern damit eine neuartige „Blockade-Berücksichtigung“ insbesondere bei den Verdrahtungsalgorithmen.
- Die notwendige Integration vorhandener (2D) Intellectual-Property (IP)-Blöcke zur Wiederverwendung in 3D-Schaltkreisen stellt besondere Anforderungen an die Be-

handlung der Through-Silicon Vias, da die Layoutbereiche der IP-Blöcke die Platzierung dieser Vias ausschließen [Kne12] (s. Kap. 9).

- Im Fall von Schaltkreislagen mit unterschiedlichen Technologien ist das gleichzeitige Einbeziehen mehrerer Technologiefiles erforderlich. Daraus resultierende verschiedene Entwurfsregelsätze sind bei vertikalen Verbindungen zu „vereinen", jedoch bei der technologischen (DRC) und elektrischen Verifikation (LVS) ebenenspezifisch zu berücksichtigen.
- Da eine deutlich höhere Verlustleistungsdichte bei gleichzeitiger verminderter vertikaler Wärmeleitung vorliegt, ist ein komplexeres thermisches Management als bei herkömmlichen Schaltkreisen notwendig. Somit benötigt man thermische Vias und weitere wärmeabführende Mechanismen, die beim Layoutentwurf zu berücksichtigen sind (s. Kap. 11).
- Durch das Stapeln ungetesteter Dies wächst die Ausfallwahrscheinlichkeit von 3D-Schaltkreisen exponentiell. Daher erfordern diese Schaltkreise das Wissen um die Funktionsfähigkeit der einzelnen Dies (Known good die, KGD). Problematisch ist auch der Zugriff auf die Teststrukturen der Dies ohne I/O-Pads sowie das Testen der Through-Silicon Vias.

Nachfolgend werden die grundlegenden Schritte des Layoutentwurfs, d. h. Partitionierung, Floorplanning, Platzierung und Verdrahtung, bei 3D-Systemen betrachtet. Damit erfolgt sowohl ein Verdeutlichen dieser Herausforderungen als auch ein Aufzeigen von Lösungen.

## 8.3 Partitionierung

Das Aufteilen einer komplexen Schaltung in handhabbare Teilschaltungen, nachfolgend als Blöcke bezeichnet, findet durch die Partitionierung statt. Typische Ziele sind dabei das Minimieren der Anzahl an Verbindungen zwischen den Teilschaltungen und das Berücksichtigen von Flächenvorgaben.

Da die 3D-Partitionierung im Speziellen die Verteilung von Funktionsblöcken auf die unterschiedlichen Schaltkreislagen festlegt, bestimmt sie auch den Grad der Verknüpfungen zwischen diesen. Das wird insbesondere bei der Überleitung eines konventionellen 2D-Entwurfs in ein 3D-System deutlich, welches sich durch eine entsprechende Partitionierung realisieren lässt. Abbildung 8.2 illustriert hierfür verschiedene Möglichkeiten. Im Ergebnis entstehen unterschiedliche starke Verknüpfungen zwischen den Schaltkreislagen (Dies), die bei einer feingranularen Aufteilung der Schaltung zwar beste Schaltungseigenschaften, aber auch die höchste Anzahl an platzaufwändigen Through-Silicon Vias erwarten lassen.

Der Verknüpfungsgrad der einzelnen Schaltkreislagen hat vielfältige Auswirkungen auf die nachfolgenden Layoutschritte. Neben einer Zunahme der bereits genannten platzaufwändigen Through-Silicon Vias sinkt mit höherer Verknüpfung die Testbarkeit der einzelnen Lagen, was wiederum negative Auswirkungen auf die Ausbeute hat [Loh07].

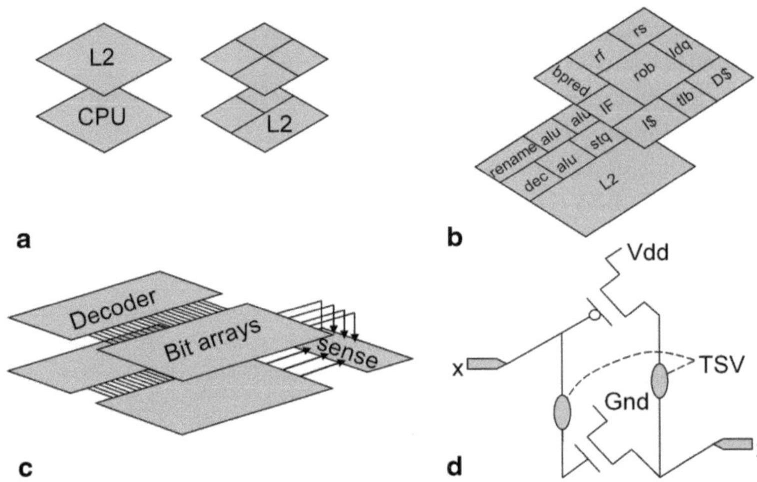


**Abb. 8.2** Unterschiedliche Granularitäten einer 3D-Schaltung (nach [Loh07]): **a** Stapeln mehrerer Prozessorkerne und zugehöriger Cache-Strukturen; **b** Aufteilen einzelner Funktionseinheiten auf die verschiedenen aktiven Lagen; **c** Erstellen mehrlagiger Logikgatter; **d** feingranulares Verteilen einzelner Transistoren auf die aktiven Lagen

Daher weist gegenwärtig die Mehrzahl der 3D-Partitionierer jedem Block eine einzelne Lage zu, womit eine Minimierung der Anzahl der notwendigen Through-Silicon Vias erreicht wird [Ra04].

Auf der anderen Seite erlauben moderne Technologien höhere Dichten der Through-Silicon Vias oder die Face-to-Face-Platzierung zweier Dies. Beides eröffnet die Möglichkeit, Funktionsblöcke auf Gatterebene über mehrere Schaltkreislagen zu partitionieren (s. auch Abb. 8.2c) [Xie06]. Damit lassen sich die Verbindungslängen innerhalb der Funktionsblöcke reduzieren, was insbesondere bei hier vorkommenden kritischen Netzen sinnvoll sein kann [Pu06].

## 8.4 Floorplanning

Während des Floorplanning werden die Form und die Position der bei der Partitionierung erstellten Blöcke (Schaltungspartitionen) bestimmt. Das Floorplanning legt also die äußeren Eigenschaften, d. h. die Anordnung, die Abmessungen und die externen Pin-Positionen, eines jeden Blocks fest. Diese äußeren Kenndaten sind für die anschließende Platzierung und Verdrahtung notwendig, welche die internen Charakteristika des Funktionsblocks definieren.

Beim klassischen Floorplanning wurde bisher von einer einzelnen (planaren) Blockebene ausgegangen, auf welcher die Blöcke anzuordnen sind. Hierfür entwickelte man eine Vielzahl verschiedener algorithmischer Ansätze. Bei 3D-Systemen mit *mehreren* Block-

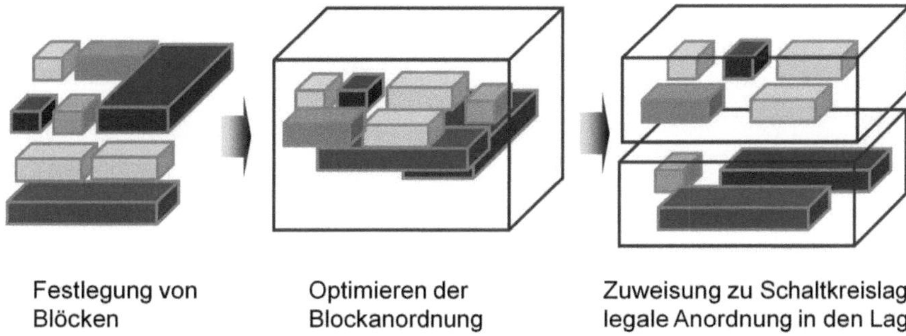


**Abb. 8.3** Beispiel für den Ablauf bei der 3D-Partionierung und dem 3D-Floorplanning mit der Optimierung der Blockanordnung und einem Legalisierungsschritt innerhalb der Schaltkreislagen

ebenen müssen nun neue, 3D-spezifische Eigenschaften des Floorplanning abgebildet werden. So haben Blöcke beim 3D-Entwurf beispielsweise zusätzlich zu horizontalen auch vertikale Abhängigkeiten.

Bei der rechnerinternen Abbildung von 3D-Strukturen bieten sich zwei Möglichkeiten an, vertikale Abhängigkeiten abzubilden. Die erste ist das mehrfache Verwenden klassischer (also für den 2D-Entwurf entwickelter) Datenstrukturen, der sog. 2,5D-Ansatz. Dabei sind zusätzliche Mechanismen zu implementieren, um die vertikalen Beziehungen zwischen den Blöcken in unterschiedlichen Schaltkreislagen zu berücksichtigen. Beispiele hierfür sind das vertikale Ausrichten von Blöcken und die Berücksichtigung von deren Überlappungen bzw. Überlappungsfreiheiten, oftmals aufgrund thermischer Restriktionen (z. B. [Con04]).

Es ist jedoch offensichtlich, dass vertikale Abhängigkeiten besser direkt in die Datenstrukturen zu integrieren sind. Aktuelle 3D-Datenstrukturen für das Floorplanning bilden daher als neue Möglichkeit mehrlagige Blöcke kontinuierlich in allen *drei* Dimensionen ab [Fi12]. Der 3D-Schnittbaum in [Ch05] ist ein Beispiel für eine solche 3D-Datenstruktur.

Neben der Implementierung neuer Datenstrukturen zeichnen sich moderne 3D-Floorplanner oftmals noch durch eine Aufteilung in mehrere Zwischenschritte aus, um sowohl der gewachsenen Komplexität als auch den sich über mehrere Lagen erstreckenden Blöcken (3D-Blöcken) Rechnung zu tragen. Diese zusätzlichen Schritte beim 3D-Floorplanning, die darüber hinaus oftmals mit der Partitionierung verknüpft sind, veranschaulicht Abb. 8.3.

## 8.5 Platzierung

Nachdem durch die Partitionierung die Aufteilung auf Schaltungsblöcke und durch das Floorplanning deren Form und Anordnung bestimmt sind, ist der nächste Schritt im Entwurfsfluss die Platzierung. Hier wird die Position jeder Zelle innerhalb des jeweiligen Blocks (Partition) festgelegt. Dies erfolgt unter Einhaltung gegebener Randbedingungen,

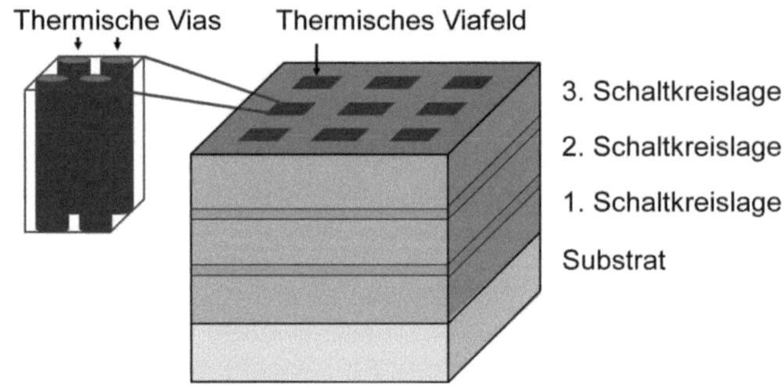


**Abb. 8.4** Regelmäßig verteilte Regionen thermischer Vias in einem 3D-IC zur vereinfachten Berücksichtigung thermischer Vias während der Platzierung (nach [Sa10])

wie z. B. die Überlappungsfreiheit zwischen Zellen, sowie dem Anstreben von Optimierungszielen, wie beispielsweise das Minimieren der Verdrahtungslänge.

Während das Platzieren beim herkömmlichen 2D-Entwurf auf eine Ebene begrenzt ist, muss die 3D-Platzierung die Anordnung der Zellen auf mehreren aktiven Ebenen beherrschen. Hinzu kommen neue thermische Randbedingungen, die oft beim 2D-Entwurf vernachlässigbar waren oder erst im „Nachgang" einbezogen wurden. Bei der 3D-Platzierung ist die Berücksichtigung thermischer Anforderungen *während* der Platzierung sicherzustellen. Neben der Ermittlung von Temperaturverteilungen werden aufgrund der höheren Packungsdichte weitere zusätzliche Methoden benötigt. Dazu zählen vertikale Metallverbindungen, sog. thermische Vias. Diese sind zum Ableiten der Wärme, d. h. für das Erreichen einer gültigen thermischen Lösung, bei 3D-Systemen unverzichtbar. Grundsätzlich wirkt ein thermisches Via als Wärmeleitungselement, um thermische Energie von hochtemperierten Regionen, wie Zellenansammlungen innerhalb des Chips, zu einer Wärmesenke, wie etwa einem Kühlkörper auf der Oberseite der Baugruppe, abzuführen (s. hierzu auch Kap. 11).

Während der 3D-Platzierung der Zellen sind damit die Positionen der relativ großen thermischen Vias zu berücksichtigen. Ein thermisches Via erstreckt sich über mehrere Schaltkreislagen und stellt somit ein Hindernis für die Zellenplatzierung und die Verdrahtung dar. (Herkömmliche Signalvias befinden sich nur auf den Metallisierungsebenen und sind damit lediglich für die Verdrahtung relevant.) Weiterhin ist die Platzierung der Zellen und der thermischen Vias miteinander verknüpft, da die Größe eines thermischen Vias von der Leistungsdichte der Zellen in seiner Umgebung abhängt. Eine Chip-umfassende thermische Analyse mit der Granularität individueller thermischer Vias wäre nötig, um diese Abhängigkeit aufzulösen. Dies würde aber zu einer unangemessenen thermischen Simulationsmatrix führen.

Trotz des hohen Schwierigkeitsgrades dieser miteinander verknüpften Problemstellungen sind seit einigen Jahren hierfür Lösungen bekannt. So lässt sich z. B. durch potenzielle Viafelder, die von vornherein für die Platzierung und Verdrahtung gesperrt sind, eine Entkopplung der einzelnen Probleme erreichen (Abb. 8.4). Unter Nutzung solcher Viafelder wird in [Go05] die Platzierung der thermischen Vias darauf beschränkt, die Viadichte in diesen zugelassenen Regionen zu ermitteln. Ein Vorteil dieser Methode ist die grobe Gra-

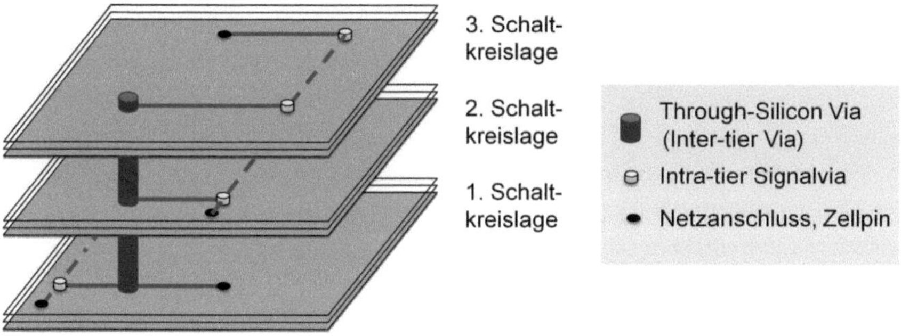


**Abb. 8.5** Beispiel für die Verdrahtung eines Netzes in einem 3D-System bestehend aus drei Lagen (Tiers), wobei im Gegensatz zum konventionellen Entwurf die Netzanschlüsse über mehrere aktive Ebenen in den verschiedenen Tiers verteilt sind [FLM10, Fi12]

nularität, mit der die thermische Analyse durchgeführt werden kann. Die thermische Leitfähigkeit jeder Region (Element) lässt sich als eine Entwurfsvariable behandeln, welche nachträglich in die präzise Anzahl nötiger thermischer Vias in dieser Region umgerechnet wird. Ein weiterer Vorteil ist die Regelmäßigkeit der erzeugten Hindernisse, die man so viel leichter bei der nachfolgenden Verdrahtung berücksichtigen kann.

Goplen und Sapatnekar zeigen in [Gop03], dass sich für die globale 3D-Platzierung partitionierende Verfahren besser eignen als kräftebasierende. Die Autoren stellen weiterhin einen hierarchischen Ansatz vor, der aus einer Globalplatzierung sowie einem groben und einem detaillierten Legalisierungsschritt besteht. Thermische Randbedingungen werden durch sogenannte „thermal resistance reduction nets" berücksichtigt. Damit gelingt es den Autoren, hochstromige Netze bevorzugt in der Nähe von Wärmesenken zu verlegen.

## 8.6 Verdrahtung

Ein Netz besteht aus mindestens zwei Zellenanschlüssen gleichen elektrischen Potenzials. In der Netzliste sind alle Netze eines Entwurfs enthalten. Während der Verdrahtung sind die Anschlüsse aller Netze mittels einer kreuzungsfreien Einbettung auf den verschiedenen Verdrahtungsebenen zu verbinden. Dabei sind Randbedingungen, wie z. B. Entwurfsregeln und Verdrahtungskapazitäten, einzuhalten und Optimierungsziele, wie beispielsweise die Minimierung der Verdrahtungslänge, zu verfolgen.

Wie bereits erwähnt, liegt der Hauptunterschied zwischen 2D- und 3D-Verdrahtung darin, dass die Netzanschlüsse, und damit die Netze selbst auch, über mehrere Schaltkreislagen verteilt auftreten können (Abb. 8.5) [FLM10, Fi12]. Deshalb werden zusätzlich zu den regulären Signalvias aufwändige (platzintensive) Through-Silicon Vias benötigt, um auch die Metallebenen verschiedener Schaltkreislagen (Tiers) miteinander zu verbinden. Außerdem ist bei der 3D-Verdrahtung auf zusätzliche Randbedingungen zu achten, wie beispielsweise Blockierungen durch thermische und Through-Silicon Vias. Dies führt zu anspruchsvollerem Ressourcenmanagement, insbesondere im Bereich der globalen Verdrahtung, und begünstigt Blockierungen im Vergleich zur regulären 2D-Verdrahtung. Die begrenzte Verfügbarkeit von Through-Silicon Vias verlangt weiterhin die umsichtige Verteilung dieser wertvollen Ressource unter den Netzen [FLM10, Fi12]. Der verstärke Einfluss der Temperatur im 3D-Entwurf muss ebenso bedacht werden. Kritische Netze sollten beispielsweise die heißesten Regionen eines Chips vermeiden, da ein Temperaturanstieg die Signalverzögerung eines Netzes erhöht.

Derartigen Anforderungen werden neue Verdrahter zunehmend gerecht, insbesondere durch die Einbeziehung von thermischer Dimensionierung und einer hierarchischen Vorgehensweise. Ein temperaturgesteuerter, mit unterschiedlichen Hierarchiestufen und Granularitäten arbeitender 3D-Verdrahter wird in [Con04] vorgestellt. Er zeichnet sich durch eine thermisch beeinflusste Vorabplanung der Vias aus. Ein weiterer erfolgreicher 3D-Verdrahter ist in [Sa10] beschrieben. Hier werden nicht nur thermische Vias zur Verlustleistungsabführung benutzt, sondern auch das Konzept von thermischen Leiterzügen (engl. thermal wires) eingeführt. Diese dienen zur lateralen Wärmeleitung. Während die thermischen Vias die hauptsächliche Wärmeleitung aus der Baugruppe heraus vornehmen, vernetzen die thermischen Leiterzüge die thermischen Vias untereinander.

## 8.7 Layoutverifikation

Die Layoutverifikation prüft das erstellte Layout auf seine technologische Realisierbarkeit (Design Rule Check, DRC), die elektrische Korrektheit (Layout Versus Schematic, LVS) und seine elektrische Funktionstüchtigkeit (Electrical Rule Check, ERC).

Das finale Layoutprodukt, also alle aktiven Lagen und ihre Verbindungsebenen, müssen den Technologieregeln der Waferfabrik (Fab) genügen, in welcher der 3D-Chip gefertigt wird. Es ist offensichtlich, dass der zu dieser Prüfung eingesetzte Design Rule Check ein Technologiefile benötigt, welches von dieser Fab bereitzustellen ist, unabhängig von den zugrunde liegenden Technologien der einzelnen Schaltkreislagen.

Die Verifikation auf Einhaltung der Technologieregeln muss auch beim 3D-Entwurf nur bis auf Block- oder Zellenebene erfolgen. Das Prüfen der einzelnen Transistoren ist lediglich dann sinnvoll, wenn Verknüpfungsregeln existieren, die beim Zellenhersteller nicht prüfbar sind. Gleiches gilt für wiederbenutzte Blöcke (IP-Reuse), deren technologische Korrektheit vorauszusetzen ist.

Eine erfolgreiche Layoutverifikation von 3D-Schaltkreisen, insbesondere heterogenen 3D-Strukturen, erfordert oftmals das simultane Berücksichtigen von mehreren Technologiefiles, welche die einzelnen lagenspezifischen Technologievarianten abbilden. Aktuelle Entwurfsflüsse vereinfachen dieses Problem dahingehend, dass zuerst die einzelnen (2D) Schaltkreislagen mit den DRC-Regeln der jeweiligen Layouttechnologie verifiziert werden. Nach dieser 2D-Prüfung erfolgt dann die Verifikation durch einen 3D-DRC-Check. Dazu werden die Verbindungen zwischen den Schaltkreislagen, d. h. nach „oben" und nach „unten", geprüft. Ebenfalls zu verifizieren sind beim 3D-DRC lagenspezifische Bestandteile der 3D-Strukturen, die beim 2D-DRC nicht betrachtet wurden. Zum Beispiel sind Through-Silicon Vias mit ihren jeweiligen sie umgebenden Sperrbereichen (Keep-Out-Zonen) in der Regel kein Bestandteil eines konventionellen 2D-Entwurfsregelsatzes einer Fab.

Ähnlich geht man beim 3D-LVS vor, wo zuerst lagenspezifisch die Netzlisten verglichen werden (z. B. Quartz LVS [Qu12]). Damit ist es möglich, die originalen (2D-)Extraktionsfiles der Fab zu verwenden, ohne diese aufwändig an die Besonderheiten des 3D-Entwurfs anzupassen. Danach erfolgt der Top-Level-Netzlistenvergleich als 3D-LVS, bei dem man eine Top-Level-Netzliste mit dem extrahierten 3D-Layout vergleicht. Das hierzu notwendige Extraktionsfile kann sehr einfach gehalten werden, da es auf dieser Hierarchiestufe keine Transistoren, sondern nur Verbindungen, Vias und Anschlüsse gibt.

Der Electrical Rule Check eines 3D-Schaltkreises unterscheidet sich kaum von dem einer konventionellen 2D-Struktur. Auch hier gilt, dass ausschließlich die Block- und Zellenanschlüsse sowie ihre Verbindungen zu kontrollieren sind, die Block- und Zelleninhalte also keine Rolle spielen. Deren elektrische Funktionstüchtigkeit ist vorab sicherzustellen, um die Komplexität des 3D-ERC nicht unnötig zu vergrößern.

## 8.8 Offene Probleme

Gegenwärtige Entwurfsflüsse bei 3D-Systemen weisen noch signifikante Lücken auf, die nachfolgend angesprochen werden. Ihre Bedeutung variiert je nach den Anforderungen des jeweiligen Entwurfs. Im Folgenden werden einige der noch offenen Problemstellungen genannt, die Auswirkungen auf den Layoutentwurf haben.

### 8.8.1 Thermische Modellierung

Gegenwärtige Werkzeuge zur thermischen Modellierung arbeiten zumeist auf einer 2D-Grundlage, womit sich die einzelnen Schaltkreislagen voneinander unabhängig nach thermischen Gesichtspunkten analysieren lassen. Solange die vertikale Wärmeabführung derart angelegt ist, dass eine komplexe Überlappung der Verlustleistungen der einzelnen Lagen miteinander vermieden wird, ist dies für eine erste Näherung ausreichend.

Wie in den Kap. 6 und 11 behandelt, ist langfristig jedoch eine thermische Modellierung notwendig, die alle Schaltkreislagen gleichzeitig betrachtet und dabei auch die inhärente Fähigkeit der 3D-Struktur berücksichtigt, Wärme abzuleiten. Letzteres beinhaltet sowohl implementierte thermische Leitpfade, wie thermische Vias, als auch die thermischen Materialeigenschaften der 3D-Struktur selbst. Komplizierter wird diese Aufgabe dadurch, dass bei mehreren Schaltkreislagen eine sehr große Anzahl von Bauelementen, d. h. thermische Quellen, einzubeziehen sind (s. hierzu auch Kap. 11).

### 8.8.2 TSV-Stress

Die bei 3D-Entwürfen unabdinglichen Through-Silicon Vias (TSVs) verursachen mechanische Spannungen in ihrem näheren Umfeld. Dieser ist im Wesentlichen auf unterschiedliche thermische Ausdehnungskoeffizienten zwischen Silizium und den TSVs zurückzuführen. Die Spannungen wirken negativ auf die sich in der Nähe befindlichen Transistoren, da sie deren Eigenschaften verändern. Dies führt wiederum zu Schaltungseigenschaften, die von den Simulationsergebnissen abweichen.

Um diese negativen Eigenschaften nicht auftreten zu lassen, erfordern TSVs aus Kupfer große Keep-Out-Zonen, d. h. sie umgebende unbelegte Sperrbereiche. Weiterhin bemühen sich einige Hersteller von Simulationswerkzeugen, die Stress-Bedingungen in die Simulationsumgebung einzubeziehen. Es ist offensichtlich, dass zur Minimierung der Keep-Out-Zonen diese eine genaue Modellierung erfordern. Nur dann lassen sie sich mit ihren Effekten bei der Schaltungssimulation realitätsnah einbeziehen.

### 8.8.3 3D-Test

Der Test von 3D-Strukturen gestaltet sich nach wie vor schwierig, was im Wesentlichen auf die kompakte Anordnung einer 3D-Schaltung zurückzuführen ist. Daher ist eine Integration von Teststrategien in frühe Designphasen, wie Systementwurf und Partitionierung, notwendig. Auch ist beim Layoutentwurf auf testbare Teilschaltungen sowie der sicherzustellende Zugriff auf Testpads zu achten. Hierbei erweist sich die Nutzung von IP-Blöcken mit ihren erprobten Teststrukturen als vorteilhaft.

Zwischen aktiven Lagen aufgeteilte Komponenten bzw. Blöcke, d. h. aufgetrennte funktionale Gruppen (s. Abb. 8.2), verhindern eine volle Testbarkeit dieser Komponenten vor der Stack-Zusammenführung. Damit sind zusätzliche Teststrategien und -hardware erforderlich, die auch Auswirkungen auf den Layoutentwurf der gesamten Baugruppe haben können.

Nach der Zusammenführung aller aktiven Lagen kann der Ausfall einer einzelnen den gesamten Stack unbrauchbar machen. Daher ist die volle Testbarkeit einzelner Lagen vorab sicherzustellen, was bei der Layouterstellung durch entsprechende Teststrukturen zu berücksichtigen ist.

## 8.9 Zusammenfassung

Um die Vorteile der 3D-Integration nutzen zu können, ist der Layoutentwurf an die höhere Komplexität und die neuen Randbedingungen dieser technologischen Weiterentwicklung anzupassen. Dazu sind geeignete Layoutwerkzeuge bereitzustellen, welche die engere Verknüpfung zwischen Verdrahtung und den Eigenschaften der aktiven Komponenten berücksichtigen. Diese Verknüpfungen resultieren unter anderem aus dem komplexeren thermischen Management und den vielfältigen Verdrahtungsblockierungen, die durch thermische und Through-Silicon Vias verursacht werden. Insbesondere die Partitionierung weist eklatante Unterschiede zum 2D-Entwurf auf und erfordert somit neue Entwurfsstrategien und -werkzeuge.

Gegenwärtige Hindernisse einer industriellen Nutzung von 3D-Systemen sind oftmals ungelöste thermische Probleme, zurückzuführen auf die schlechte vertikale thermische Leitfähigkeit und die damit unzureichende Wärmeabfuhr bei gleichzeitig hoher Leistungsdichte. Dies erfordert neuartige Methoden zur Verlustleistungsabfuhr. Die hier aufgeführten 3D-Entwurfsansätze zeigen jedoch, dass die sorgfältige Platzierung thermischer Vias effektiv zur Kontrolle der Temperaturen in 3D-ICs beitragen kann. Weitere Methoden, wie eine vorab durchgeführte effektive thermische Modellierung (s. Kap. 6) oder die Nutzung neuer Techniken für den Wärmetransport (s. Kap. 11), sind ebenfalls auf dem Vormarsch.

Dieser Beitrag fasst den aktuellen Stand beim modernen 3D-Layoutentwurf zusammen. Obwohl dessen Komplexität eine enorme Herausforderung darstellt, bewältigen neue Ansätze, die unter Einbeziehung der 3D-spezifischen Eigenschaften entwickelt wurden, diese Anforderungen immer besser.

## Literatur

[ITR07] International Technology Roadmap for Semiconductors, ESIA, JEITA, KSIA, TSIA and SIA. http://www.itrs.net/reports.html (2007)

[Con04] Cong, J., Wei, J., Zhang, Y.: A thermal-driven floorplanning algorithm for 3D ICs. International Conference on Computer Aided Design (ICCAD). S. 306–313 (2004)

[Ch05] Cheng, L., Deng, L., Wong, M.D.F.: Floorplanning for 3-D VLSI design. Asia and South Pacific Conference on Design Automation (ASP-DAC). S. 405–411 (2005)

[FLM10] Fischbach, R., Lienig, J., Meister, T: Herausforderungen bei der Automatisierung des Layoutentwurfs bei dreidimensionalen heterogenen Systemen, Tagungsband Dresdner Arbeitstagung Schaltungs- und Systementwurf (DASS 2010), Fraunhofer Verlag S. 37–42 (2010)

[Fi12] Fischbach, R.: Layoutrepräsentationen für den Entwurf dreidimensionaler elektronischer Systeme, Dissertation, Technische Universität Dresden (2012)

[Gop03] Goplen, B., Sapatnekar, S.: Efficient thermal placement of standard cells in 3D ICs using a force directed approach. International Conference on Computer Aided Design (ICCAD). S. 86–89 (2003)

[Loh07] Loh, G.H., Xie, Y., Black, B.: Processor design in 3D die-stacking technologies. Micro. IEEE. **27**(Number 3), S. 31–48 (2007)

[Kne12] Knechtel, J., Markov, I.L., Lienig, J.: Assembling 2D blocks into 3D chips. IEEE Trans. Computer-Aided Design Integr. Circuits Syst. **31**(Number 2), S. 228–241 (2012)

[Xie06] Xie, Y., Loh, G.H., Black, B., Bernstein, K.: Design space exploration for 3D architectures. J. Emerging Technol. Comp. Syst. **2**(Number 2), S. 65–103 (2006)

[Pu06] Puttaswamy, K.; Loh, G. H.: Dynamic instruction schedulers in a 3-dimensional integration technology. Proceedings of the 16th Great Lakes Symposium on VLSI. ACM Press, S. 153–158 (2006)

[Ra04] Rachivandran, R. et al.: Physical layout automation for system-on-packages. Proceedings of Electronic Components and Technology Conference, vol. 1, S. 41–48 (2004)

[Qu12] Quartz, D.R.C., Quartz, L.V.S.: Magma Design Automation. http://www.magma-da.com/products-solutions/verification/quartzDRCLVS.aspx. (2012). Zugegriffen: 9. Febr. 2012

[Sa10] Sapatnekar, S.S.: Thermal via insertion and thermally aware routing in 3D ICs. In: Xie, Y., Cong, J. (eds.) Three-dimensional integrated circuit design, S. 145–160. Springer, Heidelberg (2010)

# Nutzung von klassischen IP-Blöcken in 3D-Schaltkreisen

9

Johann Knechtel

## 9.1 Einleitung

Dreidimensional integrierte Schaltkreise (3D-ICs) versprechen eine signifikante Steigerung der Funktionalität durch hohe Integrationsdichten, reduzierte Formfaktoren, sowie heterogene Integration. Bisher jedoch bleibt die kommerzielle Anwendung von 3D-ICs deutlich hinter den Erwartungen zurück. Neben verschiedenen technologischen Problemen wird vor allem die Schwierigkeit der Wiederverwendung bewährter 2D-Intellectual-Property (IP)-Blöcke als Hindernis genannt. Deren optimiertes Layout behindert den Einsatz der obligatorischen Verbindungsstrukturen, den Through-Silicon Vias (TSVs). Jedoch ist die Verwendung von 2D-IP-Blöcken für einen stark heterogenen 3D-IC mit verschiedenen Herstellungstechnologien für Analog- Digital- oder Speicherkomponenten zwingend erforderlich.

In diesem Kap. 9 wird gezeigt, wie vorhandene 2D-IP-Blöcke in 3D-ICs integriert werden können, ohne deren Layout zu verändern. Dazu kommt eine neuartige Methodik zum Clustern von Netzen und zur Planung von TSV-Inseln zum Einsatz. Experimentelle Untersuchungen verdeutlichen abschließend die Anwendbarkeit der Methodik.

## 9.2 Motivation und Beiträge

Die dreidimensionale (3D)-Integration elektronischer Systeme stellt eine vielversprechende Entwurfsoption dar, um den kontinuierlich wachsenden Anforderungen an Funktionalität und Leistung gerecht zu werden. Dieser Ansatz erlaubt vor allem den Entwurf mit

J. Knechtel (✉)
Institut für Feinwerktechnik und Elektronik-Design, Technische Universität Dresden, Dresden, Deutschland
E-Mail: johann.knechtel@ifte.de

J. Lienig, M. Dietrich (Hrsg.), *Entwurf integrierter 3D-Systeme der Elektronik*,
DOI 10.1007/978-3-642-30572-6_9, © Springer-Verlag Berlin Heidelberg 2012

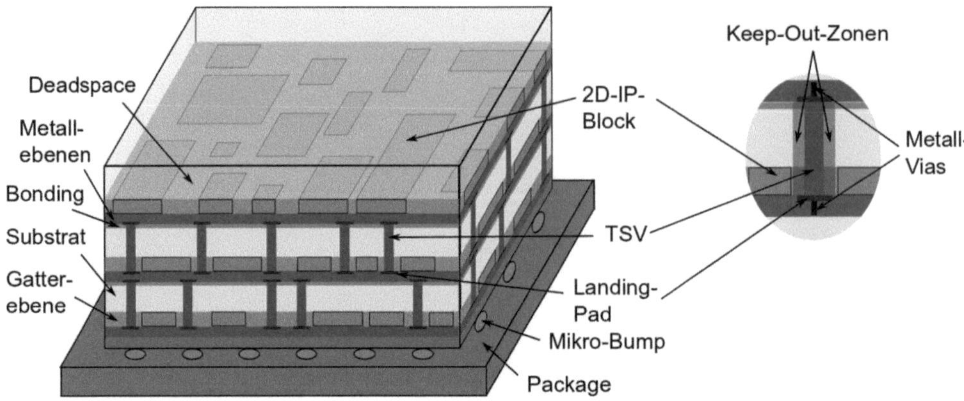


**Abb. 9.1** Ein 3D-IC, bestehend aus *drei* Schaltkreislagen (aktiven Layern) und mittels Face-to-Back (F2B)-Technologie gestapelt. Da TSVs die IP-Blöcke nicht überschneiden dürfen, sind diese dazwischen zu platzieren. Es ist zu beachten, dass durch TSVs verbundene Netze weiterhin Vias in den Metallebenen beanspruchen können

heterogenen Herstellungsprozessen, die Testbarkeit der einzelnen Schaltkreislagen (aktiven Layer), kürzere und verbrauchsärmere Verdrahtung, sowie einen reduzierten Formfaktor. Bei der ursprünglichen Form der 3D-Integration, dem System-in-Package (SiP), werden Bondingdrähte verwendet, um einzelne aktive Layer zu verbinden. Ein Beispiel dafür ist das Apple-A4-Package [Lim10]. Jedoch sind derartige Verbindungsstrukturen limitiert und der nächste logische Schritt stellt die Verwendung direkter Verbindungen zwischen aktiven Layern dar, welches die sog. 3D-integrierten-Schaltkreise (3D-ICs) kennzeichnet (Abb. 9.1) [FLM09]. Solche direkten Verbindungen werden als Through-Silicon Vias (TSVs) realisiert. Die Verwendung von TSVs erlaubt prinzipiell die *Integration auf Chip-Ebene*, welche z. B. kürzere Globalverdrahtung verspricht, unter Beibehaltung der Vorteile der *Integration auf Package-Ebene*. Ein entsprechendes kürzlich von S. Borkar (Intel) vorgestelltes 80-Kerne-System zeichnet sich vor allem durch hohe Energieeffizienz und Leistung aus [Bor11]. Die *International Technology Roadmap for Semiconductors* 2009 [ITR09] hebt die wesentlich Bedeutung von 3D-ICs in ihren Leitlinien hervor. Analysten prognostizieren, dass der globale 3D-IC-Markt einen Umfang von US$ 5,2 Mrd. bis zum Jahr 2015 erreichen wird [Glo10]. Trotz dieser Prognosen und den augenscheinlichen Vorteilen von 3D-ICs bleibt jedoch der Fortschritt bei kommerziellen Anwendungen bisher hinter den Erwartungen zurück.

### 9.2.1 Through-Silicon Vias – Verbindungselemente mit Hindernissen

Bisherige Arbeiten vernachlässigen oftmals wesentliche Hindernisse für den Entwurf von 3D-ICs. Eine Schwierigkeit ergibt sich aus den Entwurfs-Randbedingungen und den Kosten bei der Verwendung von TSVs. Für den *45-nm-Prozess* entspricht der Flächenverbrauch eines TSVs mit üblichen Abmessungen von *10 μm × 10 μm* dem von circa 50 Gattern [KML09b]. Weiterhin werden sogenannte *Landing-Pads* und *Keep-Out-Zonen* (Sperrbereiche) benötigt [YAL+10], welche den Flächenverbrauch weiter erhöhen. Bisherige Studien ignorieren diesen erheblichen Flächenverbrauch oftmals [ZML+07], [LMH09], [LHZ+06a], [CWZ04]. Andere Studien wiederum berücksichtigen zwar thermische TSVs, aber keine TSVs zur Verdrahtung [WL07], [LMH+08], [LHZ+06b]. Tsai et al. [TWH11] stellen fest, dass frühere Studien ebenso den Einfluss der Platzierung der TSVs auf die geschätzte Verdrahtungslänge ignorieren.

Die Verwendung von TSVs verspricht generell eine Reduzierung der Verdrahtungslänge. Jedoch stellen Kim et al. [KML09b] fest, dass diese Reduzierung in Anhängigkeit von der Anzahl und den Eigenschaften der TSVs variiert. In deren Studie zeigen die Autoren auf, dass dieser Trade-Off durch die *Granularität* der Partitionierung der Blöcke zwischen den aktiven Layern bestimmt ist. Die Verdrahtungslänge kann typischerweise für moderate (Blöcke mit je 20–100 Modulen) und grobe (einzelne Blöcke) Granularitäten reduziert werden, jedoch muss für feine (Gatter-Level-Partitionierung, s. Abschn. 9.3.1) Granularitäten mit einer Erhöhung gerechnet werden.

In Abhängigkeit von deren Herstellungsprozess blockieren TSVs bestimmte Layout-Ressourcen. Die sog. *Via-First-TSVs* werden vor der Metallisierung hergestellt, blockieren daher die Schaltungsebene und stellen damit Platzierungshindernisse dar. Die sog. *Via-Last-TSVs* dagegen werden nach der Metallisierung hergestellt und durchlaufen den gesamten aktiven Layer. Dadurch blockieren solche TSVs sowohl die Schaltungsebene als auch die Verdrahtungsebenen und stellen Platzierungs- und Verdrahtungshindernisse dar [KML09b].

### 9.2.2 Überlegungen zur Partitionierung eines 3D-Entwurfes

Eine weitere Problematik des Entwurfes von 3D-ICs erscheint subtiler, da die angewandten Entwurfsmethoden und -prinzipien oftmals vielfältigen Einfluss auf das Gesamtergebnis haben. Um eine hohe Ausbeute und damit geringe Kosten zu erreichen, ist die Testbarkeit der einzelnen aktiven Layer essentiell [LC09], [Bor11]. Jedoch entsteht durch die enge Integration von benachbarten Layern eines 3D-ICs ein enormer Bedarf an TSVs für Module, welche auf diese Layer aufgeteilt wurden. Neben dem erheblichen Flächenverbrauch und dem resultierenden thermisch-mechanischen Stress durch die TSVs erfordern solche funktional aufgeteilten Module neuartige Testansätze [LC09], [LL09].

Zusätzlich deckt eine neuere Studie [GM09] auf, dass Variationen zwischen aktiven Layern zu einem Problem erster Ordnung werden, während diese nur ein Problem zweiter Ordnung für zweidimensionale ICs waren.[1] Deren Autoren merken an, dass ein 3D-Ent-

[1] Im Falle des Auftretens von Prozessvariationen innerhalb eines aktiven Layer schalten alle Transistoren schneller oder langsamer, eventuell zu unterschiedlichem Ausmaß. Damit stellen die Variationen ein Problem zweiter Ordnung dar. Jedoch können bei der Zusammenführung mehrerer aktiver Layer die einzelnen Variationen sich in gegensätzlichen Effekten bemerkbar machen – es entsteht also ein Problem erster Ordnung.

wurf dadurch möglicherweise eine schlechtere Ausbeute erlaubt als ein entsprechender 2D-Entwurf, was offensichtlich im Widerspruch zu den Zielen der 3D-Integration steht.

### 9.2.3 Beiträge für den effektiven Entwurf von 3D-Integrierten-Schaltkreisen

Diese weitreichenden Aspekte legen nahe, dass ein erfolgreicher und effektiver Ansatz für den 3D-Entwurf auf erprobten und effektiven Methoden beruhen muss. Dafür liefert dieses Kap. 9 folgende Beiträge:

- Es werden verschiedene Entwurfsmethoden beschrieben und verglichen, im Besonderen die Legacy-2D (L2D)-Methodik, welche die Integration vorhandener zweidimensionaler Intellectual-Property (IP)-Blöcke in 3D-ICs erlaubt (Abschn. 9.3). Weiterhin werden grundlegende Entwurfsprinzipien für den effektiven 3D-IC-Entwurf dargelegt.
- Anschließend wird die L2D-Methodik erweitert zur L2D-Methodik mit TSV-Inseln (L2Di), wobei TSVs in Inseln gruppiert und platziert werden (Abschn. 9.4). Dieser Ansatz verspricht die Kosten der Verwendung von TSVs zu reduzieren, schließt aber einzelne TSVs nicht notwendigerweise aus.
- Zur Umsetzung der L2Di-Methodik werden Techniken und neuartige Algorithmen zur Bestimmung von Netz-Cluster, der Planung von TSV-Inseln, sowie weiterer Aufgaben erarbeitet (Abschn. 9.6). Der vorgestellte Ansatz begünstigt eine stärkere Akzeptanz des 3D-IC-Entwurfs in der Praxis.
- Es werden experimentelle Untersuchungen durchgeführt und diskutiert, welche den 3D-IC-Entwurf von 2D-IP-Blöcken unter Anwendung der vorgestellten Methodik und Algorithmen demonstrieren (Abschn. 9.7).

Die Ausarbeitung ist wie folgt gegliedert. In Abschn. 9.3 werden verschiedene Entwurfsmethoden beschrieben und diskutiert. In Abschn. 9.4 werden Möglichkeiten zur Verbindung von 2D-IP-Blöcken zwischen verschiedenen Layer vorgestellt. Weiterhin werden relevante Verdrahtungsabschätzungsmethoden aufgeführt. Eine Problemformulierung für den 3D-IC-Entwurf unter Anwendung der L2Di-Methodik wird in Abschn. 9.5 dargelegt. Techniken und Algorithmen zur Umsetzung der L2Di-Methodik werden in Abschn. 9.6 erarbeitet. Vorhergehende graphentheoretische Betrachtungen zeigen dabei wesentliche Problemstellungen auf. In Abschn. 9.7 werden schließlich experimentelle Untersuchungen dargelegt und diskutiert, und in Abschn. 9.8 wird der Beitrag zusammengefasst.

## 9.3 Entwurfsmethoden und deren Anwendbarkeit

In dieser Ausarbeitung liegt der Fokus auf Signal-TSVs. Die simultane Planung von Signal-, Power/Ground-, sowie thermischen TSVs ist eigenständiger Gegenstand aktueller Forschung. Erste Ansätze dafür präsentieren Lee et al. [LGL09]. Weiterhin wird in dieser

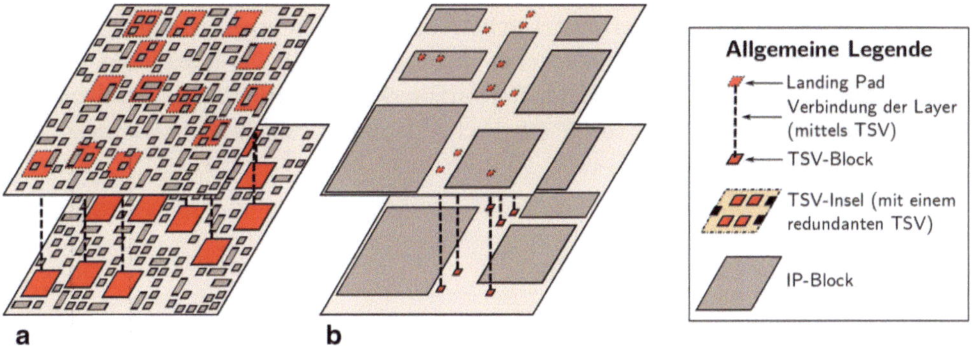


**Abb. 9.2** Entwurfsmethoden für 3D-ICs. TSVs sind als massive, *rote* Boxen dargestellt; Landing-Pads als gestrichelte, *rote* Boxen. **a** Die Gatter-Level-Methodik, vergrößert zur Veranschaulichung. Diese Methodik beruht auf der Platzierung einzelner Gatter in aktive Layer, wobei eine große Anzahl benötigter TSVs zu erwarten ist. **b** Die Block-Level-Methodik stützt sich auf (2D) Blöcke, welche auf verschiedene Layer partitioniert werden und mittels Globalverdrahtung verbunden sind, was schließlich die Anzahl an TSVs begrenzt

Ausarbeitung die F2B-Integration angenommen. Im Folgenden werden die Gatter-Level-Methodik und die Block-Level-Methodik dargelegt und verglichen (Abb. 9.2). Der aktuelle technische Stand lässt die Gatter-Level-Methodik unpraktischer erscheinen, da sie wesentliche Herausforderungen nicht vollständig löst.

## 9.3.1 Die Gatter-Level-Methodik

Ein Ansatz für die 3D-Integration beruht auf der Partitionierung von Standardzellen zwischen aktiven Layer und der Verwendung von TSVs zur Verbindung von aufgeteilten Zellen. Dieser Ansatz verspricht eine signifikante Reduzierung der Verdrahtung und hohe Flexibilität [CM10].

Ein wesentlicher Nachteil ist die enorme Anzahl dafür benötigter TSVs (Abschn. 9.2). Eine Studie von Kim et al. [KML09b] legt dar, dass die Partitionierung einzelner Gatter die Reduzierung der Verdrahtung unterbinden kann, falls eine bestimmte minimale Zellgröße nicht gewährleistet wird. Eine weitere aktuelle Studie [NMS11] zeigt auf, dass geometrische Effekte die Leistung von hoch-regulären Blöcken wie SRAM erheblich beeinflussen können: Selbst eine minimale Abweichung zwischen TSV- und Zell-Abmessungen kann zu Unterschieden in der kritischen Verdrahtung dieser regulären Strukturen führen. Die Aufteilung einzelner Blöcke auf verschiedene Schaltkreislagen erfordert neuartige Teststrategien für das *Pre-Bond-Testing* [LC09], [LL09]. Darüber hinaus kann nach dem Stacking (*Post-Bond-Testing*) ein einzelner fehlerhafter aktiver Layer den gesamten Chip unbrauchbar machen, was die Ausbeute erheblich reduziert. Eine feingranulare Partitionierung verstärkt außerdem den Einfluss von Prozessvariationen, vor allem der Variationen zwischen mehreren Schaltkreislagen (Abschn. 9.2).

Die Gatter-Level-Methodik erfordert weiterhin oftmals den erneuten Entwurf existierender Intellectual-Property (IP)-Blöcke, da diese nicht für die 3D-Integration vorgesehen wurden. Selbst wenn entsprechende Entwurfswerkzeuge verfügbar und etabliert sind, wäre der Aufwand für Anbieter von IP erheblich, diese vollständig für eine 3D-Integration zu überarbeiten.

### 9.3.2 Die Block-Level-Methodik

Allgemein subsumieren Schaltungsblöcke den Großteil der Verdrahtung und sind durch eine geringe Anzahl von Globalverbindungen gekennzeichnet [SK00]. Daher erscheint die Limitierung der Kosten der TSV-Verwendung anhand der Block-Level-Methodik realistisch. Die Skalierung von TSVs ist nicht im selben Maß möglich wie bei Transistoren [NMS11], daher ist von der Problematik der Abweichung von TSV- und Zell-Abmessungen (und eventuell eines Zuwachses) auch in zukünftigen Prozesstechnologien auszugehen. Die vielversprechendste Option zur Limitierung der TSV-Kosten ist die Reduzierung ihrer Anzahl durch die Zuweisung von Globalverbindungen.

Der Entwurf anspruchsvoller 3D-Systeme unter Verwendung heterogener Chips ist in einem aktuellen Konzept von Cadence dargelegt [Cad10]. Solche Entwürfe erfordern individuell optimierte Herstellungsprozesse unter Anwendung verschiedener Prozessschritte für leistungsstarke und verbrauchsarme Logik, verschiedenartige Speicherkomponenten, analoge und HF-Komponenten, Sensoren, Mikrosysteme usw. Die Block-Level-Methodik ist essentiell für solche zukünftige 3D-Integration.

Aus dem Blickwinkel des industriellen Entwurfes ergibt sich, dass die 3D-Integration neuartige Entwurfswerkzeuge lediglich für die Partitionierung und die thermische Modellierung erfordert [Sch07]. Einzelne aktive Layer werden unter Nutzung (angepasster) 2D-Werkzeuge und 2D-Blöcke entworfen [Sch07]. Dieses Vorgehen ist ebenfalls motiviert durch die hohe Verfügbarkeit zuverlässiger IP-Blöcke, wie später diskutiert wird. Darüber hinaus ist der industrielle Entwurf oftmals durch iterative und späte Entwurfsanpassungen gekennzeichnet. Die Beschränkung solcher Anpassungen auf einzelne aktive Layer ist ein wesentlicher Aspekt, um erhöhte Entwurfskosten zu unterbinden.

Bei der Zuweisung vollständiger Blöcke auf einzelne Schaltkreislagen und deren Verbindung mittels TSVs wird in zwei Entwurfsmethoden unterschieden (Abb. 9.3).

- **Die Redesigned-2D (R2D)-Methodik:** 2D-Blöcke sind explizit für die 3D-Integration zu entwerfen (und TSVs im Layout zu integrieren).
- **Die Legacy-2D (L2D)-Methodik:** 2D-Blöcke, welche nicht für die 3D-Integration entworfen sind. Dies legt nahe, dass TSVs zwischen den Blöcken zu platzieren sind.

In Abhängigkeit von der Verfügbarkeit entsprechender Blöcke kann es sinnvoll sein, beide Methoden anzuwenden. Allgemein versprechen diese Methoden eine gute Erfüllung des Trade-Off zwischen der Anzahl benötigter TSVs und der Reduzierung der Verdrahtung,

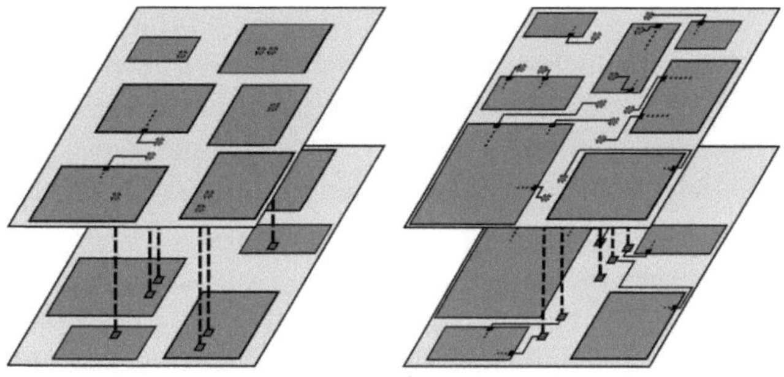


**Abb. 9.3** Varianten der Block-Level-Methodik für den Entwurf von 3D-ICs. **a** Die R2D-Methodik verwendet vordefinierte TSV-Gebiete innerhalb der Blöcke. **b** Die L2D-Methodik platziert TSVs vorzugsweise zwischen Blöcke, und begrenzt damit den thermisch-mechanischen Stress für aktive Gatter

wie bereits in Abschn. 9.2 diskutiert. Jedoch kann die R2D-Methodik stärker limitiert sein. Beim Back-to-Back (B2B)-Stacking müssen auf verschiedenen Layer aufgeteilte Blöcke eventuell entsprechend derer vorplatzierten TSVs ausgerichtet werden, wodurch die Komplexität der Platzierung allgemein erhöht wird. Dies kann den weiteren Entwurfsprozess behindern, beispielsweise durch Verdrahtungsüberfüllungen in der Nähe dicht gepackter Blöcke. Der von TSVs verursachte thermisch-mechanische Stress erhöht deren Anwendungskosten *innerhalb* der Blöcke, was eine Platzierung der TSVs *zwischen* den Blöcken begünstigt bzw. erforderlich macht.

Im Folgenden werden weitere Vorteile der beiden Entwurfsmethoden beschrieben. Für die L2D-Methodik stellen sogenannte *Design-for-Testability (DFT)-Komponenten* wichtige Teile existierender 2D-IP-Blöcke dar und lassen sich für die Realisierung des Pre-Bond- und des Post-Bond-Testing anwenden [LC09]. Allgemein können für Testzwecke vorbehaltene Pins ebenfalls für Signalübertragungen genutzt (Multiplexing) werden [JXCM09]. Die Block-Level-Methodik kann kritische Pfade effektiv verkürzen, und damit gleichzeitig die Signalverzögerung limitieren, die Leistung erhöhen, und die Leistungsaufnahme reduzieren [LXB07]. Kritische Pfade treten größtenteils innerhalb der 2D-Blöcke auf – sie durchlaufen nicht mehrere aktive Layer, weswegen der Einfluss von TSVs und Variationen zwischen den Layern sich nicht auf deren Eigenschaften auswirkt. Dies kann auch für variationsempfindliche, innerhalb der IP-Blöcke entworfene Taktsignalstrukturen zutreffen. Eine Studie [FRB07] propagiert die korrekte Zusammenschaltung von „langsamen" und „schnellen" aktiven Layern, basierend auf akkuraten Signalverzögerungsmodellen unter Berücksichtigung von Prozessvariationen. Dieser Ansatz setzt also voraus, dass die Verzögerungen einzelner Layer vor deren Zusammenschaltung ermittelt werden können. Dies ist nur unter Anwendung der Block-Level-Methodik möglich.

Die Block-Level-Methodik reduziert darüber hinaus den Entwurfsaufwand, wie in Abschn. 9.3.1 angedeutet. Der heutige Schaltkreisentwurf basiert maßgeblich auf bereits entworfenen und optimierten IP-Blöcken. Analysten von Gartner Dataquest prognostizieren, dass der Markt für IP-Strukturen weiter wächst. Vorhandene IP-Blöcke müssen im Kontext der R2D-Methodik neu entworfen werden, trotz deren erfolgreicher Anwendung und Etablierung in Entwurfsprozessen. Solche Neuentwürfe verlangen entsprechend neuartige Entwurfswerkzeuge für die Layoutsynthese und die Verifikation, wodurch das Risiko von Entwurfsfehlern erhöht wird und ein verzögerter Entwurfsprozess die Folge sein kann.

Es erscheint daher vernünftiger, bestehende 2D-IP-Blöcke wiederzuverwenden und notwendige TSVs in den Freiraum zwischen den Blöcken zu platzieren, wie es die L2D-Methodik vorsieht. Eine besondere Variante der IP-Wiederverwendung innerhalb der L2D-Methodik ist die Wiederverwendung der Belichtungsmasken für Blöcke, da diese Methodik lediglich Anpassungen für die Globalverdrahtung erfordert, d. h. innerhalb der Verdrahtungsmasken.

### 9.3.3 Grundlegende Entwurfsprinzipien

Die kommerzielle Anwendung von 3D-ICs erfordert somit die Berücksichtigung von einigen generellen Entwurfsprinzipien, welche nachfolgende aufgeführt sind:

- **Reduzierung des Entwurfsaufwands** durch die bestmögliche Wiederverwendung von für den 2D-Entwurf konzipierten Komponenten, d. h. IP-Blöcken. Dadurch können deren kritische Pfade, Taktsignalstrukturen, Scan-Chains, Power/Ground Netzwerke usw., erhalten werden. Der Entwurf vollständig dreidimensionaler Blöcke ist nur gerechtfertigt, wenn die Nachteile gründlich abgewogen sind und die Vorteile wesentlich erscheinen. Dies kann zum Beispiel für stark vernetzte arithmetische Komponenten der Fall sein.
- **Identifikation unbeanspruchter Ressourcen in 2D-ICs und deren Nutzung für 3D-Integration.** Eine wesentliche solche Ressource stellt der *Deadspace* dar, d. h. der Bereich der aktiven Layer, welcher nicht durch Blöcke beansprucht ist. Während bei einigen Entwürfen die Blöcke sehr dicht gepackt sind, enthalten viele Floorplans (z. B. der des Apple-A4-Packages) signifikante Freiräume zwischen den Blöcken, welche für die Stromversorgung, die Verdrahtung, sowie das Einfügen von Puffern und Verbindungslogik genutzt werden können. Die Verwendung dieses Deadspace für die Platzierung von TSVs vermindert deren Entwurfskosten.
- **Bewahrung der Zuverlässigkeit durch das Vermeiden unnötiger Risiken.** Dazu zählt vor allem die bedachte Verwendung von TSVs, vornehmlich für Globalverbindungen. Unter Berücksichtigung der Tatsache, dass der Großteil der Globalverbindungen kurz ist, erlaubt dies die Nutzung weniger TSVs und deren Platzierung in ausreichender Entfernung von aktiven Gattern, wodurch der negative Einfluss des erzeugten Stresses beherrschbar wird. Außerdem bieten Globalverbindungen einen hohen Freiheitsgrad für die Platzierung von TSVs unter Zielstellung der kürzest möglichen Verdrahtung.

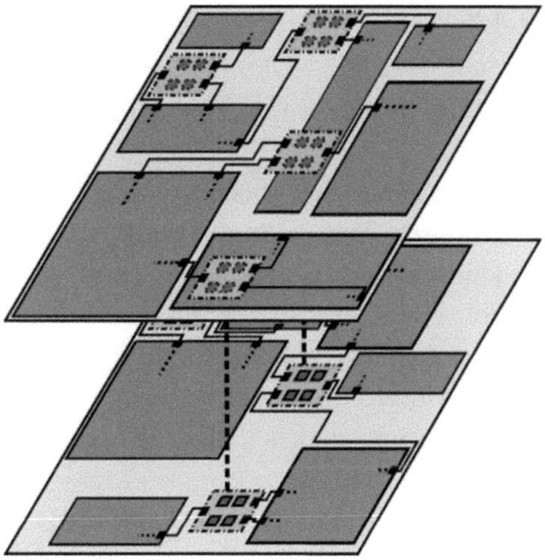

**Abb. 9.4** Die L2Di-Methodik zur 3D-Integration. TSVs sind zu Inseln gruppiert, welche Scan-Chains für Testzwecke oder redundante TSVs enthalten können. TSV-Inseln sind als braune, gestrichelte Boxen dargestellt. Zugehörige Landing-Pads sind als rote, gestrichelte Boxen dargestellt. TSV-Inseln bieten eine vorteilhafte Möglichkeit zur Verbindung der auf unterschiedlichen Layern verteilten Blöcke

## 9.4 Verbindung von 2D-Blöcken mittels Through-Silicon Vias

Um die auf verschiedenen aktiven Layern platzierten 2D-Blöcke zu verbinden, können die benötigten TSVs auf verschiedenen Wegen eingebunden werden. Erstens besteht die Möglichkeit, einzeln und verteilt platzierte TSVs zu nutzen (Abb. 9.3b). Die zweite Option besteht darin, TSVs auf einem regulären Gitter auszurichten. Drittens können verschiedene TSVs in sogenannte *TSV-Inseln* gruppiert werden, wie es die **L2D-Methodik mit TSV-Inseln (L2Di)** vorsieht. Abbildung 9.4 stellt TSV-Inseln als Blöcke mit dicht gepackten TSVs dar. Die Optimierung des Layouts von TSV-Inseln bietet verschiedene Vorteile, wie nachfolgend diskutiert. Wenn nötig, ist die Verwendung einzelner TSVs weiterhin möglich.

Ein Studie von Kim et al. [KAL09] vergleicht die TSV-Platzierung auf einem Gitter (*reguläre Platzierung*) mit der verstreuten Platzierung (*irreguläre Platzierung*). Die Studie deckt auf, dass die irreguläre Platzierung die Verdrahtungslängen wesentlich reduzieren kann und geringere Laufzeiten aufweist. Da TSVs nahe der zu verbindenden Blöcken platziert werden können, entfällt ein separater Zuordnungs-Schritt.

Allgemein jedoch ist durch die Betrachtung von TSVs als rein geometrische Objekte deren wesentlichen technologischen Eigenschaften nicht Genüge getan. Diese beinhalten thermisch-mechanischen Stress im Silizium in der unmittelbaren Umgebung der TSVs, Zuverlässigkeits- und Fehlertoleranzüberlegungen sowie die Komplexität der Zusammenschaltung heterogener aktiver Layer wie analoge und Logiklagen. Reguläre TSV-Strukturen können so entworfen werden, dass sich diese Eigenschaften adressieren lassen, z. B. durch die Optimierung der TSV-Abstände, einer eventuellen Zusammenfassung derer Keep-Out-Zonen, die Durchführung von elektrisch-thermischen und mechanischen Simulationen usw. Eine reguläre Platzierung unterstützt die Herstellung zuverlässiger TSVs [HHC+10], [HAG+10], womit deren Gruppierung zu TSV-Inseln vorteilhaft erscheint.

### 9.4.1 TSV-Inseln

Die Vorteile der Gruppierung einzelner TSVs zu TSV-Inseln geeigneter Größe sind:

- TSVs generieren thermisch-mechanischen Stress in deren unmittelbarer Umgebung, wodurch Transistoren beeinflusst werden [YAL+10]. Jedoch benötigen TSV-Inseln keine aktiven Gatter. Das Layout der Inseln kann im Vorhinein optimiert werden – solch reguläre Strukturen ermöglichen, den Stress unterhalb der Druckbeanspruchungsgrenze von Kupfer zu halten [JMPL11]. Weiterhin erlaubt die Anwendung der TSV-Inseln die räumliche Begrenzung des zu erwartenden Stresses [LZR+09]. Deren Platzierung *zwischen* Blöcken verspricht daher die Reduzierung des Stresseinflusses auf aktive Gatter.
- TSV-Inseln ermöglichen Redundanzstrukturen [HHC10], [LML08], wobei fehlerhafte TSVs mittels Kettenstrukturen umgangen oder dynamisch verdrahtet werden. Abbildung 9.4 illustriert Inseln mit vier TSVs, wobei ein TSV für Redundanzstrukturen reserviert ist.
- Die Gruppierung von TSVs kann deren Flächenverbrauch reduzieren. TSVs lassen sich innerhalb von TSV-Inseln eng anordnen, ohne den Stresseinfluss auf aktive Gatter außerhalb der Inseln zu erhöhen [LZR+09].
- Reguläre, für die Lithographie optimierte Layouts der entworfenen TSV-Inseln erhöhen die Herstellbarkeit durch eine Verbesserung der Belichtungsqualität [HHC10].
- Jedes TSV erfährt signifikante mechanische Belastung (mehrere hundert MPa [JMPL11]), welches im Laufe der Zeit selbst Tungsten[2] beeinträchtigen kann, vor allem bei leicht fehlerhaften Ausrichtungen. Je dünner die TSVs sind, desto größer ist die sich ergebende Spannung, und einzelne TSVs sind damit anfälliger für fehlerhafte Ausrichtungen im Vergleich zu TSV-Inseln.
- Viele für 3D-Integration geeignete Entwürfe mit Networks-on-Chips (NoCs) verbinden enthaltene Komponenten mittels Multibit-Bussen. Wenn solche Busse zwischen aktiven Layern verlaufen, ergeben sich automatisch TSV-Inseln.

Die Verwendung von TSV-Inseln birgt jedoch auch Nachteile. Die Verdrahtung durch Inseln kann die Verbindungslängen erhöhen, Signalverzögerungen erzeugen (auch durch Kopplungen zwischen TSVs), sowie die Beanspruchung von Verdrahtungsressourcen verstärken. Große TSV-Inseln können das Floorplanning und die Platzierung erschweren. Um diese Problem anzugehen, werden im Folgenden effektive Algorithmen für die Zuordnung von Netzen zu und der Platzierung von TSV-Inseln erarbeitet.

Die Relevanz und Anwendbarkeit von TSV-Inseln kann von technologischen Parametern abhängen, welche gegenwärtig unter den verschiedenen Herstellern stark variieren.

[2] Sowohl Kupfer als auch Tungsten werden für die TSV-Herstellung verwendet. Gegenwärtig ist Kupfer gebräuchlicher, erfordert jedoch dickere TSVs aufgrund der schlechteren mechanischen Eigenschaften (Druckbeanspruchungsgrenzen von 600 MPa [JMPL11]).

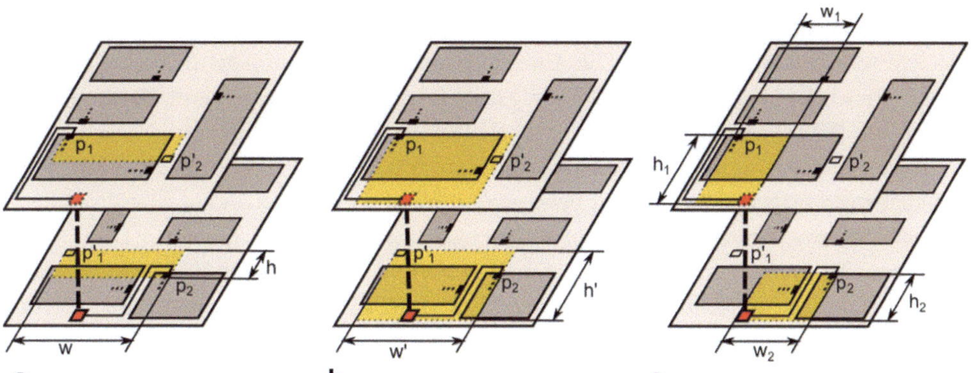


**Abb. 9.5** Verdrahtungsabschätzungsmethoden für 3D-ICs, basierend auf der Konstruktion umspannender Rechtecke der Netze. Netz-Pins sind als $p_n$ bezeichnet, projizierte Pins als $p'_n$. **a** Die ausschließliche Berücksichtigung der Pins bietet die ungenaueste Abschätzung. Die Verdrahtung ist zu berechnen als *NBB-3D-HPWL* $= w + h$. **b** Die Einbeziehung der Netz-Pins als auch der TSV-Platzierung erhöht die Genauigkeit. Die Verdrahtung ist zu berechnen als *BB-3D-HPWL* $= w' + h'$. **c** Die akkurateste Abschätzung wird durch die separate Konstruktion umspannender Rechtecke für Pins und TSVs innerhalb der aktiven Layer erreicht. Die Verdrahtung ist zu berechnen als *BB-2D3D-HPWL* $= \Sigma(w_l + h_l)$ für alle zugehörigen aktiven Layer $l \subset L$

Der hier vorgestellte Ansatz erlaubt ebenfalls *triviale* TSV-Inseln mit nur einem TSV. Dies subsumiert die Behandlung von einzelnen TSVs als Spezialfall, womit diese Methodik nicht limitierend ist.

### 9.4.2 Verdrahtungsabschätzungsmethoden

Tsai et al. [TWH11] zeigen auf, dass die Verwendung von TSVs nicht nur die finale Verdrahtungslänge beeinflusst, sondern auch die Exaktheit der Verdrahtungsabschätzung verringern kann, falls TSVs nicht entsprechend berücksichtigt werden. Wie in Abschn. 9.2 erwähnt, ignorieren bisherige Studien zur 3D-Integration oftmals den Flächenverbrauch und die Platzierung von TSVs. Entsprechend wahrscheinlich ist die anschließende Behinderung der Platzierung von TSVs aufgrund von ungünstig verteiltem Deadspace.

Die etablierte Metrik der *Half-Perimeter-Wirelength (HPWL)* von umspannenden Rechtecken der Netze ist ungeeignet für den Entwurf von 3D-ICs. Jedoch kann diese Metrik angewendet werden, um unter Beachtung der Netz-Pins einen Referenzwert für optimale TSV-Platzierung zu erhalten. Hier wird dieser Ansatz als *NBB-3D-HPWL* (Abb. 9.5a) bezeichnet. Tsai et al. [TWH11] schlagen deren Erweiterung vor, sodass die Platzierung von TSVs bei der Konstruktion der umspannenden Rechtecke einbezogen wird. Diese Metrik ist als *BB-3D-HPWL* (Abb. 9.5b) bezeichnet. Jedoch ignorieren Tsai et al., dass die Verwendung von TSVs Verbindungen zu einzelnen Blöcken in allen zugehörigen Layern voraussetzt.

Um die resultierende Verdrahtung präziser abzuschätzen, schlagen Kim et al. [KAL09] das Auftrennen von Netzen vor. Die Autoren konstruieren die umspannenden Rechtecke für die einzelnen Layer jeweils unabhängig und summieren sich ergebende Verdrahtungslängen auf. Dieser Ansatz ist als *BB-2D3D-HPWL* (Abb. 9.5c) bezeichnet.

Diese Abschätzungsmethoden nehmen ausschließlich die Platzierung einzelner TSVs in jeden zugehörigen aktiven Layer bei der Verdrahtung eines Netzes an. Allerdings kann die Verwendung von mehreren TSVs für hochgradige Netze, z. B. solche zur Leitung von Aktivierungssignalen, vorteilhaft für die Reduzierung der Verdrahtung sowie der Leistungsaufnahme sein. Kürzlich haben Zhao et al. [ZML11] Algorithmen zur Generierung von Taktsignalstrukturen vorgestellt, welche mehrere TSVs nutzen. Derartige Ansätze müssen gleichzeitig die Kapazitäten und Widerstände von TSVs beachten, die angestrebte Leistungsaufnahme steuern, sowie die Verdrahtungslängen kontrollieren. Die diskutierten Abschätzungsmethoden sind für solche komplexe Aufgaben ungeeignet.

Wie in Abschn. 9.4.1 erläutert, kann die Verwendung von TSV-Inseln gewisse Verdrahtungsumwege erfordern. Um diese abzuschätzen, kann die BB-2D3D-HPWL-Metrik mit der NBB-3D-HPWL-Metrik verglichen werden. Jedoch erscheint ein Vergleich der BB-2D3D-HPWL-Metrik bei der Verwendung von TSV-Inseln mit der Verwendung von einzelnen TSVs praktischer.

## 9.5 Problemformulierung

Der 3D-Layoutentwurf unter Anwendung der L2Di-Methodik beruht auf folgenden Voraussetzungen:

- **Aktive Layer,** bezeichnet als Menge $L$. Jeder Layer $l \in L$ hat Abmessungen $(h_l, w_l)$, sodass jeder zu $l$ zugeordneter Block ohne Überschneidungen in die Kontur des 3D-ICs eingefügt werden kann.
- **Rechteckige IP-Blöcke,** bezeichnet als Menge $B$. Jeder Block $b \in B$ hat Abmessungen $(h_b, w_b)$ und Pins, bezeichnet als Menge $P^b$. Jeder Pin $p \in P^b$ eines Blockes $b$ ist definiert durch dessen Abstand ( $\delta_p{}^x$, $\delta_p{}^y$) zum geometrischen Zentrum des Blocks (bezeichnet als Ursprung).
- **Netzliste,** bezeichnet als Menge $N$. Ein Netz $n \in N$ beschreibt eine Verbindung zwischen zwei oder mehr Pins.
- **TSV-Insel-Typen,** bezeichnet als Menge $T$. Jeder Typ $t \in T$ hat Abmessungen $(h_t, w_t)$ und Kapazität $\kappa_t$. Da vordefinierte Typen redundante TSVs enthalten können, definiert $\kappa_t$ die Anzahl der durch $t$ verdrahtbaren Netze. Obwohl eine simple Problemformulierung von nur einem Typ ausgehen kann, werden in dieser Arbeit verschieden dimensionierte Typen angenommen, um die Platzierung der Inseln zu begünstigen.
- **3D-Floorplan,** bezeichnet als Menge $F$. Jedem Block $b$ wird eine Position $(x_b, y_b, l_b)$ zugeordnet, sodass sich keine Blöcke überlappen. Die Koordinaten des Ursprungs des Blockes sind bezeichnet als $(x_b, y_b)$. Die Variable $l_b$ beschreibt den zugewiesenen Layer.

In Abschn. 9.2 wurde erwähnt, dass bisherige Arbeiten in 3D-Floorplanning oftmals Randbedingungen und Kosten bei der Verwendung von TSVs vernachlässigen. Nichtsdestoweniger stellen diese Arbeiten optimierte Floorplans, z. B. bezüglich kurzer Verdrahtung und thermischer Verteilung, bereit. Daher adressiert die nachfolgend vorgestellte L2Di-Methodik die bisher unterlassene TSV-Planung. Es wird das Clustering von zwischen aktiven Layern verlaufenden Netzen in TSV-Inseln derart angestrebt, dass keine übermäßigen weiteren Kosten entstehen. Solche Inseln, ebenso einzelne TSVs, werden dann in den um Blöcke verteilten Deadspace eingefügt.

## 9.6 Eine Methode zur Nutzung von klassischen IP-Blöcken

Um Blöcke zwischen verschiedenen aktiven Layern unter Anwendung der L2Di-Methodik zu verbinden, werden die Positionen der TSV-Inseln benötigt. Allerdings muss das Platzieren der Inseln den Verdrahtungsbedarf und die Kapazitäten berücksichtigen, damit unnötige Umwege wegfallen. Um dieses zirkuläre Problem zu lösen, werden folgende Techniken vorgestellt.

(i) **Bestimmung von Netz-Cluster**—dabei erfolgt eine Gruppierung von Netzen, um den Verdrahtungsbedarf lokalisieren und abschätzen zu können.
(ii) **Planung der TSV-Inseln**—unter Verwendung der Netz-Cluster wird jeweils die Dimensionierung und Platzierung von TSV-Inseln ermittelt.

Bei der Bestimmung der Netz-Cluster werden umspannende Rechtecke der Netze verwendet, d. h. minimal umspannende Rechtecke der Netz-Pins, welche alle kürzest möglichen Verbindungen beinhalten (unter Ausschluss von Blockierungen). Die Überschneidungen von verschiedenen umspannenden Rechtecken bilden die sog. *Cluster-Regionen* der dazugehörigen Netze. Die Platzierung von TSV-Inseln innerhalb der Cluster-Regionen begünstigt die kürzest mögliche Verdrahtung aller beteiligter Netze. Die Zuordnung von Netzen zu Clustern erleichtert außerdem die Auswahl eines geeigneten TSV-Insel-Typs. Um diesen Prozess zu formalisieren, wird ein sogenannter *virtueller Layer* definiert – das minimal umspannende Rechteck der Projektionen der Umrisse aller aktiven Layer.

Die Planung von TSV-Inseln beruft sich auf Cluster-Regionen, um zu bestimmen, wo Inseln zu platzieren sind. Dies hängt von den verfügbaren Insel-Typen, dem Deadspace sowie von Blockierungen (durch Blöcke oder andere Inseln) der Cluster-Regionen ab. Weiterhin bestimmt das Netz-Clustering verschiedene Mengen bzw. Gruppierungen aller Netze, weshalb die Planung der Inseln den (in Bezug auf sich ergebende Verdrahtung) bestmöglichen Cluster für jedes Netz bestimmen muss. Es sei angemerkt, dass diese Techniken auch erweitert werden können, um nachfolgende Entwurfsschritte wie das Platzieren von Signalverstärkern (Buffern) zu ermöglichen. Abbildung 9.6 illustriert beispielhaft die Bestimmung der Netz-Cluster und die Planung von TSV-Inseln im Falle von zwei aktiven Layern.

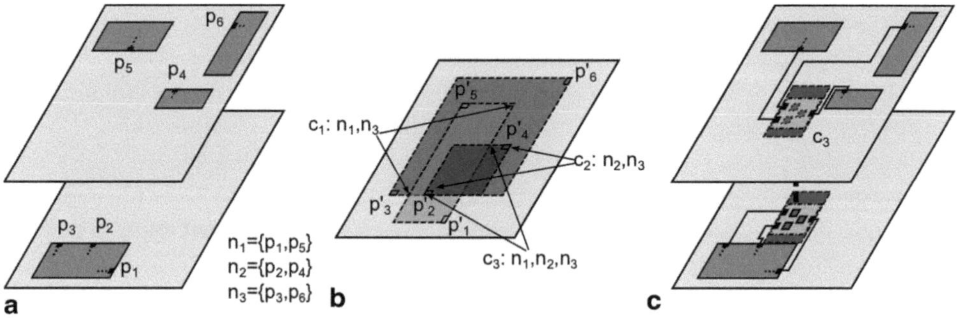


**Abb. 9.6** Die Bestimmung der Netz-Cluster und Planung der TSV-Inseln bei zwei aktiven Lagen. **a** Netze $n_1$, $n_2$ und $n_3$ müssen mittels TSVs verbunden werden. **b** Pins pn sind auf den virtuellen Layer als p'n projiziert, wo auch die dazugehörigen umspannenden Rechtecke der Netze konstruiert werden. Überschneidungen der Rechtecke bilden die Cluster-Regionen $c_1$, $c_2$, und $c_3$ (Eckpunkte der Regionen sind mit Pfeilen markiert). **c** Die Region $c_3$ ist nicht blockiert und stellt ausreichend Fläche zur Platzierung einer TSV-Insel zur Verfügung. Damit erlaubt die entsprechende Insel die kürzest möglichste Verdrahtung aller Netze

In der nachfolgenden Diskussion werden ausschließlich Netze betrachtet, welche mehrere aktive Layer verbinden. Details der vorgestellten Techniken werden in den Abschn. 9.6.2–9.6.4 dargelegt, ein Flussdiagramm ist in Abb. 9.8 gegeben. Die L2Di-Methodik wird schrittweise für mehrere aktive Layer durchgeführt, wie in Abb. 9.8a zu erkennen ist. Verwendete Parameter und deren Werte sind in Tab. 9.1 (Abschn. 9.7) aufgeführt.

## 9.6.1 Graphentheoretische Betrachtungen

Die nachfolgenden Definitionen, Lemmata und Theoreme dienen der detaillierten Diskussion von umspannenden Rechtecken. Die Diskussion ist abgeleitet aus einer Studie von Imai und Asano [IA83] über die Schnittflächen von an den Koordinatenachsen ausgerichteten Rechtecken in der Ebene. Abbildung 9.7 illustriert solche Rechtecke.

**Definition 1** Die Intervalle $[x^A_{min}, x^A_{max}]$ und $[x^B_{min}, x^B_{max}]$ überschneiden sich, wenn gilt $x^A_{min} \leq x^B_{min} \leq x^A_{max}$ oder $x^B_{min} \leq x^A_{min} \leq x^B_{max}$.

*Lemma 1* Falls zwei gegebene Intervalle sich überschneiden, dann ist deren Überschneidungsmenge ebenfalls ein Intervall.

Anmerkung: Die Projektionen des an den Koordinatenachsen ausgerichteten Rechtecks $A[x^A_{min}, x^A_{max}] \times [y^A_{min}, y^A_{max}]$ auf die Achsen $x$ und $y$ ergeben die Intervalle $[x^A_{min}, x^A_{max}]$ und $[y^A_{min}, y^A_{max}]$.

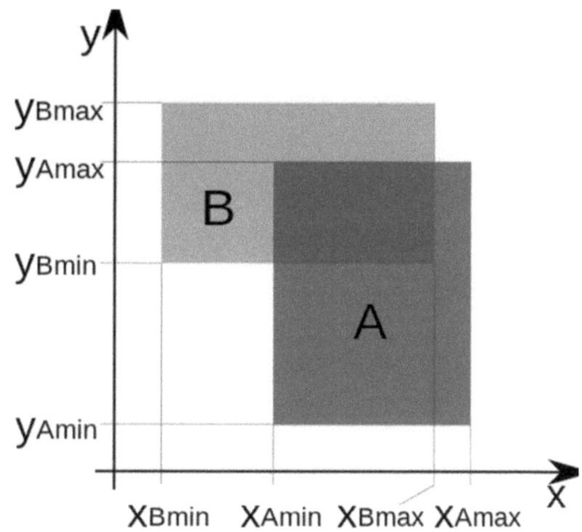


**Abb. 9.7** An den Koordinatenachsen ausgerichtete Rechtecke *A* und *B*

**Definition 2** Zwei an den Koordinatenachsen ausgerichtete Rechtecke $A[x^A{}_{min}, x^A{}_{max}] \times [y^A{}_{min}, y^A{}_{max}]$ und $B[x^B{}_{min}, x^B{}_{max}] \times [y^B{}_{min}, y^B{}_{max}]$ überschneiden sich genau dann, wenn deren Projektionen auf die Achsen $x$ und $y$ sich überschneiden.

*Lemma 2* Es seien zwei sich überschneidende, an den Koordinatenachsen ausgerichtete Rechtecke gegeben. Damit ist deren Schnittmenge bzw. Schnittfläche ebenfalls ein an den Koordinatenachsen ausgerichtetes Rechteck. Seien $n$ an den Koordinaten ausgerichtete Rechtecke gegeben, und falls deren Schnittmenge nicht leer ist, dann ergibt sich daraus ein an den Koordinatenachsen ausgerichtetes Rechteck.

In deren Studie beweisen Imai und Asano, dass $n$ an den Koordinatenachsen ausgerichtete Rechtecke (z. B. umspannende Rechtecke) jeweils eine nicht leere $n$-fache Überschneidungsmenge genau dann haben, wenn jedes einzelne Paar der $n$ Rechtecke sich überschneidet.

*Theorem 1* Es seien $n$ an den Koordinatenachsen ausgerichtete Rechtecke gegeben. Diese überschneiden sich paarweise genau dann, wenn deren $n$-fache Schnittmenge nicht leer ist [IA83]. Im Folgenden werden solche Rechtecke als sich *n-fach überschneidend* bezeichnet.

Anstatt alle Untermengen von sich überschneidenden umspannenden Rechtecken zu untersuchen, kann man nach Cliquen in einem entsprechend definierten *Überschneidungsgraphen* suchen. Solche Graphen repräsentieren umspannende Rechtecke durch Knoten und verbinden sich überschneidende Rechtecke mit Kanten.

Imai und Asano diskutieren ebenfalls einen Algorithmus mit $O(n \log n)$-Laufzeit, um maximale Cliquen in Überschneidungsgraphen mit $n$ Knoten zu finden, obwohl dieses Problem für allgemeine Graphen *NP-schwer* ist [PS98].

*Theorem 2* Es seien $n$ an den Koordinatenachsen ausgerichtete Rechtecke gegeben, wobei sich mindestens zwei Rechtecke nicht überschneiden. Eine größte Untermenge mit $k$

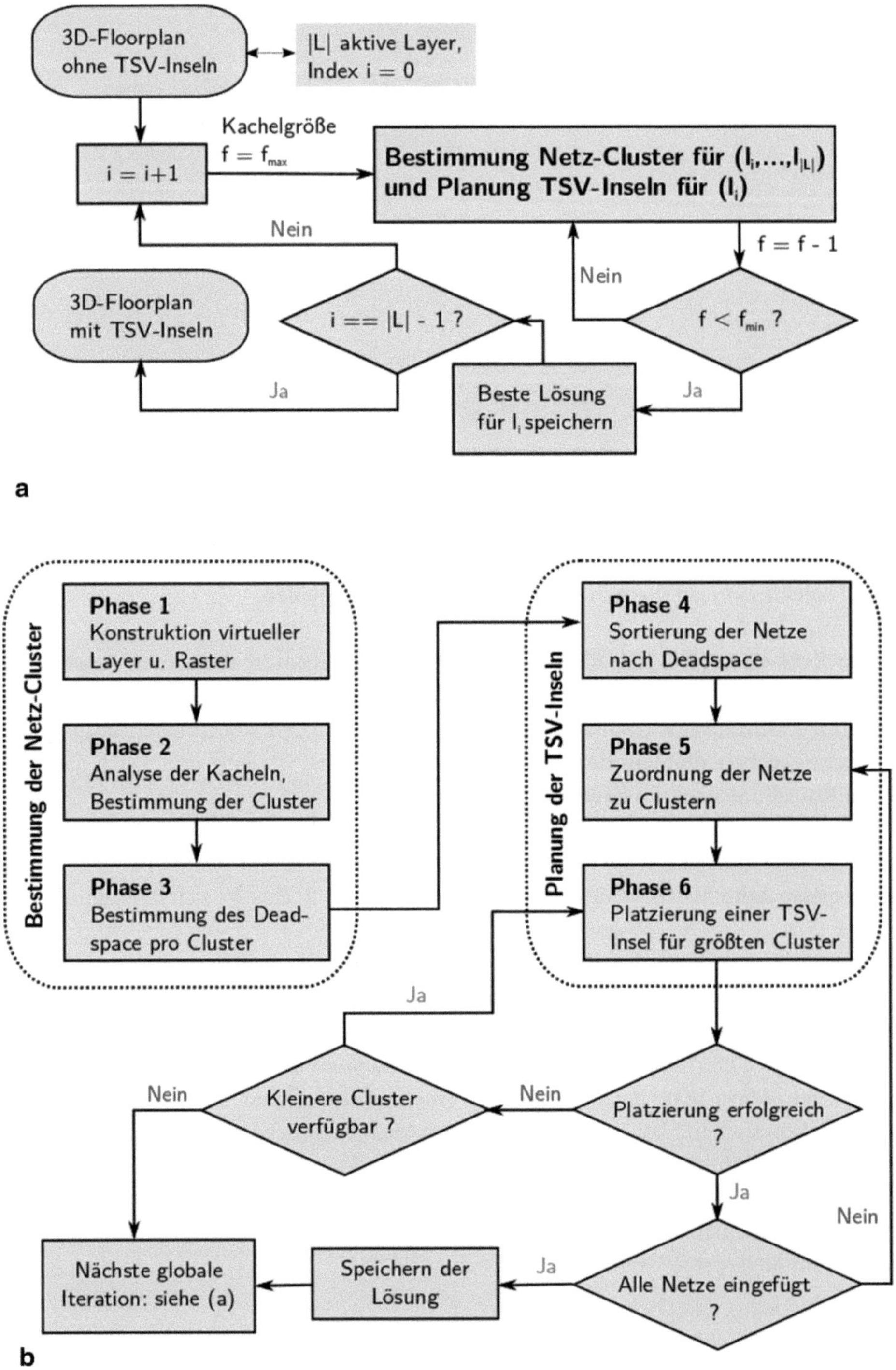
3D-Floorplan ohne TSV-Inseln
|L| aktive Layer, Index i = 0
Kachelgröße f = f_max
i = i+1
Bestimmung Netz-Cluster für (l_i,...,l_|L|) und Planung TSV-Inseln für (l_i)
f = f - 1
Nein
Nein
3D-Floorplan mit TSV-Inseln
i == |L| - 1 ?
f < f_min ?
Ja
Beste Lösung für l_i speichern
Ja
a
Bestimmung der Netz-Cluster
Phase 1
Konstruktion virtueller Layer u. Raster
Phase 2
Analyse der Kacheln, Bestimmung der Cluster
Phase 3
Bestimmung des Deadspace pro Cluster
Planung der TSV-Inseln
Phase 4
Sortierung der Netze nach Deadspace
Phase 5
Zuordnung der Netze zu Clustern
Phase 6
Platzierung einer TSV-Insel für größten Cluster
Ja
Nein
Kleinere Cluster verfügbar ?
Nein
Platzierung erfolgreich ?
Ja
Nein
Nächste globale Iteration: siehe (a)
Speichern der Lösung
Ja
Alle Netze eingefügt ?
b

**Tab. 9.1** Parameter und deren Werte für das Bestimmen der Netz-Cluster und die Planung der TSV-Inseln

| Parameter | Bedeutung | Wert |
|---|---|---|
| $\Omega_{min}$ | Minimal Überlappung zw. Cluster-Region und Raster-Kachel (Kachelfläche) | 25% |
| $\Xi^{d}_{min}$ | Minimaler Deadspace-Anteil pro Kachel im Clustering-Grid (Kachelfläche) | 70% |
| $O_{nets}$ | Maximale Anzahl an Netze pro Cluster | 30 |
| $O_{link}$ | Maximale Anzahl an Cluster pro Netz | 5 |
| $n^{d}_{min}$ | Minimale Deadspace-Fläche pro Netz je Cluster (TSV-Fläche & Keep-Out-Zone) | 110% |
| $c^{x}_{ext}$, $c^{y}_{ext}$ | Ausweitung der Cluster-Region für lokale Suche nach Deadspace (Chipabmessungen) | variabel (10-50%) |
| $f_{max}$ | Maximale Rastergröße Clustering-Grid | 15 |
| $f_{min}$ | Minimale Rastergröße Clustering-Grid | 5 |

Rechtecken, welche sich *k*-fach überschneiden, kann in einer Laufzeit von *O(n log n)* bestimmt werden [IA83].

Im Rahmen dieser Arbeit jedoch ist die Bestimmung einer einzelnen (maximalen) Clique unzureichend. Im Allgemeinen können solche großen Cliquen die Kapazitäten von größten verfügbaren TSV-Inseln überschreiten. Es könnten mehrere TSV-Inseln kombiniert werden, um solche Cliquen zu verbinden, jedoch verstärkt dies mögliche Verdrahtungsüberlastungen, den mechanischen Stress, sowie die Signalverzögerungsproblematik [GM09], [YAL+10].

Ein weiteres Problem ausgehend von der Verwendung großer Cliquen ist, dass zugehörige (kleine) Schnittflächen der umspannenden Rechtecke möglicherweise keinen Deadspace beinhalten, wodurch die Platzierung von TSV-Inseln verhindert wird. Im Gegensatz dazu impliziert eine kleinere Clique eine geringere Anzahl von dazugehörigen umspannenden Rechtecken und damit eine größere Schnittfläche, welche die TSV-Platzierung mit höherer Wahrscheinlichkeit zulässt. Daher werden Partitionierungen der Kanten des

**Abb. 9.8** Die L2Di-Methodik für 3D-IC-Entwurf. **a** Die globalen Iterationen starten mit dem untersten Layer und führen die Bestimmung von Netz-Cluster und die Planung von TSV-Inseln schrittweise für alle Layer durch. Beste Lösungen bezeichnen Lösungen wobei in Layer li platzierte TSV-Inseln kürzest mögliche Verdrahtung erlauben. Die Größe der Kacheln des Clustering-Rasters wird iterativ verändert, wie in Abschn. 9.6.2 erläutert. Unter Annahme der erfolgreichen Planung von TSV-Inseln für jede Lage stellt die Methodik einen 3D-Floorplan mit optimal platzierten TSV-Inseln bereit. **b** Die wesentlichen Schritte der Methodik. Erstens lokalisiert die Bestimmung der NetzCluster den globalen Verdrahtungsbedarf, welcher durch die Cluster-Regionen beschrieben wird. Zweitens wird die Planung von TSV-Inseln innerhalb der Cluster-Regionen unter Beachtung von dynamischen Prioritäten, verfügbaren TSV-Insel-Typen, sowie Deadspace, iterativ durchgeführt

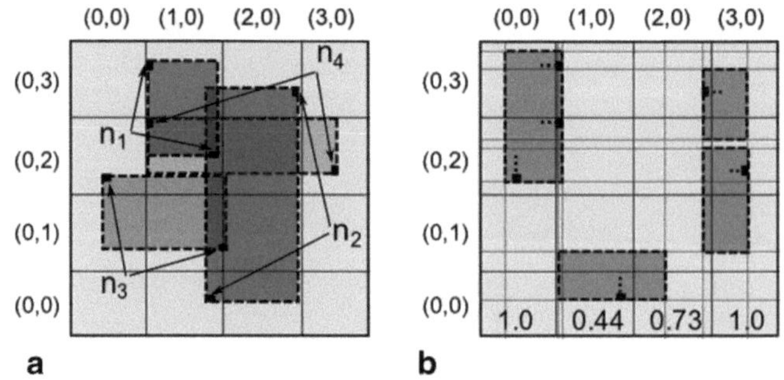


**Abb. 9.9** Die Rasterstrukturen. **a** Das gleichmäßige Clustering-Raster *G* auf dem virtuellen Layer. Entsprechend den umspannenden Rechtecken werden Netzen den jeweilig überdeckten Kacheln zugeordnet. Die Überschneidungen der Rechtecke müssen während der Bestimmung der Netz-Cluster explizit geprüft werden. In der Kachel *(1, 2)* zum Beispiel bilden die umspannenden Rechtecke der Netze $n_1$, $n_3$ und $n_3$, $n_4$ jeweils keine Schnittflächen, jedoch sind alle Netze dieser Kachel zugeordnet. **b** Um den verfügbaren Deadspace zu bestimmen wird das ungleichmäßige Raster *D* konstruiert. Der Anteil des Deadspaces pro Kachel wird, wie in der letzten Reihe illustriert, ebenfalls im Clustering-Raster *G* annotiert

Überschneidungsgraphen in kleine Mengen von Cliquen gesucht, welches dem NP-schweren Problem der *Cliquenüberdeckung* entspricht [FPT81]. Der im Folgenden vorgestellte Algorithmus basiert schließlich auf vereinfachten Analysen von umspannenden Rechtecken, um das Problem der Cliquenüberdeckung zu umgehen.

## 9.6.2 Bestimmung der Netz-Cluster

Der nachfolgende Algorithmus ist für Untermengen $\{l_i, \ldots, l_{|L|}\}$ der aktiven Layer durchzuführen, wobei $l_i$ jeweils den untersten Layer bezeichnet. Um Cluster (Cliquen) von angemessener Größe zu bestimmen, wird zuerst ein *gleichmäßiges Clustering-Raster G* auf dem virtuellen Layer konstruiert (Abb. 9.9). Das Clustering-Raster verknüpft jedes Netz *n* mit jeder Kachel $\Xi \in G$, welche von dessen umspannenden Rechteck überdeckt wird, und ermöglicht damit flächenbeschränkte (geeignete) Cluster. Es werden jeweils Netze betrachtet, welche Blöcke in $l_i$ mit Blöcken in den aktive Lagen $l_{i+1}, \ldots, l_{|L|}$ verbinden. In diesem Zusammenhang müssen Netze, welche drei oder mehr Lagen umspannen, angepasst werden für globale Iterationen (Abb. 9.8a), wie im Abschn. 9.6.3 erläutert ist.

Um die Verteilung des Deadspace in $l_i$ zu bestimmen, wird ein weiteres, *ungleichmäßiges Raster D* konstruiert. Die Rasterlinien sind entsprechend den Kanten der Blöcke konstruiert. Kacheln, welche nicht durch Blöcke überdeckt sind, definieren Deadspace.

Für *m* Blöcke innerhalb einer Kachel Ξ kann die Ermittlung des Deadspaces mit einer Laufzeit von $O(m^2)$ erfolgen [WL07], welches nicht aufwändig ist, da oftmals gilt $m < 50$. Innerhalb des gleichmäßigen Rasters *G* werden Kacheln mit unzureichendem Deadspace ($< \Xi^d_{\min}$) als blockiert gekennzeichnet.

Die Größe $f$ der Kacheln beeinflusst die Anzahl der Netze pro Kachel für das Raster $G$. Zum Beispiel würde eine Vierteilung von $f$ in Abb. 9.9a die maximale Anzahl von Netzen pro Kachel von vier auf zwei reduzieren. Eine geringere Anzahl von Netzen pro Kachel limitiert die Größe der Cluster, und erhöht damit die Chancen auf eine erfolgreiche Platzierung der TSV-Inseln. Daher werden die vorgestellten Algorithmen in eine globale Schleife eingebunden (Abb. 9.8a), welche $f$ schrittweise von einer oberen Grenze $f_{max}$ bis zu einer unteren Grenze $f_{min}$ anpasst (Tab. 9.1). Anschließend wird die beste Lösung mit der kleinsten abgeschätzten Verdrahtung ausgewählt. Der Einfluss der Kachelgröße auf die Verdrahtungslänge und die Erfolgsraten der Methodik wird im Abschn. 9.7 diskutiert.

Der Algorithmus zur Bestimmung der Netz-Cluster ist in die folgenden Phasen gegliedert (Abb. 9.8).

**In Phase 1** werden der virtuelle Layer und die Rasterstrukturen konstruiert. Anschließend wird jedes Netz mit jeder Kachel entsprechend der Überlappung der umspannenden Rechtecke verknüpft (Abb. 9.9a).

**In Phase 2** sind für nicht blockierte Kacheln die größtmöglichen Cluster zu bestimmen – verknüpfte Netze werden solange einbezogen, wie die sich ergebende Schnittfläche der umspannenden Rechtecke nicht leer ist. Als Beispiel sei die zweite Reihe von oben des Rasters in Abb. 9.9a betrachtet. Die Kacheln *(0, 2)* und *(3, 2)* werden nicht berücksichtigt bei der Bestimmung der Cluster, da sie als blockiert markiert sind. Die Bestimmung der Cluster ergibt für die Kachel *(1, 2)* den Cluster $c_1$ mit $c_1.nets = \{n_1, n_2, n_4\}$, und für Kachel *(2, 2)* den Cluster $c_2$ mit $c_2.nets = \{n_2, n_4\}$. Weiterhin wird eine untere Grenze $\Omega_{min}$ für die Überlappung zwischen der Schnittfläche der umspannenden Rechtecke und der Kachel selbst einbezogen, damit eine gewisse Schnittmenge mit der nicht blockierten Kachel, d. h. eine minimale Clustergröße, gewahrt ist. Eine obere Grenze $O_{nets}$ der zu jedem Cluster $c$ zugeordneten Netze ist nicht zu überschreiten. Jedes Netz $n$ wiederum kann mit höchsten $O_{link}$ Cluster verknüpft werden.

Es sei angemerkt, dass Überschneidungen im Allgemeinen mehr als eine Kachel überdecken können, je nach Gestalt der umspannenden Rechtecke. Daher wird die Erweiterung vorhandener Cluster-Regionen bei der schrittweisen Ermittlung der Cluster berücksichtigt. Danach sind bisher keinem Cluster zugeordnet Netze einzubeziehen, welche sich mit blockierten Kacheln überdecken. Diese Netze werden unabhängig von den jeweiligen Kacheln zur Bestimmung von Clustern durch die Betrachtung verschiedener Untermengen der Netze herangezogen. Da dieser Schritt ebenfalls Cluster mit nur einem Netz erlaubt, ist anschließend garantiert, dass alle Netze in mindestens einem Cluster berücksichtigt sind.

**In Phase 3** wird der jedem Cluster zur Verfügung stehende Deadspace ermittelt. Dieser wird über alle Kacheln unter Berücksichtigung der Überschneidung der Cluster-Region mit den jeweiligen Kacheln aufsummiert.

### 9.6.3 Planung der TSV-Inseln

Nach der Bestimmung der Netz-Cluster sind nun Cluster-Regionen auszuwählen, welche die Platzierung der TSV-Inseln in den aktiven Layer $l_i$ ermöglichen. Dabei müssen nicht für alle Cluster TSV-Inseln geplant werden, um alle Netze zu verdrahten – entsprechend der Grenze $O_{link}$ kann jedes Netz mit mehreren Clustern *assoziiert* sein. In Abhängigkeit der Auswahl der Cluster können manche zur Platzierung unbenutzbar werden, da der berücksichtigte Deadspace sich mit dem anderer Cluster überschneiden kann. Weiterhin müssen für Cluster, welche Netze beinhalten, die blockierte Kacheln überlappen, Deadspace in deren Umgebung einbezogen werden. Beide Anliegen können dazu führen, dass sich die Platzierung einzelner TSV-Inseln gegenseitig blockiert.

Der vorgestellte Algorithmus zur Planung von TSV-Inseln (Abb. 9.8) berücksichtigt daher die Auslastung des Deadspaces während der schrittweisen Zuweisung von Netzen und dem Platzieren der TSV-Inseln. In der nachfolgenden Diskussion werden Netze, welche einer (platzierten) TSV-Inseln zugeordnet sind, als *eingefügt* bezeichnet und Netze, welche mit einem Cluster verknüpft (assoziiert) sind, als *zugeordnet* bezeichnet.

**In Phase 4** werden alle Netze nach dem gesamten Deadspace der ihnen zugeordneten Cluster sortiert. Dadurch werden Netze bevorzugt, welchen wenig Deadspace innerhalb der Cluster zugeordnet ist, da eine Platzierung von TSV-Inseln für diese Netze schwierig ist.

**In Phase 5** werden die zugeordneten Cluster jedes bisher nicht eingefügten Netzes analysiert. Dabei wird der Cluster mit der höchsten, dynamischen *Cluster-Priorität* $\Upsilon(c) = c.deadspace \div |c.assigned\_nets|$ (Deadspace der Cluster-Region geteilt durch die Anzahl der verknüpften Netze) ausgewählt. Um die Platzierung von TSV-Inseln zu begünstigen, muss der ausgewählte Cluster einen Mindestanteil $n^d{}_{min}$ an Deadspace für jedes zugeordnete Netz aufweisen. Anschließend wird jedes (nicht zugeordnete) Netz, welches mit dem höchstpriorisierten Cluster verknüpft ist, diesem Cluster zugeordnet. Alle abschließend nicht zugeordnet verbleibenden Netze werden jeweils trivialen Clustern (beinhalten nur dieses eine Netz) zugeordnet.

**In Phase 6** wird die Platzierung einer TSV-Insel für den größten Cluster (in Bezug auf $\Upsilon(c)^{-1} = |c.assigned\_nets| \div c.deadspace$) schrittweise erstellt. Die Platzierung von Inseln für Cluster mit vielen zugeordneten Netzen und wenig verfügbarem Deadspace ist schwierig, daher werden diese Cluster zuerst betrachtet. Diese Prozedur wird nach dem erfolgreichen Platzieren einer Insel beendet. Für die Prozedur wird eine lokale Suche angewandt, um innerhalb der Cluster-Region zusammenhängende Bereiche von Deadspace mit geeigneten Ausprägungen zu finden. Das heißt, die Suche zielt auf Bereiche, in denen eine TSV-Insel mit ausreichend Kapazität zur Verdrahtung aller zugeordneten Netze platziert werden kann. Zu Beginn wird nur Deadspace innerhalb der Cluster-Region berücksichtigt. Falls kein passender zusammenhängender Bereich von Deadspace gefunden werden kann, wird in einer zweiten Iteration die Cluster-Region durch die Faktoren $c^x{}_{ext}$, $c^y{}_{ext}$ (in Bezug auf die Abmessungen des aktiven Layer) erweitert, um die Suche auszudehnen. Falls weiterhin kein passender Bereich gefunden wird, kommt das *iterative Verschieben von Blöcken* zur Anwendung, um lokal Deadspace zu gewinnen (Abschn. 9.6.4). Dazu kommt zuerst der Cluster mit dem höchsten Anteil an Deadspace in Betracht, um die Verschiebung von Blöcken insgesamt zu minimieren.

Nach erfolgreicher Platzierung einer TSV-Insel werden alle eingefügten Netze als abgearbeitet markiert und die Zuordnung aller nicht eingefügten Netze zu weiteren Clustern wird aufgehoben – entsprechend der Priorität $\Upsilon$ kann nun jedes nicht eingefügte Netz einem andern Cluster zugeordnet werden. Weiterhin sind Netze, welche Blöcke in Layer $l_i$ mit Blöcken in den Layern $l_{i+2}, \ldots, l_{|L|}$ verbinden, also drei oder mehr Layer umspannen, anzupassen. Der Ursprung jeder zugehörigen TSV-Insel definiert einen *virtuellen Pin*, welcher als entsprechender Netz-Pins für nachfolgende Iterationen zur Bestimmung von Netz-Cluster dient.

Der Algorithmus zur Planung von TSV-Inseln wird an dieser Stelle mit Phase 5 fortgesetzt, bis alle Netze eingefügt sind.

### 9.6.4 Techniken fürs das Einfügen und Umverteilen von Deadspace

Die Platzierung von TSV-Inseln kann aufgrund von lokal unzureichendem Deadspace scheitern. Um dies zu umgehen, werden im Folgenden Techniken vorgestellt, welche das Einfügen und Umverteilen von Deadspace ermöglichen.

Das **Einfügen von Deadspace-Kanälen** generiert Regionen, um TSV-Inseln einzufügen und kann die Verdrahtung begünstigen (Abb. 9.10).

Das **Verschieben von Blöcken** erlaubt die Umverteilung verfügbaren Deadspaces, um die Platzierung von Inseln zu vereinfachen (Abb. 9.11).

Das Einfügen von Deadspace-Kanälen wird oftmals in industriellen Entwürfen angewendet, um die Verdrahtung zu erleichtern, die Platzierung von Buffern und Verbindungslogik zu erlauben, sowie die Flexibilität der Platzierung von TSVs zu erhöhen. Jedoch ist dieser Ansatz für kompakte Floorplans nicht geeignet.

Im Gegensatz dazu bewirkt das Verschieben von Blöcken, dass Floorplans kompakt bleiben (die Umrisse werden beibehalten) und sich die Platzierung von TSVs vereinfacht. Dieser Ansatz ist komplexer; der Erfolg bei der lokalen Generierung von ausreichenden, zusammenhängenden Bereichen von Deadspace hängt von den konkreten Floorplans ab.

Im Folgenden werden zwei Techniken präsentiert, welche auf ähnlichen Ansätzen beruhen, (*i*) das *initiale Verschieben* und (*ii*) das *iterative Verschieben* (Abb. 9.12). Das initiale Verschieben wird zu Beginn der L2Di-Methodik einmal durchgeführt, wie später erläutert ist. Das iterative Verschieben wird, falls nötig, während der Planung von TSV-Inseln durchgeführt.

Die Techniken für das Verschieben von Blöcken basieren auf dem Konzept des *räumlichen Slacks* beim Floorplanning [AM02] und führen Analysen der Cluster-Regionen durch. Slacks (in $x$- und $y$-Richtung) beschreiben die maximal erlaubte Verschiebung von

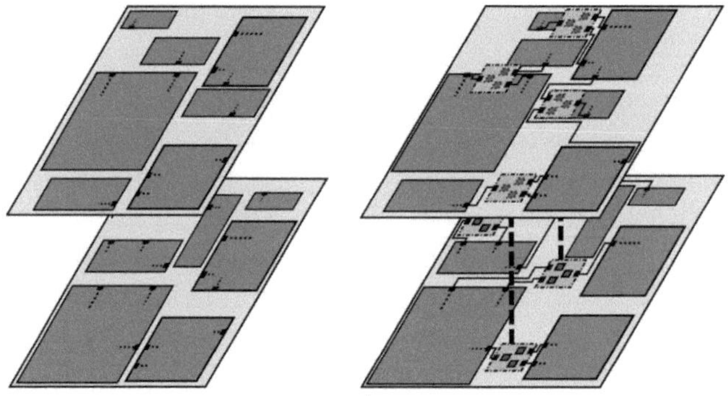

a b

**Abb. 9.10** Das Einfügen von Deadspace-Kanälen. TSV-Inseln sind als braune, gestrichelte Boxen mit TSVs (rote Boxen) dargestellt. Zugehörige Landing-Pads sind als gestrichelte, rote Boxen illustriert. **a** Manche Floorplans beinhalten lediglich schmale Kanäle zwischen den Blöcken. Dies behindert das Einfügen von Puffern, Verbindungslogik und TSV-Inseln. **b** Das Einfügen von Kanälen zwischen den Blöcken liefert den benötigten Deadspace auf Kosten einer vergrößerten Chipfläche

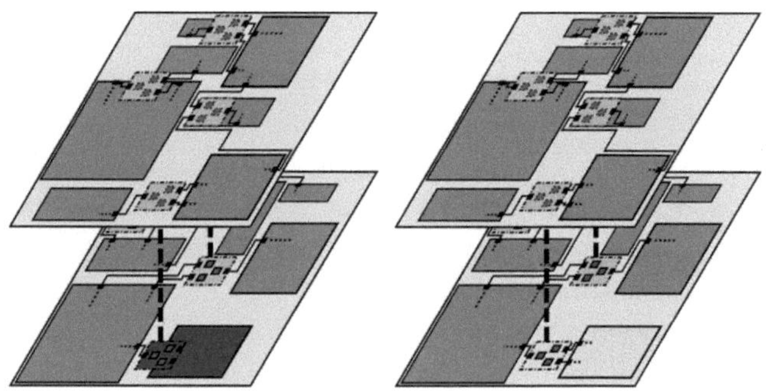

a b

**Abb. 9.11** Das Verschieben von Blöcken. **a** Ein gegebener Floorplan kann ausreichend, aber ungünstig verteilten Deadspace aufweisen, und damit die gezielte Platzierung von TSV-Inseln behindern. **b** Das Verschieben von Blöcken innerhalb des Floorplans begünstigt die Planung von TSV-Inseln

Blöcken innerhalb des Floorplan-Umrisses. Wenn Blöcke sich nicht überschneiden, sind alle Slacks $\geq 0$. Slacks werden für jeden Layer separat unter Verwendung von *Constraint-Graphen* [KLMH11] bestimmt. Modifikationen von Floorplans unter Anwendung von Constraint-Graphen sind in [MRMP08] ausführlich diskutiert.

Um den Slack in $x$-Richtung zu ermitteln, werden zuerst die Blöcke an die linke Begrenzung verschoben, und anschließend unabhängig davon an die rechte Begrenzung verschoben, jeweils unter Anwendung der Constraint-Graphen. Die Slacks in $x$-Richtung ergeben sich dann aus der Differenz der $x$-Koordinaten der Blöcke in den beiden generierten Anordnungen. Die Slacks in $y$-Richtung werden analog ermittelt. Es ist anzumerken, dass bereits platzierte TSV-Inseln als fixierte Blockierungen betrachtet werden. Die Verschiebung von TSV-Inseln kann eine Erhöhung der Verdrahtungslänge bewirken, da die verwendeten Positionen bereits auf minimale Verdrahtung ausgerichtet sind.

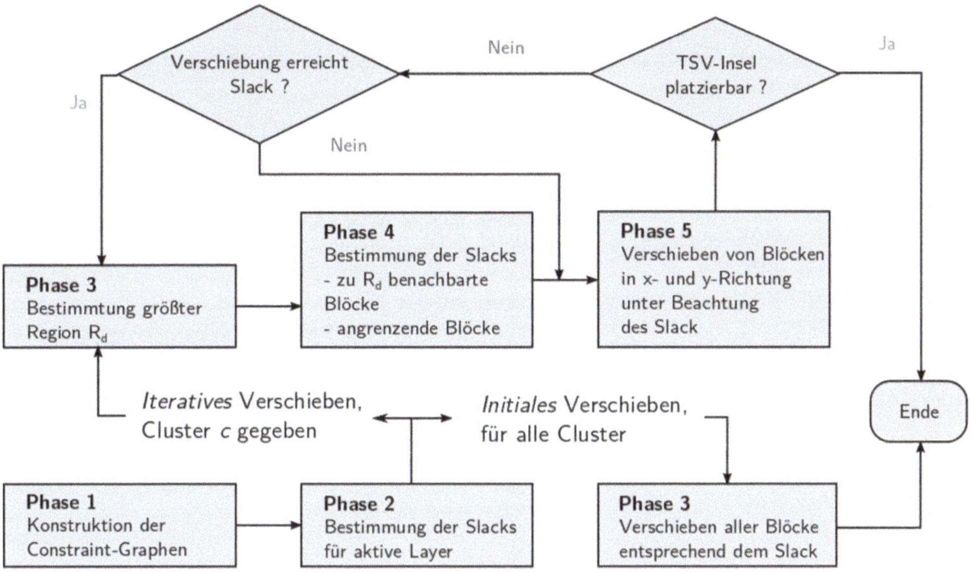


**Abb. 9.12** Ablaufdiagramm für das Verschieben von Blöcken

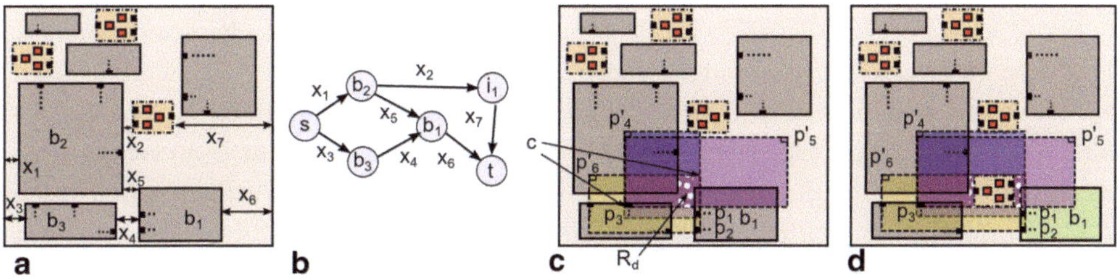


**Abb. 9.13** Verschieben der Blöcke basierend auf dem Konzept des Slacks. **a** Die Verbindung der Pins $p_1$, $p_2$ und $p_3$ zu einem benachbarten Layer (nicht dargestellt) erfordert eine weitere TSV-Insel. Sich ergebende $x$-Slacks werden bestimmt und als $x_n$ bezeichnet. **b** Die Slacks werden dann in den Constraint-Graphen annotiert (nur in Teilen illustriert). **c** Die Pins des benachbarten Layers sind als $p_n$ bezeichnet. Der Cluster $c$ (Eckpunkte sind gekennzeichnet) enthält die Region $R_d$ (weiß gepunktet), welche zu klein ist für die Platzierung einer TSV-Insel. **d** Ausgehend vom verfügbaren Slack wird Block $b_1$ so verschoben, dass $R_d$ vergrößert wird und eine TSV-Insel platziert werden kann

Ein Beispiel für das Verschieben von Blöcken unter Verwendung von Slacks ist in Abb. 9.13 gegeben. Zuerst werden die Slacks bestimmt (Abb. 9.13a) und in den Constraint-Graphen annotiert (Abb. 9.13b). Für das iterative Verschieben wird die größte (rechteckige) Region $R_d$ an Deadspace innerhalb des betreffenden Clusters bestimmt (Abb. 9.13c). Falls kein Deadspace vorhanden ist, wird nominell der Ursprung des Clusters als $R_d$ festgelegt. Anschließend erfolgt die Konsolidierung von Deadspace um $R_d$ durch die Verschiebung von angrenzenden Blöcken (Abb. 9.13d). Der Abstand der Verschiebung darf jeweils nicht den gegebenen Slack überschreiten. Weiterhin darf die Summe der Verschiebungen in alle Richtungen den Floorplan-Slack (den größten Slack eines beliebigen Blockes) nicht überschreiten.

Durch die Verschiebung eines Blockes kann die Verschiebung benachbarter und weiterer Blöcke erforderlich sein. Um dies zu realisieren, werden die Floorplan-Anordnungen mittels Constraint-Graphen dokumentiert. Falls $R_d$ nicht ausreichend vergrößert werden kann, wird eine weitere Region von Deadspace innerhalb der Cluster-Region zur Verschiebung in Betracht gezogen.

Für das initiale Verschieben von Blöcken ist der Slack der Blöcke auf allen aktiven Layern unabhängig zu ermitteln. Anschließend sind Blöcke so zu verschieben, dass sie entsprechend des Slacks zentriert werden. Dies kann die Platzierung von TSV-Inseln um Blöcke herum begünstigen, da diese anschließend sehr wahrscheinlich in Richtung des Ursprungs des Floorplans verteilt sind und damit zwischen den Blöcken Deadspace entsteht. Das initiale Verschieben wird einmalig vor der Durchführung der weiteren Algorithmen angewandt.

## 9.7 Experimentelle Untersuchungen

Die Gewinnung von 3D-Floorplans erfolgt mittels Anwendung akademischer Software [ZML+07], wobei diese für *10 %* Deadspace innerhalb der aktiven Layer konfiguriert ist. Es stehen zwei verschiedene Mengen von rechteckigen TSV-Inseln zur Verfügung, welche jeweils vor der Metallisierung hergestellte TSVs (Via-First-TSVs) mit Flächen von $100\,\mu m^2$ und $50\,\mu m^2$ beinhalten. Jede Menge enthält Inseln mit Kapazitäten für 1–30 Netzen unter Bereitstellung eines redundanten TSV, was für praktisch relevante TSV-Fehlerraten ausreichend ist [HHC+10]. Inseln entstehen durch das Packen einzelner TSVs in alle möglichen Konfigurationen, welche rechteckige Blöcke erlauben. Das Packen selbst berücksichtigt praktische Abstände zwischen TSVs von $10\,\mu m$ [JMPL11]. Dies begünstigt die Herstellbarkeit und die Verwendung von Keep-Out-Zonen und Landing-Pads, und begrenzt die Kopplung zwischen TSVs [KML09a].

Die Algorithmen wurden mittels *C++/STL* umgesetzt und auf einem *32-Bit-Linux* mit einem *2,4 GHz AMD-Opteron-Prozessor* ausgeführt. Diskutierte Parameter sind entsprechend Tab. 9.1 konfiguriert. Initial ist $c^x{}_{ext} = c^y{}_{ext} = 10\,\%$ definiert. Falls die Algorithmen ohne gültige Lösung abbrechen, wird der Wert für beide Parameter um *10 %* erhöht und die Experimente wiederholt, bis eine gültige Lösung gefunden oder der maximale Parameterwert von *50 %* erreicht wird.

In Tab. 9.2 sind Ergebnisse für die *GSRC-Benchmarks* dargelegt. Wie in vorhergehenden Studien dargelegt [TWH11], enthalten diese Benchmarks künstliche kleine Blöcke. Um dies ohne Anpassungen des Floorplanners zu berücksichtigen, wurden Blöcke vor dem Floorplanning um den Faktor fünf vergrößert. Nach der Anwendung der diskutieren Methodik sind die aktiven Layer wieder auf die ursprüngliche Größe zu verkleinern um einen Vergleich zu ähnlichen Studien zu ermöglichen. Daher sind die Flächen der

**Tab. 9.2** Ergebnisse für GSRC-Benchmarks unter Anwendung der L2Di-Methodik. Die Werte für $c^x_{ext}$ und $c^y_{ext}$ sind jeweils 10 % falls nicht anders gekennzeichnet († entspricht 20 % und ‡ entspricht 50 %)

| Layer | Deadspace & TSV-Fläche | Metrik | Generierung von Deadspace mittels: Einfügen v. Deadspace-Kanälen | | | Initiales Verschieben v. Blöcken | | | Iteratives Verschieben v. Blöcken | | |
|---|---|---|---|---|---|---|---|---|---|---|---|
| | | | n100 | n200 | n300 | n100 | n200 | n300 | n100 | n200 | n300 |
| 2 | 10% $2 \mu m^2$ | BB-2D3D-HPWL | 130825 | 302344 | 446973 | 131589 | 540324 ‡ | 414126 | 149473 † | 482071 ‡ | 530096 † |
| | | TSVs | 378 | 888 | 1162 | 420 | 941 | 1285 | 399 | 985 | 1294 |
| | | Laufzeit (s) | 19,22 | 173,97 | 471,26 | 76,69 | 4075,93 | 1219,95 | 118,49 | 794,63 | 2689,91 |
| | 10% $4 \mu m^2$ | BB-2D3D-HPWL | 133085 | 345474 | 455082 | 143039 | 543962 ‡ | 442638 | 151272 † | 487974 ‡ | 740244 ‡ |
| | | TSVs | 378 | 895 | 1154 | 422 | 943 | 1233 | 402 | 945 | 1209 |
| | | Laufzeit (s) | 19,78 | 295,22 | 503,46 | 86,627 | 4698,35 | 1346,74 | 124,73 | 2030,43 | 1835,08 |
| 2 | | mitt. BB-2D3D-HPWL | 131955 | 323909 | 451028 | 137314 | 542143 | 428382 | 150373 | 485023 | 635170 |
| | | norm. mitt. BB-2D3D-HPWL | 0,961 | 0,597 | 1,053 | 1 | 1 | 1 | 1,095 | 0,895 | 1,483 |
| | | Chipfläche ($mm^2$) | 0,1326 | 0,1301 | 0,2203 | 0,1203 | 0,1180 | 0,1998 | 0,1203 | 0,1180 | 0,1998 |
| 3 | 10% $2 \mu m^2$ | BB-2D3D-HPWL | 125263 | 254756 | 349766 | 107556 | 260285 | 329024 | 134568 | 297761 | 354223 |
| | | TSVs | 534 | 1034 | 1480 | 541 | 1094 | 1467 | 582 | 1081 | 1519 |
| | | Laufzeit (s) | 123,21 | 628,22 | 2124,44 | 222,39 | 2216,5 | 3268,41 | 146,05 | 701,43 | 1619,91 |
| | 10% $4 \mu m^2$ | BB-2D3D-HPWL | 130358 | 288970 | 361890 | 116611 | 422582 ‡ | 381228 | 140626 | 320208 | 409382 |
| | | TSVs | 539 | 1038 | 1425 | 568 | 3809 | 1455 | 573 | 1055 | 1485 |
| | | Laufzeit (s) | 126,37 | 1167,69 | 2166,21 | 172,13 | 3404,6 | 2977,85 | 144,91 | 518,07 | 1612,56 |
| 3 | | mitt. BB-2D3D-HPWL | 127811 | 271863 | 355828 | 112084 | 341434 | 355126 | 137597 | 308985 | 381803 |
| | | norm. mitt. BB-2D3D-HPWL | 1,140 | 0,796 | 1,002 | 1 | 1 | 1 | 1,228 | 0,905 | 1,075 |
| | | Chipfläche ($mm^2$) | 0,1036 | 0,0979 | 0,1408 | 0,0939 | 0,0888 | 0,1277 | 0,0939 | 0,0888 | 0,1277 |
| 4 | 10% $2 \mu m^2$ | BB-2D3D-HPWL | 113884 | 235542 | 312764 | 112720 | 245816 | 313033 | 136135 | 270877 | 329745 |
| | | TSVs | 654 | 1182 | 1597 | 696 | 1281 | 1700 | 698 | 1246 | 1758 |
| | | Laufzeit (s) | 141,22 | 670,97 | 1590,08 | 269,25 | 1608,07 | 1295,67 | 181,35 | 593,72 | 1458,01 |
| | 10% $4 \mu m^2$ | BB-2D3D-HPWL | 116956 | 407526 ‡ | 341536 | 130925 | 273112 | 366571 | 147328 | 369895 ‡ | 376833 |
| | | TSVs | 652 | 2257 | 1569 | 705 | 1252 | 1659 | 719 | 2018 | 1710 |
| | | Laufzeit (s) | 147,2 | 1346,6 | 2316,36 | 383,66 | 2692,46 | 1576,98 | 154,36 | 1992,46 | 1415,2 |
| 4 | | mitt. BB-2D3D-HPWL | 115420 | 321534 | 327150 | 121823 | 259464 | 344933 | 141732 | 320386 | 353289 |
| | | norm. mitt. BB-2D3D-HPWL | 0,947 | 1,239 | 0,948 | 1 | 1 | 1 | 1,163 | 1,235 | 1,024 |
| | | Chipfläche ($mm^2$) | 0,0653 | 0,0741 | 0,1177 | 0,0593 | 0,0673 | 0,1068 | 0,0593 | 0,0673 | 0,1068 |

verwendeten TSVs indirekt auf *4* $\mu m^2$ bzw. *2* $\mu m^2$ in den gepackten, finalen Layouts angepasst. Da die Benchmarks keine Pin-Positionen beinhalten, werden die umspannenden Rechtecke der Netze durch die umspannenden Rechtecke der verbundenen Blöcke definiert. Die verwendete Software für 3D-Floorplanning erlaubt nicht die Betrachtung externer Pins, daher werden entsprechende Netze nicht in den Verdrahtungsabschätzungen einbezogen. Es findet keine detaillierte Zuordnung von Netzen zu einzelnen TSVs innerhalb der Inseln statt, daher nutzen die Verdrahtungsabschätzungen den Ursprung der TSV-Inseln zur Verdrahtung der jeweiligen Netze. Weiterhin sind Laufzeiten der Algorithmen und der gesamtem Methodik (für globale Iterationen aufsummiert) angegeben, sowie die Werte für $c^x_{ext}$ und $c^y_{ext}$, die Anzahl der benötigten TSVs, und die Fläche des finalen Layouts.

Wie in Abschn. 9.6.2 erwähnt, ist die vorgestellte Methodik in eine globale Schleife eingebunden, welche die Größe $f$ der Kacheln des Clustering-Rasters schrittweise von $f_{max}$ hin zu $f_{min}$ verkleinert. Eine Untersuchung des Einflusses der Rastergröße auf die Erfolgsrate der Methodik und die resultierende Verdrahtungsabschätzung zeigen, dass die Dichte von gültigen Lösungen mit kleinerer Kachelgröße zunimmt. Kleine Kacheln begrenzen die Anzahl der Netze pro Kachel, damit also auch die Clustergröße. In der Praxis führen kleinere Kacheln zu einer geringeren Anzahl von zugewiesen Netzen pro Cluster, größeren Cluster-Regionen und einer vereinfachten Platzierung von TSV-Inseln. Dies reduziert auch wie erwartet die Verdrahtungslängen. Jedoch tritt eine untere Grenze für diese Zusammenhänge auf. Sehr kleine Kacheln führen zu vielen Clustern mit wenigen zugewiesenen Netzen, und damit zur Platzierung vieler kleiner TSV-Inseln. Da bereits platzierte Inseln als fixierte Blockierungen betrachtet werden, kann dies z. B. das iterative Verschieben von Blöcken behindern. Weiterhin ist die lokale Suche innerhalb der Cluster-Regionen so konzipiert, dass ausreichend große, zusammenhängende Bereiche direkt belegt werden. Damit kann die Ermittlung von geeigneten Regionen für Cluster, welche spät in der Planung von TSV-Inseln berücksichtigt werden, sich schwierig gestalten – es sind bereits viele TSV-Inseln innerhalb der Deadspace-Regionen verteilt.

Nachdem sich diese Trends in verschiedenen Experimenten bestätigen ließen, wurden die entsprechenden Parameter auf $f_{max} = 15$ und $f_{min} = 5$ festgesetzt. Nachfolgend werden relevante Ergebnisse der Anwendung der L2Di-Methodik diskutiert.

Erstens werden die Techniken für das Einfügen und Umverteilen von Deadspace bewertet. Es sei angemerkt, dass das Einfügen von Deadspace-Kanälen den verfügbaren Deadspace durch die Vergrößerung (und anschließende Verkleinerung) von Blöcken während des Floorplannings gewinnt, was gleichzeitig die gesamte Fläche des Entwurfs um *10,25 %* vergrößert. Im Gegensatz dazu bewahrt das Verschieben von Blöcken die ursprünglichen Umrisse des Floorplans. Beim Vergleich der Verdrahtungsabschätzungen in Tab. 9.2 wird ersichtlich, dass im Durchschnitt das Einfügen von Deadspace-Kanälen dem *iterativen* Verschieben überlegen, aber dem *initialen* Verschieben unterlegen ist. Im Vergleich ergibt sich für das iterative Verschieben gegenüber den initialen Verschieben eine Erhöhung der Verdrahtungslängen. Während der Planung von TSV-Inseln entsprechen bereits platzierte Inseln fixierten Blockierungen. Daher wird der Ansatz des iterativen Verschiebens durch die Verringerung der Slacks im Vergleich zum initialen Verschieben unterlaufen. Aus diesem Grund ist das initiale Verschieben von Blöcken für die L2Di-Methodik zu bevorzugen.

Zweitens erfolgt die Analyse des Einflusses der Anzahl der aktiven Layer. Es lässt sich beobachten, dass im Durchschnitt die Verdrahtungsabschätzungen bei einer steigenden Anzahl von Layern sich reduzieren. Wie zu erwarten, erhöht sich dabei die durchschnittliche Anzahl von TSVs. Es sei angemerkt, dass die Variationen in der Anzahl der TSVs durch die variierende Anzahl von redundanten TSVs beeinflusst ist, welche sich aus der Anwendung von unterschiedlichen Netz-Clustern und geplanten TSV-Inseln bei verschiedenen Techniken für die Gewinnung von Deadspace ergeben.

Drittens wird unter Beachtung der Kapazitäten und Abmessungen der Einfluss der verschiedenen TSV-Insel-Typen analysiert. Wie zu erwarten, begünstigen kleinere TSVs die Planung von TSV-Inseln. Die Verwendung von Inseln mit verschiedenen Formen begünstigt die erfolgreiche Platzierung der Inseln. Die Ergebnisse eines Experiments unter Anwendung von ausschließlich quadratischen Inseln sind in Tab. 9.3 gegeben.

Viertens erfolgt eine Analyse der Kosten von TSV-Inseln. Inseln mit mehr als einem TSV benötigen größere zusammenhängende Bereiche von Deadspace. Die Schnittfläche von mehreren umspannenden Rechtecken von Netzen kann in der Praxis, je nach Auswahl der Netze, jedoch klein sein. Allerdings wird in der vorgestellten Methodik während der Ermittlung der Cluster und der Zuordnung von Netzen zu Clustern der verfügbare Deadspace berücksichtigt, um schließlich die Platzierung von TSV-Inseln zu vereinfachen. Dennoch kann Deadspace durch vorhergehend platzierte Inseln blockiert sein, was sich

**Tab. 9.3** Ergebnisse für die L2Di-Methodik unter Verwendung von ausschließlich quadratischen TSV-Inseln. Zur Umverteilung von Deadspace wurde das initiale Verschieben von Blöcken angewandt. Gegebene Werte sind auf Tab. 9.1 normiert

| Deadspace & TSV-Fläche | Metrik | n100 | n200 | n300 |
|---|---|---|---|---|
| 10% | BB-2D3D-HPWL | 114795 | keine gültige Lösung | 413472 |
| $2\mu m^2$ | normiert | 1,067 | — | 1,257 |
| 10% | BB-2D3D-HPWL | 151528 | keine gültige Lösung | keine gültige Lösung |
| $4\mu m^2$ | normiert | 1,157 | — | — |

**Tab. 9.4** Ergebnisse für die L2Di-Methodik unter Verwendung von ausschließlich „trivialen" TSV-Inseln (mit je einem TSV), welches der Anwendung der L2D-Methodik entspricht. Zur Umverteilung von Deadspace wurde das initiale Verschieben von Blöcken angewandt. Gegebene Werte sind auf Tab. 9.1 normiert

| Deadspace & TSV-Fläche | Metrik | n100 | n200 | n300 |
|---|---|---|---|---|
| 10% | BB-2D3D-HPWL | 110047 | 223880 | 277914 |
| $2\mu m^2$ | normiert | 0,976 | 0,911 | 0,888 |
| 10% | BB-2D3D-HPWL | 119145 | 243076 | 323556 |
| $4\mu m^2$ | normiert | 0,91 | 0,89 | 0,882 |

während der Bestimmung der Netz-Cluster nicht erfassen lässt. Dadurch kann also die Verwendung von TSV-Inseln zusätzliche Kosten im Sinne von verlängerten Verdrahtungswegen hervorrufen.

In Tab. 9.4 sind Verdrahtungsabschätzungen für die L2Di-Methodik bei Verwendung von trivialen Inseln (nur ein TSV) aufgeführt. Dabei wird nicht auf die möglicherweise vergrößerten Flächen von einzelnen TSVs (aufgrund von vergrößerten Keep-Out-Zonen im Vergleich zu gepackten TSVs) und dem Verlust der Fehlertoleranz durch redundante TSVs eingegangen werden. Diese Abschätzungen entsprechen im Durchschnitt mindestens *91 %* denen von vorhergehenden Experimenten. Weitere Konfigurationen führten zu ähnlichen Ergebnissen. Es lässt sich schlussfolgern, dass die Kosten der Verwendung von TSV-Inseln moderat ausfallen und in Anbetracht der sich ergebenden Vorteile (Abschn. 9.4.1) akzeptierbar sind.

In Abb. 9.14 ist ein Beispiel für die erfolgreiche Anwendung der L2Di-Methodik für den GSRC-Benchmark *n200* bei Verwendung von vier aktiven Lagen gegeben.

## 9.8 Zusammenfassung

Das vorliegende Kap. 9 untersucht aktuelle Entwurfsmethoden auf die Anwendbarkeit beim 3D-Entwurf. Dabei wird die Einbindung existierender IP-Blöcke als eine wesentliche Herausforderung erkannt. Daher wurden verschiedene anwendbare Entwurfsstile für die 3D-Integration bei Verwendung von 2D-Blöcken diskutiert. Die vorgestellte L2Di-Methodik erlaubt die Gruppierung von TSVs zu TSV Inseln.

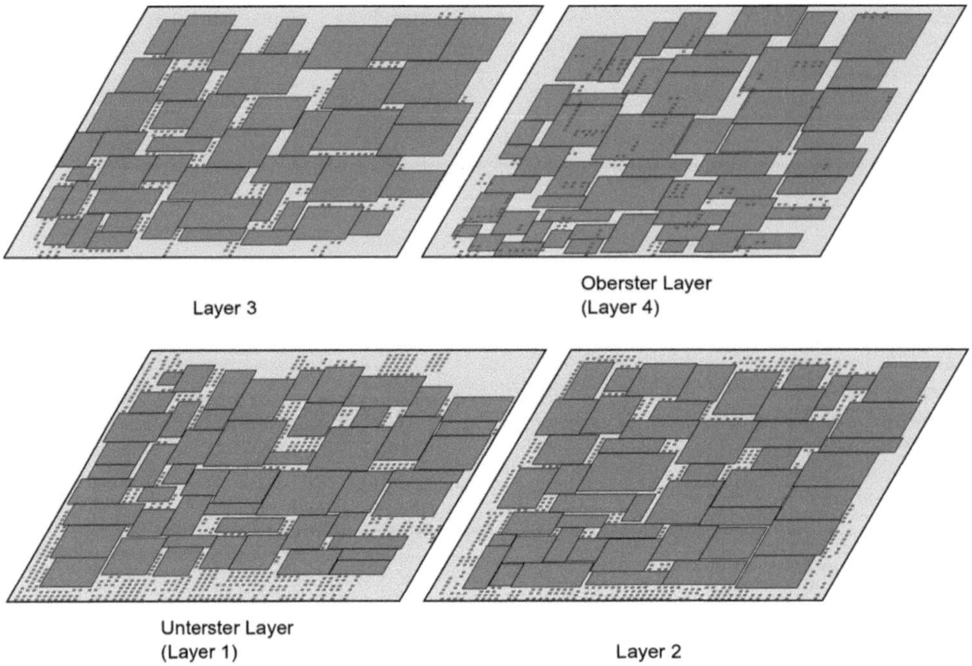


**Abb. 9.14** Erfolgreiche Anwendung der L2Di-Methodik für den GSRC-Benchmark *n200*. Zur Umverteilung von Deadspace wurde das initiale Verschieben von Blöcken angewendet. TSV-Inseln sind als rote Punkte dargestellt. Um die Anschaulichkeit zu wahren, sind Landing-Pads (rote Punkte) nur innerhalb des obersten Layers dargestellt

Um die L2Di-Methodik umzusetzen, wurden anschließend an graphentheoretische Betrachtungen neuartige Techniken für die Bestimmung von Netz-Cluster und zur Planung von TSV-Inseln erarbeitet. Weiterhin sind Techniken zur Einfügung und Umverteilung von Deadspace vorgestellt wurden. Experimentelle Untersuchen validieren die Anwendbarkeit und Effizient der vorgestellten Methodik. Typischerweise stellt das initiale Verschieben von Blöcken die geeignetste Technik zur lokalen Gewinnung von Deadspace dar.

**Danksagung** Inhalte dieses Kapitels wurden während eines Forschungsaufenthaltes an der University of Michigan, Ann Arbor, USA, unter Leitung von Prof. Igor Markov erstellt.

## Literatur

[AM02] Adya, S.N., Markov, I.L.: Consistent placement of macro-blocks using floorplanning and standard-cell placement. Proc. Int. Symp. Phys. Des. 12–17 (2002)

[Bor11] Borkar, S.: 3D integration for energy efficient system design. Proc. Des. Autom. Conf. 214–219 (2011)

[Cad10] Cadence design systems, Inc.: 3D ICs with TSVs — design challenges and requirements. Version (2010). http://www.cadence.com/rl/Resources/white_papers/3DIC_wp.pdf

[CM10] Cong, J., Ma, Y.: Thermal-Aware 3D Floorplan. Springer US, (Integrated Circuits and Systems), 63–102 (Kap. 4) (2010)

[CWZ04] Cong, J., Wei, J., Zhang, Y.: A thermal-driven floorplanning algorithm for 3D ICs. Proc. Int. Conf. Comput.-Aided Des. 306–313 (2004)

[FLM09] Fischbach, R., Lienig, J., Meister, T.: From 3D circuit technologies and data structures to interconnect prediction. In: Proc. Int. Workshop Sys.-Level Interconn. Pred. 77–84 (2009)

[FPT81] Fowler, R.J., Paterson, M.S., Tanimoto, S.L.: Optimal packing and covering in the plane are NP-complete. In: Inf. Proc. Lett. 12 (3), 133–137 (1981)

[FRB07] Ferri, C., Reda, S., Bahar, R.I.: Strategies for improving the parametric yield and profits of 3D ICs. In: Proc. Int. Conf. Comput.-Aided Des. 220–226 (2007)

[Glo10] Global industry analysts, Inc.: 3D Chips (3D IC) A global market report. Version (2010) http://www.prweb.com/releases/3D_chips/3D_IC/prweb4400904.htm

[GM09] Garg, S.; Marculescu, D.: 3D-GCP: An analytical model for the impact of process variations on the critical path delay distribution of 3D ICs. Proc. Int. Symp. Quality Elec. Des. 147–155 (2009)

[HAG+10] Healy, M.B., Athikulwongse, K., Goel, R., Hossain, M.M., Kim, D.H., Lee, Y.-J., Lewis, D.L., Lin, T.-W., Liu, C., Jung, M., Ouellette, B., Pathak, M., Sane, H., Shen, G., Woo, D.H., Zhao, X., Loh, G.H., Lee, H.S., Lim, S.K.: Design and analysis of 3D-MAPS: A many-core 3D processor with stacked memory. Proc. Cust. Integr. Circ. Conf. 1–4 (2010)

[HHC+10] Hsieh, A-C., Hwang, T.T., Chang, M-T., Tsai, M.-H., Tseng, C-M., Li, H-C.: TSV redundancy: Architecture and design issues in 3D IC. Proc. Des. Autom. Test Europe, 166–171 (2010)

[IA83] Imai, H., Asano, T.: Finding the connected components and a maximum clique of an intersection graph of rectangles in the plane. J. Algorith. 4(4), 310–323 (1983)

[ITR09] ITRS: International technology roadmap for semiconductors. Version (2009). http://www.itrs.net/Links/2009ITRS/Home2009.htm.

[JMPL11] Jung, M., Mitra, J., Pan, D.Z., Lim, S.K.: TSV Stress-aware full-chip mechanical reliability analysis and optimization for 3D IC. Proc. Des. Autom. Conf. 188–193 (2011)

[JXCM09] Jiang, L., Xu, Q., Chakrabarty, K., Mak, T. M.: Layout-driven test-architecture design and optimization for 3D SoCs under pre-bond test-pin-count constraint. Proc. Int. Conf. Comput.-Aided Des. 191–196 (2009)

[KAL09] Kim, D.H., Athikulwongse, K., Lim, S.K.: A study of through-silicon-via impact on the 3D stacked IC layout. In: Proc. Int. Conf. Comput.-Aided Des. 674–680 (2009)

[KLMH11] Kahng, A.B., Lienig, J., Markov, I.L., Hu, J.: VLSI physical design: from graph partitioning to timing closure. Springer (2011)

[KML09a] Kim, D.H., Mukhopadhyay, S., Lim, S.K.: TSV-aware interconnect length and power prediction for 3D stacked ICs. In: Proc. Int. Interconn. Technol. Conf. 26–28 (2009)

[KML09b] Kim, D.H., Mukhopadhyay, S., Lim, S.K.: Through-silicon-via aware interconnect prediction and optimization for 3D stacked ICs. Proc. Int. Workshop Sys.-Level Interconn. Pred. 85–92 (2009)

[LC09] Lee, H-H.S., Chakrabarty, K.: Test challenges for 3D integrated circuits. Des. Test Comput. 26 (5), 26–35 (2009)

[LGL09] Lee, Y-J., Goel, R., Lim, S.K.: Multi-functional interconnect co-optimization for fast and reliable 3D stacked ICs. Proc. Int. Conf. Comput.-Aided Des. 645–651 (2009)

[LHZ+06a] Li, Z., Hong, X., Zhou, Q., Zeng, S., Bian, J., Yang, H., Pitchumani, V., Cheng, C-K.: Integrating dynamic thermal via planning with 3D floorplanning algorithm. Proc. Int. Symp. Phys. Des. 178–185 (2006)

[LHZ+06b] Li, Z., Hong, X., Zhou, Q., Bian, J., Yang, H.H., Pitchumani, V.: Efficient thermal-oriented 3D floorplanning and thermal via planning for two-stacked-die integration. Trans. Des. Autom. Elec. Sys. 11(2), 325–345 (2006)

[Lim10] Lim, S.K.: 3D circuit design with through-silicon-via: challenges and opportunities. Proc. Elec. Des. Process Sym. Workshop (2010)

[LL09] Lewis, D.L., Lee, H-H.S.: Test strategies for 3D die stacked integrated circuits. Proc. Des. Autom. Test Europe 3D Workshop (2009)

[LMH+08] Li, X., Ma, Y., Hong, X., Dong, S., Cong, J.: LP based white space redistribution for thermal via planning and performance optimization in 3D ICs. Proc. Asia South Pacific Des. Autom. Conf. 209–212 (2008)

[LMH09] Li, X., Ma, Y., Hong, X.: A novel thermal optimization flow using incremental floorplanning for 3D ICs. Proc. Asia South Pacific Des. Autom. Conf. 347–352 (2009)

[LML+08] Loi, I., Mitra, S., Lee, T.H., Fujita, S., Benini, L.: A low-overhead fault tolerance scheme for TSV-based 3D network on chip links. Proc. Int. Conf. Comput-Aided Des. 598–602 (2008)

[LXB07] Loh, G.H., Xie, Y., Black, B.: Processor design in 3D die-stacking technologies. Micro 27 31–48 (2007)

[LZR+09] Lu, K.H., Zhang, X., Ryu, S-K., Im, J., Huang, R., Ho, P.S.: Thermo-mechanical reliability of 3-D ICs containing through silicon vias. Proc. Elec. Compon. Technol. Conf. 630–634 (2009)

[MRMP08] Moffitt, M.D., Roy, J.A., Markov, I.L., Pollack, M.E.: Constraint-driven floorplan repair. Trans. Des. Autom. Elec. Sys. 13 67:1–67:13(2008)

[NMS11] Nandakumar, V.S., Marek-Sadowska, M.: Layout effects in fine-grain 3-D integrated regular microprocessor blocks. Proc. Des. Autom. Conf. 639–644 (2011)

[PS98] Papadimitriou, C.H., Steiglitz, K.: Combinatorial optimization: algorithms and complexity. Dover (1998)

[Sch07] Scheffer, L.K.: CAD implications of new interconnect technologies. Proc. Des. Autom. Conf. 576–581 (2007)

[SK00] Sylvester, D., Keutzer, K.: A global wiring paradigm for deep submicron design. Trans. Comput.-Aided Des. Integr. Circuits Sys. 19(2), 242–252 (2000)

[TWH11] Tsai, M-C., Wang, T-C., Hwang, T.T.: Through-silicon via planning in 3-D floorplanning. Trans. Very Large Scale Integr. Syst. 19(8), 1448–1457 (2011)

[WL07] Wong, E., Lim, S.K.: Whitespace redistribution for thermal via insertion in 3D stacked ICs. Proc. Int. Conf. Comput.-Aided Des. 267–272 (2007)

[YAL+10] Yang, J-S., Athikulwongse, K., Lee, Y-J., Lim, S.K., Pan, D.Z.: TSV stress aware timing analysis with applications to 3D-IC layout optimization. Proc. Des. Autom. Conf. 803–806 (2010)

[ZML+07] Zhou, P., Ma, Y., Li, Z., Dick, R.P., Shang, L., Zhou, H., Hong, X., Zhou, Q.: 3D-STAF: scalable temperature and leakage aware floorplanning for three-dimensional integrated circuits. Proc. Int. Conf. Comput.-Aided Des. 590–597 (2007)

[ZML11] Zhao, X., Minz, J., Lim, S.K.: Low-power and reliable clock network design for through-silicon via (TSV) based 3D ICs. Trans. Compon., Packag., Manuf. Technol. 1(2), 247–259 (2011)

# 10 Verdrahtungsvorhersage im dreidimensionalen Layoutentwurf

Tilo Meister

## 10.1 Einleitung

Der Layoutentwurf elektronischer Schaltungen erfolgt in einer Kette einzelner Entwurfsschritte (Abb. 10.1). Die sonst unüberschaubar komplexe Entwurfsaufgabe lässt sich so nach dem Prinzip „teile und herrsche“ bewältigen. Einer der letzten Teilschritte der Layoutsynthese ist die Verdrahtung und damit das Festlegen zahlreicher elektrischer Eigenschaften der Schaltung. Bestmögliche Ergebnisse werden dabei nur erreicht, wenn bereits die Zwischenergebnisse der vorangegangenen Syntheseschritte bezüglich ihrer *Verdrahtbarkeit* (engl. routability) bewertet und optimiert sind. Dementsprechend ist das Abschätzen der Verdrahtbarkeit fester Bestandteil der Syntheseschritte.

Die aktuelle Entwicklung zur dreidimensionalen (3D) Integration elektronischer Baugruppen und die damit verbundenen komplexeren Verdrahtungsmodelle erfordern neue, an 3D-Strukturen angepasste Vorgehensweisen bei der Verdrahtungsvorhersage.

Die verschiedenen bewährten Verdrahtungsabschätzungen weisen unterschiedliche Eigenschaften auf. Sie unterscheiden sich im Auflösungsgrad, der Vorhersagegenauigkeit, ihrer Verlässlichkeit, den benötigten Eingabedaten und ihrer Effizienz (Rechenzeit). Diese verschiedenen Eigenschaften definieren wiederum ihre passende Anwendung als Optimierungsziel im Verlauf des 3D-Entwurfs.

Einige der Bewertungsmethoden können die neuen Herausforderungen der Verdrahtungsvorhersage beim 3D-Layoutentwurf bewältigen; andere müssen adaptiert werden.

T. Meister (✉)
Institut für Feinwerktechnik und Elektronik-Design, Technische Universität Dresden,
Dresden, Deutschland
E-Mail: tilo.meister@tu-dresden.de

J. Lienig, M. Dietrich (Hrsg.), *Entwurf integrierter 3D-Systeme der Elektronik*,
DOI 10.1007/978-3-642-30572-6_10, © Springer-Verlag Berlin Heidelberg 2012

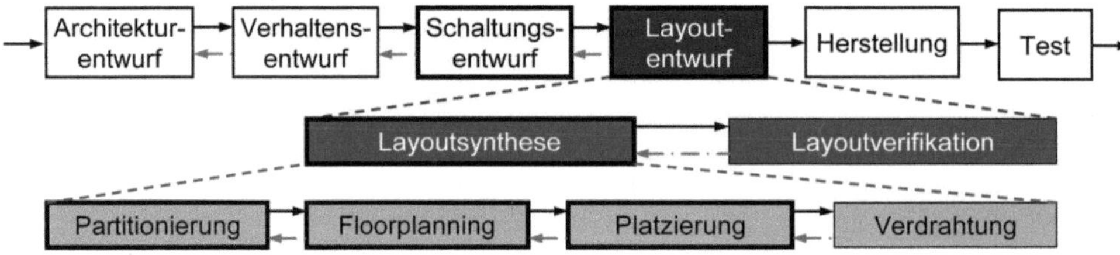


**Abb. 10.1** Die wesentlichen Schritte des Entwurfs, die weitere Unterteilung des Layoutentwurfs in Teilschritte und die anschließenden Herstellung elektronischer Schaltungen. Die Verdrahtung ist der abschließende Schritt der Layoutsynthese. Alle stark umrandeten Entwurfsschritte benutzen quantitative Bewertungen der Verdrahtbarkeit

## 10.2 Verdrahtbarkeit

Die Verdrahtung schließt die Layoutsynthese elektronischer Schaltungen ab (Abb. 10.1). Dieser Entwurfsschritt teilt sich in den Entwurf der Clock-Verdrahtung, der Power-/Ground-Verdrahtung, der Globalverdrahtung der Signalnetze und der Feinverdrahtung der Signalnetze auf. Jeder davon wird mit dem Ziel bearbeitet, eine gültige Verdrahtungsgeometrie mit bestmöglichen elektrischen Eigenschaften und einer höchstmöglichen Leistungsfähigkeit der Schaltung festzulegen. Voraussetzung für das Erzielen bestmöglicher Ergebnisse ist das Optimieren der *Verdrahtbarkeit* während aller vorangegangenen Entwurfsschritte.

### 10.2.1 Das Optimierungsziel Verdrahtbarkeit

Der Begriff Verdrahtbarkeit fasst im Layoutentwurf alle geeigneten Bewertungskriterien für Zwischenlösungen einzelner Entwurfsschritte bzw. für deren Endergebnis zusammen. Je nach Entwurfsschritt umfasst eine solche Bewertung geometrische, elektrische, technologische und finanzielle Kriterien. Diese verschiedenen Gruppen von Bewertungskriterien lassen sich jedoch nicht immer eindeutig unterscheiden, da sie ineinander umrechenbar sind. So kann beispielsweise das elektrische Kriterium „maximal erlaubtes Übersprechen" zwischen zwei Signalen in das geometrische Kriterium eines „minimal zulässigen Abstandes", unter bestimmten Randbedingungen, zwischen zwei Leiterzügen umgerechnet werden.

Die einzelnen Bewertungskriterien müssen quantitativ vorliegen. Soll die Verdrahtbarkeit aus mehreren Werten zusammengesetzt werden, dann ist darüber hinaus eine Vorschrift zum Verrechnen (z. B. gewichtete Summe) der einzelnen Kriterien zu definieren. Im Ergebnis liefert der Verdrahtbarkeitswert einen Anhaltspunkt über den späteren Erfolg oder Misserfolg und über die Güte des Verdrahtungsergebnisses. Ein absoluter Bezug des Verdrahtbarkeitswertes zu einer allgemeingültigen Referenz ist nicht notwendig. Es reicht aus, wenn der Wert eine hohe Wiedergabetreue besitzt, das heißt, der Verdrahtbarkeitswert muss für verschiedene Zwischenergebnisse des gleichen Designs und auch für möglichst viele verschiedene Designs vergleichbar sein. Praktisch einsetzbar ist die quantitativ gefasste Verdrahtbarkeit einer Zwischenlösung jedoch nur, wenn der Zahlenwert deutlich schneller berechenbar ist als die Verdrahtungsgeometrie selbst.

Die genannten Anforderungen kann eine Verdrahtbarkeitsbewertung nur erfüllen, wenn sinnvolle Vereinfachungen zugrunde liegen. Die vorhandenen Eingabeinformationen sind also bezüglich ihrer Genauigkeit und Verlässlichkeit auszuschöpfen, jedoch nicht über zu bewerten. Dabei gilt allgemein, dass je früher im Entwurfsfluss die Verdrahtbarkeit abgeschätzt wird, umso mehr Vereinfachungen anzunehmen sind.

### 10.2.2 Theoretische Bewertungskriterien der Verdrahtbarkeit

Es ist offensichtlich, dass die Verdrahtbarkeit eines Designs nur ultimativ zu bestimmen ist, indem man die Verdrahtungsschritte vollständig ausführt. Dabei sind sowohl der Aufwand des Verdrahtungsprozesses, als auch die Güte der Verdrahtungsgeometrie hinsichtlich vorgegebener Kriterien zu bewerten. Die Verdrahtbarkeit ergibt sich dann aus zahlreichen Messwerten, wie beispielsweise:

- die Laufzeit des Autorouters,
- die Vollständigkeit (engl. completion) der Verdrahtung,
- die Verdrahtungslänge,
- die Anzahl benötigter Verdrahtungsebenen,
- die Anzahl benötigter Vias,
- die Laufzeit kritischer Signale,
- die erwarteten Herstellungskosten,
- das Übersprechen von Signalen und
- die maximal erreichbaren Schaltfrequenzen.

### 10.2.3 Praktische Bewertungskriterien der Verdrahtbarkeit

Der vorangegangene Abschn. 10.2.2 deutet den enormen Aufwand an, der erforderlich ist, um die Verdrahtbarkeit eines Zwischenergebnisses exakt zu bestimmen. Soll diese als Bewertungs- und Optimierungskriterium beim Entwurf dienen, muss sie deutlich schneller bestimmt werden. Es sind also sinnvolle Vereinfachungen notwendig, womit lediglich ein prognostisches Abschätzen der Verdrahtbarkeit erfolgt.

Grundlage für diese Prognosen sind geschätzte Verdrahtungsgeometrien, die als *Verdrahtungsvorhersage* bezeichnet werden. Von dieser vorhergesagten/geschätzten Geometrie werden wiederum bestimmte Eigenschaften berechnet und als Bewertungskriterium eingesetzt. Die Wahl fällt dabei auf Eigenschaften, von denen aus Erfahrung bekannt ist, dass sie mit der tatsächlichen Verdrahtbarkeit gut korrelieren. Die wichtigsten dieser zur Vorhersage der Verdrahtbarkeit nutzbaren Eigenschaften sind:

- die geschätzte Gesamtverdrahtungslänge aller Netze,
- die geschätzten Verdrahtungslängen einzelner/bestimmter Netze,
- die lokale Verdrahtungsdichte,
- die Schwankung der lokalen Verdrahtungsdichte,
- die lokale Verdrahtungsdichte in Bezug zu den lokalen Verdrahtungsressourcen,
- die Anzahl der Signalkreuzungen,
- die Verteilung der Signalkreuzungen im Layout und
- die Anzahl der erwarteten Vias.

## 10.3 Methoden zur Verdrahtungsvorhersage

Die Verdrahtungsvorhersage ist also ein Abschätzen der späteren, realen Verdrahtungsgeometrie. Diese Geometrie ist die Grundlage für die darauf aufbauende Verdrahtbarkeitsvorhersage, bei der die zuvor geschätzte Geometrie mittels bestimmter Kriterien quantitativ bewertet wird. Anhand dieser Bewertung lässt sich die Verdrahtbarkeit unterschiedlicher Zwischenlösungen im Layoutentwurf vergleichen und optimieren.

Die Genauigkeit einer solchen Vorhersage und der darauf aufbauenden Bewertung hängt maßgeblich von der Auflösung und der Verlässlichkeit der Eingabeinformationen ab. Für die Genauigkeit sind außerdem die angewendeten Vereinfachungen von grundlegender Bedeutung. Diese müssen die Genauigkeit der verfügbaren Eingabeinformationen ausschöpfen, sollten sie aber nicht überbewerten. Gleichzeitig ist zu beachten, dass die Verdrahtungsvorhersage stets ein Kompromiss aus Rechenaufwand und Gegenauigkeit ist. Die Positionen der Bauelemente (Zellen usw.) sind beispielsweise mit Unsicherheiten behaftet, falls die Platzierung noch nicht abgeschlossen ist. Das hat, im Vergleich zu einer endgültigen Platzierung, eine geringere Genauigkeit der Verdrahtungsvorhersage zur Folge.

Die Methoden der Verdrahtungsvorhersage während des Layoutentwurfs lassen sich, wie in Abb. 10.2 gezeigt, in fünf Gruppen einteilen. Sie unterscheiden sich, wie bereits angedeutet, in der resultierenden Auflösung und Verlässlichkeit der Vorhersage, sowie dem notwendigen Rechenaufwand. Diese Unterschiede bestimmen ihre bevorzugten Einsatzzeitpunkte (typische Entwurfsphase) während des Layoutentwurfs, die in Abb. 10.2 auch angedeutet sind.

### 10.3.1 Komplexitätsanalyse

Die Verdrahtbarkeit einer Schaltung hängt wesentlich mit den Vernetzungseigenschaften der Schaltung bzw. der Netzliste zusammen. Diese werden bestimmt, indem man die Netzliste als Graphen interpretiert. Die Bauelemente (Zellen usw.) entsprechen den Knoten und die Netze stellen Kanten dar. Diese Interpretation erlaubt das Berechnen von cha-

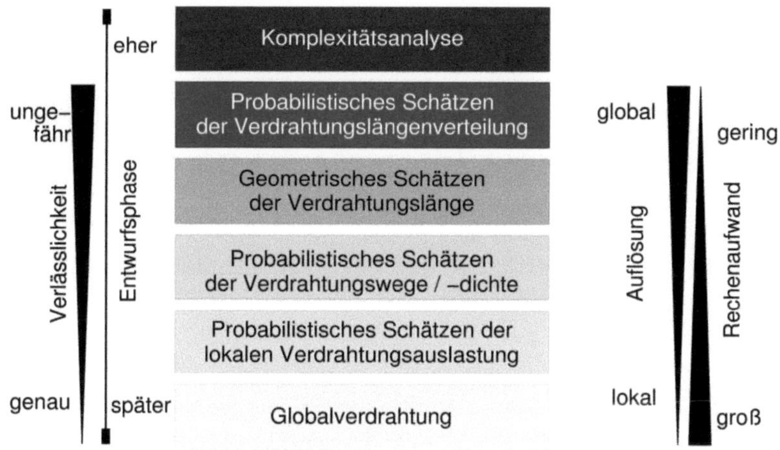


**Abb. 10.2** Methoden der Verdrahtungsvorhersage, geordnet nach ihrer Auflösung, ihrer Verlässlichkeit, dem (Rechen-)Aufwand und der typischen Phasen des Einsatzes [Mei12]

rakteristischen Werten, wie z. B. die Adhäsion, Kohäsion und die Entfernungen zwischen Knotenpaaren, und damit das Schließen auf Vernetzungseigenschaften und schließlich der Verdrahtbarkeit einer Schaltung [MW00, KSD02, MW03]. Der bewährteste Zahlenwert ist die Adhäsion, die beispielsweise als die Summe der Min-Cuts aller Knotenpaare (engl. sum of all pairs min-cut, SAPMC) [KSD03, ACZ98, WN01] berechenbar ist.

Diese Vorhersage berücksichtigt keinerlei geometrische Informationen. Vielmehr wird die Struktur einer Schaltung auf ihre Verdrahtbarkeit hin quantitativ gefasst. Sie kommt daher in frühen Entwurfsphasen (Schaltungsentwurf, Partitionierung) zum Einsatz.

### 10.3.2 Probabilistisches Schätzen der Verdrahtungslängenverteilung

Die geschätzte mittlere Verdrahtungslänge spiegelt einen Aspekt der Verdrahtbarkeit wider. Es ist leicht verständlich, dass eine Platzierungsanordnung umso einfacher verdrahtet werden kann, je weniger Gesamtverdrahtungslänge benötigt wird, denn dann muss pro Verdrahtungsregion weniger Verdrahtungsfläche untergebracht werden. Dies ist jedoch nur ein Aspekt der Verdrahtbarkeit. Häufig beobachtet man in der Praxis, dass Platzierungsanordnungen mit minimalen geschätzten Verdrahtungslängen zu extremen lokalen Maxima der Verdrahtungsdichte führen und die praktische Ausführung der Verdrahtung sehr anspruchsvoll gestalten. Günstig ist deswegen eine geeignete Kombination der Verdrahtungslänge mit anderen Bewertungskriterien, die lokale Verdrahtungsdichten berücksichtigen.

Die mittlere Verdrahtungslänge aller Netze kann durch die Erweiterung der Rent'schen Regel [Don79, LR71] geschätzt werden. Diese beschreibt empirisch den Zusammenhang zwischen der Anzahl der Gatter einer Schaltung und der mittleren Verdrahtungslänge. Damit ermöglicht sie eine sehr effektive und geometrieunabhängige Vorhersage. Es ist lediglich das Aspektverhältnis der Schaltung vorzugeben und der Rent'sche Exponent für den Schaltungstyp zu ermitteln. Ist die Grundfläche einer Schaltung z. B. quadratisch und der Rent'sche Exponent $p > ½$, dann ergibt sich die geschätzte mittlere Verdrahtungslänge $L$ aus dem Rent'schen Exponenten und der Anzahl $C$ der Gatter:

$$L \sim C^{(p-1/2)}.$$

### 10.3.3 Geometrisches Schätzen der Verdrahtungslängenverteilung

Die mittlere Verdrahtungslänge kann weiterhin geschätzt werden, indem man für jedes Netz die Verdrahtungslänge individuell vorhersagt. Diese einzelnen Längen werden dann zur Gesamtverdrahtungslänge des Designs aufsummiert. Die zugrundeliegenden Verdrahtungsvorhersagen sind dabei entweder die Manhattan-Verdrahtung auf kürzesten Pfaden oder die Verdrahtung auf euklidischen Pfaden. Weiterhin kann man auch minimale Spannbäumen, minimale Steinerbäume und vollständigen Graphen einsetzen [Lie06]. Weitere, hier nicht genannte Verdrahtungsgeometrien sind generell auch verwendbar, aber untypisch.

### 10.3.4 Probabilistisches Schätzen der Verdrahtungsdichte

Die Aussagekraft der Verdrahtbarkeitsvorhersage lässt sich im Vergleich zu geschätzten Verdrahtungslängenverteilungen verbessern, wenn man die konkreten Verdrahtungswege in die Vorhersage einbezieht. Dazu wird eine Verteilung $D_{\mathrm{Netz}}(x, y)$ angenommen, welche die Wahrscheinlichkeiten beschreibt, mit der die möglichen Verdrahtungswege vom Autorouter letztendlich für ein bestimmtes Netz in Betracht gezogen werden.

In den meisten Fällen ist diese Verdrahtungsdichteverteilung außerhalb des kleinsten umschließenden Rechtecks aller Pinpositionen des Netzes Null und innerhalb dieses Rechtecks größer Null. Die Verteilung wird oft so normiert, dass ihr Integral die geschätzte Verdrahtungslänge des Netzes ergibt. Diese Dichten sind für jedes Netz einzeln zu bestimmen, danach über das gesamte Design auf zu summieren und ergeben schließlich eine Gesamtverdrahtungsdichte $D_{\mathrm{Design}}(x, y)$ für das Layout.

Die einfachste Verdrahtungsdichteverteilung für ein Netz ist die Gleichverteilung. Sie sagt aus, dass die Verdrahtungsfläche

$$A_{\mathrm{Draht}} = l_{\mathrm{geschätzt}} \cdot \mathit{Leiterzugbreite}$$

im Mittel in dem kleinsten umschließenden Rechteck $A_{\mathrm{Umschl}}$ gleich verteilt ist (Abb. 10.3):

$$D_{\mathrm{Netz}}(x, y) = A_{\mathrm{Draht}} / A_{\mathrm{Umschl}}.$$

Eine detailliertere Verdrahtungsdichteverteilung wird in [LKS01] eingeführt. Man bezeichnet sie häufig als Lou'sches statistisches Modell. Diese Verteilung beruht auf der Annahme, dass für ein Netz jeder kürzeste Verdrahtungsweg innerhalb des kleinsten umschließenden Rechtecks gleich wahrscheinlich ist. Der Wert der Dichteverteilung an einem

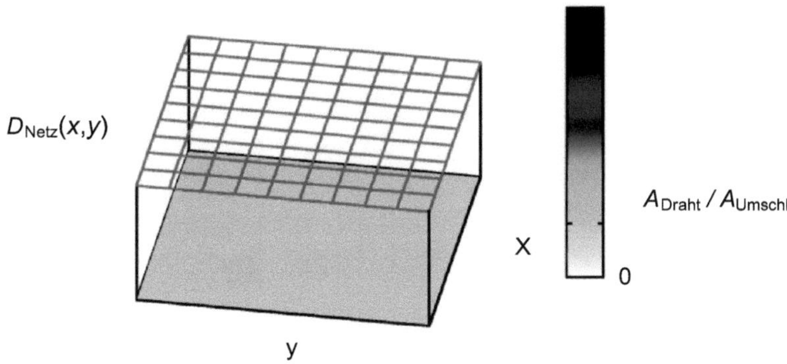


**Abb. 10.3** Gleichverteilung der Verdrahtungsfläche innerhalb des kleinsten umschließenden Rechtecks der Pinpositionen des Netzes. Die hier angenommenen zwei Pins des Netzes befinden sich in dieser und den zwei folgenden Abbildungen in der linken unteren Ecke bzw. in der rechten oberen Ecke. Außerhalb der jeweils dargestellten Bereiche ist der Wert der Dichteverteilungen gleich Null

bestimmten Punkt ergibt sich dann aus dem Quotienten der Anzahl der Wege, die durch diesen Punkt führen, geteilt durch die Anzahl aller möglichen Wege (Abb. 10.4a). Diese Verteilung ist auch unter Berücksichtigung von (partiellen) Verdrahtungshindernissen bestimmbar (Abb. 10.4b).

Ein typisches Optimierungsziel von Verdrahtungsalgorithmen ist es, Verdrahtungswege mit möglichst wenigen Richtungsänderungen auszuwählen. Für solche Verdrahtungen lassen sich weitere, praktisch relevante Verteilungen bestimmen. Eine vielversprechende Verteilung [MLT11] ist in Abb. 10.5 dargestellt. Die Grundidee ist auch hier eine statistische Betrachtung der möglichen Verdrahtungswege. Bei dieser Verteilung findet die Betrachtung jedoch entlang von Verdrahtungsfronten statt, die gleich weit von den Pins eines Netzes entfernt sind (gemessen in Manhattan-Geometrie). Es ist offensichtlich, dass mit absoluter Sicherheit (100 %) ein kürzester Verdrahtungsweg des Netzes durch jede dieser Fronten hindurchverlaufen muss. Weiterhin wird angenommen, dass der Verdrahtungsweg diese Fronten an jeder Stelle mit der gleichen Wahrscheinlichkeit quert. Die Verdrahtungsdichteverteilung ist also konstant entlang dieser Fronten, und das Integral über die Dichteverteilung entlang einer solchen Front ergibt eine Wahrscheinlichkeit von 100 %. Im Gegensatz zu anderen Verteilungen, ist sie außerhalb des Manhattan-Fensters nicht überall Null, denn es werden mögliche Verdrahtungs(um)wege außerhalb des Manhattan-Fensters berücksichtig.

### 10.3.5 Probabilistisches Schätzen der lokalen Verdrahtungsauslastung

Eine genauere Aussage als anhand der Verdrahtungsdichteverteilung ist möglich, wenn die erwartete Verdrahtungsdichte zu den Verdrahtungsressourcen ins Verhältnis gesetzt wird. Dabei wird die Verteilung des sogenannten *Overflows* und der *Congestion* unterschieden.

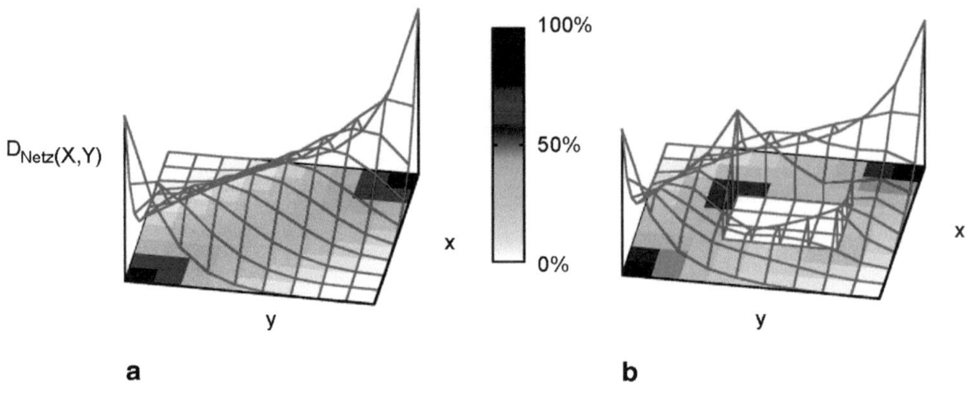


**Abb. 10.4** Verdrahtungsdichteverteilung nach dem Lou'schen statistischen Modell für ein Netz mit zwei Anschlüssen ohne Hindernisse **a** und mit Hindernis **b**

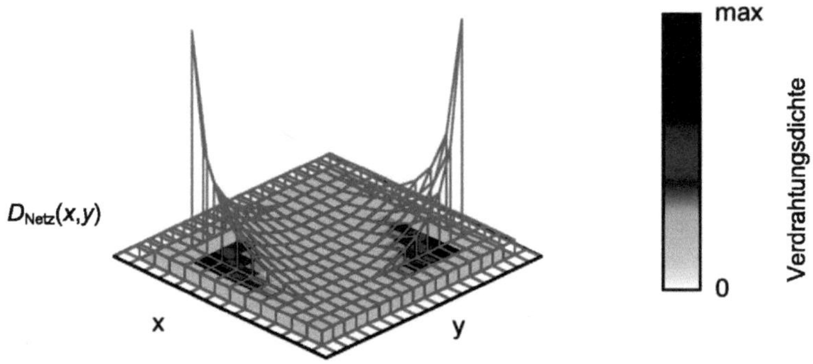


**Abb. 10.5** Verdrahtungsdichteverteilung, bei der kleine Umwege erlaubt sind [MLT11]

Für beide Verteilungen ist zunächst die Verteilung der Verdrahtungsressourcen zu bestimmen. Diese ermittelt man basierend auf der gewählten Herstellungstechnologie. Dann ist entweder

- die Verteilung der Verdrahtungsressourcen $R(x, y, z)$ von der Verteilung der Verdrahtungsnachfrage $D(x, y, z)$ abzuziehen und damit der Overflow $O(x, y, z)$ zu ermitteln

$$O(x, y, z) = \max(0, D(x, y, z) - R(x, y, z))$$

oder

- die Verteilung der Verdrahtungsnachfrage $D(x, y, z)$ durch die Verteilung der Verdrahtungsressourcen $R(x, y, z)$ zu teilen, um die Congestion $C(x, y, z)$ zu bestimmen

$$C(x, y, z) = D(x, y, z)/R(x, y, z).$$

Beide Verteilungen stellen eine Verdrahtungsvorhersage dar und erlauben ähnliche Aussagen über die Verdrahtbarkeit aller Regionen eines Layouts. Beim Ableiten von Bewertungskriterien aus diesen Verteilungen sind insbesondere die Gebiete, in denen die Maximalwerte liegen, von Interesse. Weiterhin stellt die Gleichmäßigkeit der Verteilungen sowie das Vorhandensein von „unterbelegten" Gebieten ein Bewertungskriterium für die Verdrahtbarkeit dar.

Es bietet sich an, die Verteilungen der Congestion oder des Overflows mit weiteren Verteilungen zu kombinieren. Beispielsweise kann die vermutete Dichteverteilung der Signalkreuzungen als Wichtungsfaktor Verwendung finden. Ist in einem Gebiet des Designs die Dichte der Signalkreuzungen besonders groß, so könnte dort ein hoher Wert der Congestion schlechter bewertet werden als in Bereichen mit wenigen oder keinen Signalkreuzungen.

### 10.3.6 Globalverdrahtung

Die Globalverdrahtung legt ungefähre Verbindungswege in einem Layout fest. Dies geschieht meist durch das Zuweisen der Netzsegmente in sogenannte Verdrahtungsregionen, unter Berücksichtigung der jeweiligen Verdrahtungskapazitäten dieser Regionen. Somit beeinflussen bereits betrachtete Netze die nachfolgend zu verlegenden Netze mittels der zur Verfügung stehenden lokalen Verdrahtungskapazitäten (Ressourcen). Damit wird, im Gegensatz zu den bisher vorgestellten Methoden, die gegenseitige Beeinflussung der einzelnen Netzwege berücksichtigt, was die Genauigkeit der Abschätzung deutlich erhöht.

Globalverdrahter decken ein breites Spektrum der Verdrahtungsvorhersage ab. Es gibt sowohl schnelle Algorithmen mit geringer Genauigkeit als auch sehr aufwändige Methoden, die eine deutlich höhere Vorhersagegenauigkeit ermöglichen. Sie unterscheiden sich im Wesentlichen durch ihren Abstraktions- bzw. Vereinfachungsgrad und damit durch die Größe der Verdrahtungsregionen. Je kleiner die Verdrahtungsregionen sind, umso aufwändiger (langsamer), aber auch umso genauer ist die Verdrahtungsvorhersage, da der Auflösungsgrad zunimmt. Anzumerken ist, dass es hier einen fließenden Übergang zur eigentlichen Verdrahtung gibt. Bei einer Verkleinerung der Verdrahtungsregionen bis auf die Größe des Mittenabstandes zweier Leiterzüge existiert kein Unterschied mehr zur eigentlichen Verdrahtung; die Verdrahtungsvorhersage geht direkt in die Verdrahtung bzw. das Verdrahtungsergebnis über.

## 10.4 Repräsentation der Verdrahtungsressourcen bei 3D-Systemen

Im Gegensatz zu klassischen Schaltkreisen, bestehen dreidimensionale Systeme aus mehreren Ebenen aktiver Bauelemente, über der jeweils mehrere zugehörige Metallebenen für die Verdrahtung angeordnet sind. Eine solche aktive Ebene mit ihren zugehörigen Verdrahtungsebenen wird nachfolgend als *Tier* bezeichnet.

Neben den technologischen Herausforderungen stellen dreidimensionale Systeme auch neue Anforderungen an den Layoutentwurf. Während viele Entwurfsaufgaben bei her-

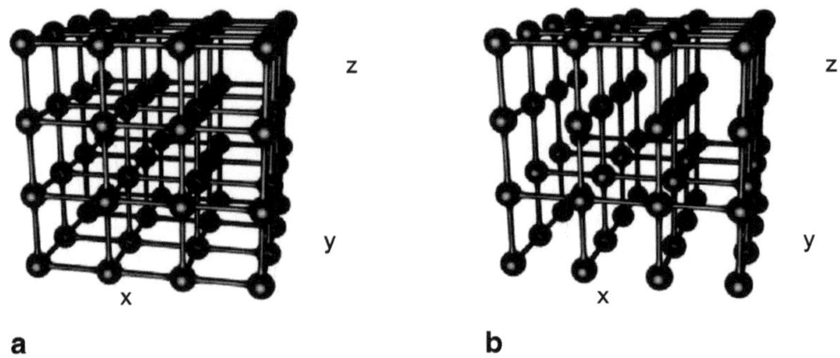


**Abb. 10.6** Allgemeingültiger Graph zur Repräsentation der Verdrahtungsressourcen **a** und Graph mit einer reduzierten Anzahl Kanten, **b** bei der Annahme von Verdrahtungsvorzugsrichtungen

kömmlichen Systemen durch Projektion in die Ebene mit einem 2D-Modell ausgeführt werden können, sind für den effizienten Entwurf von 3D-Systemen diese auch in ihrer Dreidimensionalität zu modellieren, was neuartige Randbedingungen mit sich bringt und stellenweise eine Anpassung der Optimierungsziele erfordert.

Die Verdrahtungsressourcen elektronischer Schaltungen bildet man durch regelmäßige Graphen mit gewichteten Kanten wie in Abb. 10.6a, b. Dieser Graph besteht aus Knoten, die die Verdrahtungsregionen repräsentieren, und aus gewichteten Kanten, die die Verdrahtungsressourcen in diesen Regionen darstellen. Jedem der Knoten ist eine Koordinate $(x, y, z)$ des Designs zugewiesen. Die Koordinaten $x$ und $y$ sind stetige oder einem Raster entsprechende Koordinaten in einer Verdrahtungsebene, wohingegen $z$ immer diskret ist und die Verdrahtungsebene bezeichnet. Zur Vereinfachung bzw. Verkleinerung des Verdrahtungsproblems wird in jeder Ebene eine Vorzugsrichtung für die Verdrahtung angenommen. Dadurch vereinfacht sich das Verdrahtungsproblem deutlich. Die Anzahl der zu betrachtenden Kanten des Graphen ist dann kleiner (Abb. 10.6b).

Diese Repräsentation ist für herkömmliche Systeme und für dreidimensionale Systeme gültig. Dennoch ist der Schwierigkeitsgrad in dreidimensionalen Systemen höher, da hier die vertikalen Kanten (z-Richtung) nicht auf die gleiche Weise vereinfacht und zusammengefasst werden können. Gleichzeitig gilt es neue Randbedingungen und Optimierungsziele zu berücksichtigen.

Die erreichbare vertikale Verdrahtungsdichte zwischen verschiedenen Tiers und innerhalb eines Tiers unterscheidet sich signifikant. Die Ursache dafür ist, dass die TSV-Technologien, zum elektrischen Kontaktieren unterschiedlicher Tiers, deutlich mehr Platz benötigen, als Via-Technologien innerhalb eines Tiers. Die erreichbaren Dichten unterscheiden sich etwa um den Faktor 100 [ITRS07]. Hinzu kommen die schlechteren elektrischen Eigenschaften (größere Länge, höherer Widerstand usw.) und die geringere Zuverlässigkeit eines TSVs gegenüber einem Via. Ferner gehen TSVs mit Blockierungen in den aktiven Ebenen einher, während Vias weitestgehend unabhängig von aktiven Ebenen betrachtet werden können. TSVs stellen aus diesen Gründen eine wertvollere Ressource

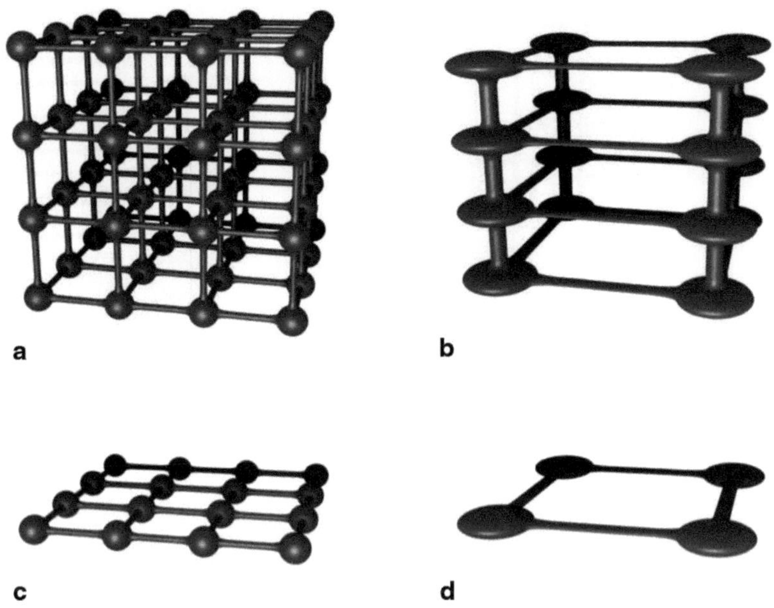


**Abb. 10.7** Vereinfachungsmöglichkeiten der Repräsentation der Verdrahtungsressourcen durch Reduktion der Knotenanzahl. Teilbild **a** zeigt den vollständigen Graphen. Von Teilbild **a** zu **b** bzw. von Teilbild **c** zu **d** werden Verdrahtungsregionen in einer Verdrahtungsebene zusammengefasst. Von Teilbild **a** zu **c** bzw. von **b** zu **d** werden Verdrahtungsebenen zusammengefasst

dar, deren Notwendigkeit für ein Netz und deren effiziente Ausnutzung durch die Verdrahtbarkeitsvorhersage neuerdings abzubilden ist.

Die Netzstrukturen in dreidimensionalen Systemen können neue, zusätzliche Topologien aufweisen. Es ist nun notwendig, die Verdrahtbarkeit von Netzen vorhersagen zu können, deren Pins in unterschiedlichen Tiers liegen und damit einen erheblichen vertikalen Abstand aufweisen.

Zwei grundlegende Herausforderungen sind damit bei der Analyse der Verdrahtbarkeit von dreidimensionalen Systemen zu bewältigen. Zum ersten sind bestimmte Vereinfachungen des Verdrahtungsproblems, die bei zweidimensionalen Technologien effektiv sind, nicht mehr anwendbar. Diese Vereinfachungen würden jegliche Aussage über die Nutzung der TSVs verbieten. Zum zweiten nimmt die Problemgröße gegenüber zweidimensionalen Systemen zu, so dass eigentlich zusätzliche, stärkere Vereinfachungen notwendig wären, um die erforderliche Rechenzeit der Vorhersagemethoden, im Vergleich zu 2D-Systemen, konstant zu halten.

Je nach erforderlicher Vorhersagegenauigkeit vereinfacht man den Verdrahtungsgraphen unterschiedlich stark. Bei zweidimensionalen Systemen fasst man dabei Verdrahtungsebenen zusammen und/oder wählt ein gröberes Verdrahtungsraster (Abb. 10.7). Die erste Vereinfachung verbietet jedoch jegliche Vorhersagen über die TSV-Nutzung und ist so bei Systemen mit TSVs ungeeignet.

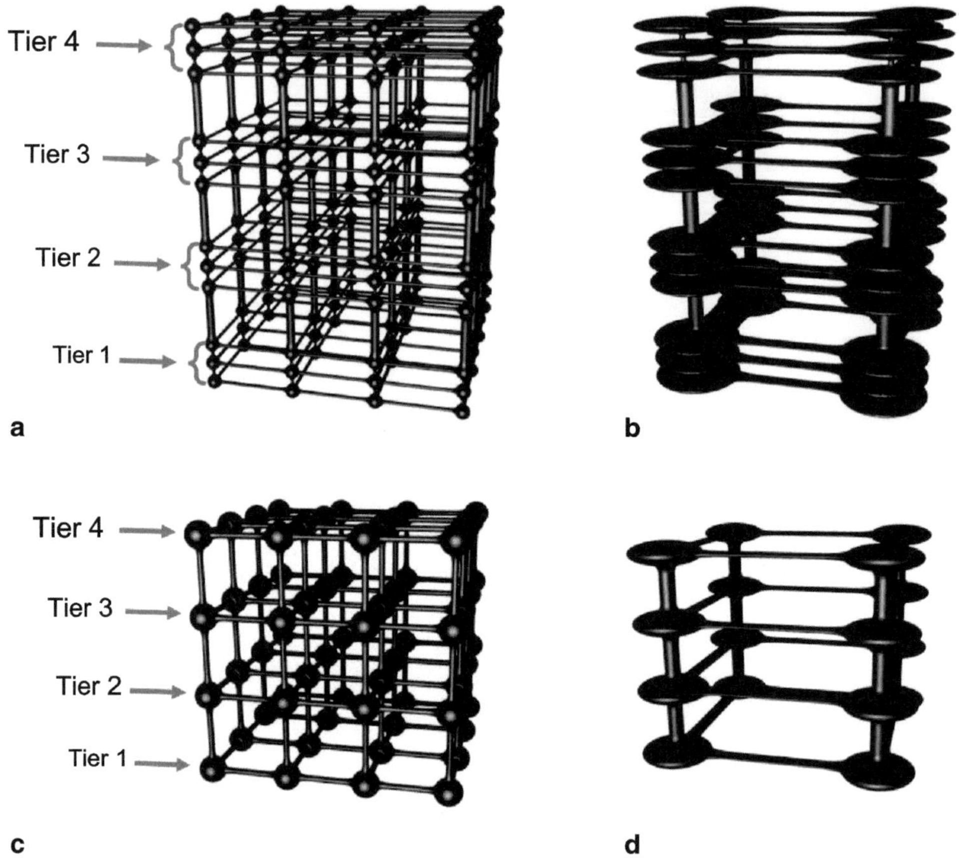


**Abb. 10.8** Vereinfachungsmöglichkeiten der Repräsentation der Verdrahtungsressourcen für dreidimensionale Systeme. Von Teilbild **a** zu **c** bzw. von **b** zu **d** werden Verdrahtungsebenen (Metallebenen) innerhalb eines Tiers zusammengefasst, was einen neuen Zwischenschritt der Vereinfachung darstellt. Von Teilbild **a** zu **b** bzw. **c** zu **d** werden Verdrahtungsregionen in einer Ebene (Metallebene bzw. Tier) zusammengefasst. Die weiterführenden Vereinfachungen sind in Abb. 10.7 dargestellt

Hochintegrierte dreidimensionale Systeme müssen auf verschiedene Technologien für die vertikalen elektrischen Verbindungen zurückgreifen [Bey06, DWM05]. Es kommen dabei sowohl Vias (innerhalb eines Tiers) als auch TSVs (zwischen Tiers) zum Einsatz. Ihre Charakteristik unterscheidet sich deutlich, so dass der Verdrahtbarkeitsvorhersage andere Vereinfachungen der Verdrahtungsressourcen zugrunde liegen müssen. Die Abbildung aller vorhandenen Verdrahtungsebenen in nur einer einzigen Ebene hat sich bisher bewährt und sollte deswegen dennoch so weit wie möglich erhalten bleiben. Zum Berücksichtigen der TSVs kann diese jedoch nicht uneingeschränkt übernommen werden.

Es ist also nötig, in 3D-Systemen die Tiers getrennt zu betrachten. Die dafür nötige Zwischenstufe der Vereinfachung des Verdrahtungsgraphen ist in Abb. 10.8 dargestellt

[FLM09]. In einem ersten Schritt der Vereinfachungen werden jeweils nur Verdrahtungsebenen (Metallebenen) des gleichen Tiers zusammengefasst. Nur wenn eine noch stärkere Vereinfachung sinnvoll ist, fasst man auch die Verdrahtungsebenen verschiedener Tiers zusammen. TSVs lassen sich dann jedoch nicht mehr modellieren. Somit ist nur eine eingeschränkte Aussagekraft für dreidimensionale Systeme möglich.

## 10.5 Verdrahtungsvorhersage bei 3D-Systemen

Die in Abschn. 10.3 beschriebenen Methoden der Verdrahtungsvorhersage können unterschiedlich gut auf dreidimensionale Systeme übertragen werden. Methoden der Komplexitätsanalyse (10.3.1) sind geometrieunabhängig. Folglich können sie direkt unverändert eingesetzt werden. Das probabilistische Schätzen der Verdrahtungslängenverteilung (10.3.2) und das geometrische Schätzen der Verdrahtungslängen (10.3.3) sind einfache Modelle, deren Erweiterung um eine dritte Dimension trivial ist. Globalverdrahtungsalgorithmen (10.3.6), die dreidimensionale Graphen der Verdrahtungsressourcen zugrunde legen, sind Stand der Technik und werden bereits vielfältig für die Entwicklung von Schaltungen in zweidimensionalen Technologien mit mehreren Verdrahtungsebenen eingesetzt.

Probabilistische Methoden zum Vorhersagen der Verdrahtungsdichte (10.3.4) und der Verdrahtungsauslastung (10.3.5) waren bisher jedoch nur für eine einzelne Ebene notwendig und sinnvoll. Die oben beschriebenen Unterschiede erfordern jedoch, dass diese beiden Methoden auch mehrere Ebenen berücksichtigen können, um Aussagen über die vertikalen Verdrahtungsdichten zu liefern.

### 10.5.1 Probabilistische Verdrahtungsdichtevorhersage in drei Dimensionen

Das Lou'sche statistische Modell (s. Abb. 10.4) ermöglicht die Verdrahtungsvorhersage in einer Ebene (zweidimensional). Sie lässt sich, wie nachfolgend gezeigt, auf mehrere Ebenen erweitern. Dazu müssen, neben den Wahrscheinlichkeitsdichten für die Verdrahtung in jeder Ebene, auch die Wahrscheinlichkeiten für die Verdrahtung in vertikaler Richtung betrachtet werden. Das erweiterte Modell enthält also abwechselnd Ebenen der planaren Verdrahtung, in der die Verdrahtungsdichten in einem Tier bzw. in einer Metallebene betrachtet werden, und vertikale Ebenen, in denen man die Verdrahtungsdichten der Vias bzw. der TSVs betrachtet.

Das so erweiterte Modell ist in Abb. 10.9 veranschaulicht [FLM09]. Es ergibt sich, wie in [LKS01] für zwei Dimensionen beschrieben, durch das Bestimmen des Quotienten aus der Anzahl der möglichen Wege eines Verdrahtungsknotens geteilt durch die Anzahl aller möglichen Verdrahtungswege.

Je nach Vereinfachungsgrad des Graphen der Routingressourcen (s. Abschn. 10.4) bezieht sich eine Ebene der Dichteverteilung entweder auf eine einzelne Verdrahtungsebene

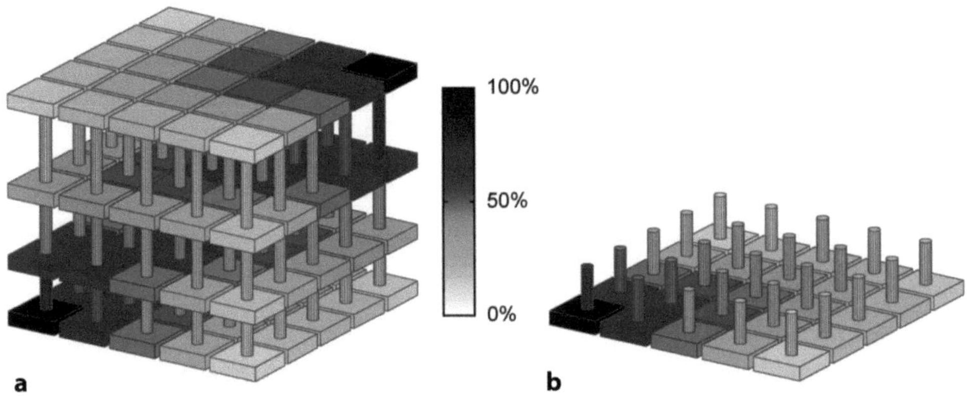


**Abb. 10.9** Dreidimensionale Verdrahtungsdichte und Via-Dichte für ein Zweipinnetz in vier Ebenen, **a** vorhergesagt in drei Dimensionen anhand von Annahmen analog zum Lou'schen statistischen Modell. In Teilbild, **b** sind die unterste planare und vertikale Ebene allein dargestellt. Je nach Vereinfachungsgrad bezieht sich eine Ebene auf eine Verdrahtungsebene oder auf ein Tier. Die Pins des Netzes liegen links unten bzw. rechts oben. Die erwartete Verdrahtungsdichte in einer Verdrahtungsebene ist durch farbige Quader, die erwartete Via-Dichte durch farbige Säulen dargestellt

oder auf die zusammengefassten Verdrahtungsebenen eines Tiers. Ebenfalls zu beachtende Randbedingungen, wie die Einbeziehung von Sperrflächen und unterschiedliche TSV-Dichten im Design, können in diesem Modell Berücksichtigung finden, indem Verdrahtungswege durch diese Bereiche eine entsprechend geringere Wahrscheinlichkeit erhalten bzw. ausgeschlossen werden. Die damit bestimmten Verdrahtungsvorhersagen beinhalten somit sowohl separat ausgewiesene Verdrahtungsdichten für jede Ebene (Tier) als auch die erwarteten Dichten der vertikalen Verdrahtung (TSVs).

### 10.5.2 Probabilistische Vorhersage der Signalkreuzungsdichte in drei Dimensionen

Die geschätzte Signalkreuzungsdichte ist ein weiteres bewährtes Kriterium, das zur Verdrahtbarkeitsvorhersage eingesetzt wird. Bestimmt man diese für zweidimensionale Systeme, geht man davon aus, dass sich alle Netze über die gleichen Verdrahtungsebenen erstrecken. Bei dreidimensionalen Systemen ist dies nicht der Fall. Ist es also bei zweidimensionalen Systemen möglich die Verdrahtungsressourcen vereinfacht in einer Ebene zu betrachten, so ist diese Vereinfachung bei dreidimensionalen Systemen nicht mehr möglich. Die Berechnung der Signalkreuzungsdichte ist also um eine dritte Dimension zu ergänzen. Genügte es bisher in einer Ebene, die Überlappung von umschließenden Rechtecken von Netzen zu betrachten, so ist nun eine räumliche Betrachtung der Überlappung von Quadern notwendig.

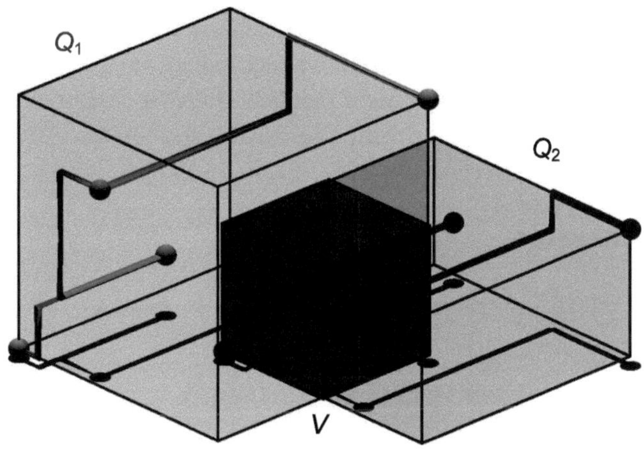


**Abb. 10.10** Zwei Netze in mehreren Verdrahtungsebenen/Tiers, deren kleinste umschließende Quader $Q_1$ und $Q_2$ sich im Volumen $V$ überlappen. Die Netze sind durch farbige Kugeln (Pins) und Geraden (Verdrahtungssegmente) dargestellt. Netz 1 ist in grün, Netz 2 in rot hinterlegt. Außerdem sind die Projektionen in die x-y-Ebene der Verdrahtungspfade beider Netze in schwarz dargestellt

In einem ersten Schritt sind die kleinsten umschließenden Quader $Q_1$ und $Q_2$ der beiden zu betrachtenden Netze 1 und 2 zu ermitteln. Im zweiten Schritt wird deren Schnittvolumen $V = Q1 \cap Q2$ ermittelt. Die Dichteverteilung für diese Netzpaarung ist dann Null außerhalb dieses Schnittvolumens $V$ und gleich $|V|/(|Q_1|^*|Q_2|)$ innerhalb von $V$. Dieser Wert ergibt sich aus dem Produkt der Wahrscheinlichkeiten $P_1$ und $P_2$ sowie dem Kehrwert des Volumeninhaltes $|V|$. Die Wahrscheinlichkeit $P_1 = |V|/|Q_1|$ schätzt ab, wie oft Netz 1 im Mittel durch Volumen $V$ verdrahtet wird. Die Wahrscheinlichkeit $P_2 = |V|/|Q_2|$ liefert den analogen Wert für Netz 2.

Das Produkt von P1 und P2 ist folglich die Wahrscheinlichkeit, dass zwischen beiden Netzen während der Verdrahtung eine Kreuzung aufzulösen ist. Die Gesamtsignalkreuzungsdichte eines Systems ergibt sich schließlich durch ortsrichtiges Aufsummieren der Dichtewerte aller überlappenden Netzpaarungen. Die geometrischen Zusammenhänge sind in Abb. 10.10 anhand zweier überlappender Netze mit je vier Pins in verschiedenen Ebenen dargestellt.

## 10.6 Zusammenfassung

Die Verdrahtungsstrukturen in hochintegrierten dreidimensionalen Systemen erfordern neue Ansätze für die effektive Verdrahtbarkeitsvorhersage. Dies rührt im Wesentlichen aus den vielfältigen und neuartigen Randbedingungen her. Insbesondere sind hier das komplexere thermische Design und Sperrflächen, die aufgrund von thermischen Vias und TSVs entstehen, zu nennen. Weiterhin stehen vertikale Verdrahtungsressourcen nur begrenzt zur Verfügung. Gleichzeitig haben sie einen großen Einfluss auf die Systemeigenschaften.

Bestimmte Vereinfachungen, die sich für die Verdrahtungsvorhersage des herkömmlichen 2D-Entwurfs anwenden lassen, sind nicht auf dreidimensionale Systeme übertragbar.

Das betrifft insbesondere probabilistische Vorhersagemethoden, da diese das Problem bisher auf Betrachtungen in einer Ebene reduzieren konnten. Das ist jedoch bei dreidimensionalen Systemen nicht mehr möglich. Die zwei dargestellten Anpassungen solcher Vorhersagemethoden an die dritte Dimension erlauben ihre Anwendung auch beim 3D-Entwurf.

## Literatur


[ACZ98] Arikati, S. R., Chaudhuri, S., Zaroliagis, C. D.: All-pairs min-cut in sparse networks. J. Algorithm. **29**(1), 82–110 (1998)

[Bey06] Beyne, E.: The rise of the 3rd dimension for system integration. Interconnect Technology Conference. S. 1–5 (2006)

[Don79] Donath, W.: Placement and average interconnection lengths of computer logic. IEEE Trans. Circuit. Syst. **26**(4), 272–277 (1979)

[DWM05] Davis, W. R., Wilson, J., Mick, S. et al.: Demystifying 3D Ics: The pros and cons of going vertical. Des. Test. Comput. IEEE. **22**(6), 498–510 (2005)

[FLM09] Fischbach, R., Lienig J., Meister T.: From 3D circuit technologies and data structures to interconnect prediction. Proc. of 2009 Int. Workshop on System Level Interconnect Prediction (SLIP), San Francisco, CA, S. 77–84, Juli 2009

[ITRS07] ESIA, JEITA, KSIA, TSIA, SIA: International technology roadmap for semiconductors 2007. http://www.itrs.net/reports.html. Zugegriffen: 24. Feb. 2012

[KSD02] Kudva, P., Sullivan, A., Dougherty, W.: Metrics for structural logic synthesis. IEEE/ACM Int. Conf. on CAD. S. 551–556 (2002).

[KSD03] Kudva, P., Sullivan, A., Dougherty, W.: Measurements for structural logic synthesis optimizations. IEEE Trans. CAD ICs Syst. **22**(6), 665–674 (2003)

[Lie06] Lienig, J.: Layoutsynthese elektronischer Schaltungen – Grundlegende Algorithmen für die Entwurfsautomatisierung. Springer Verlag, Heidelberg (2006)

[LKS01] Lou, J., Krishnamoorthy, S., Sheng, H. S.: Estimating routing congestion using probabilistic analysis. Proc. of the ISPD. S. 112–117 (2001)

[LR71] Landman, B., Russo R.: On a pin versus block relationship for partitions of logic graphs. IEEE Trans. Comput. **20**(12), 1469–1479 (1971)

[Mei12] Meister, T.: Pinzuordnungs-Algorithmen zur Optimierung der Verdrahtbarkeit beim hierarchischen Layoutentwurf. Fortschritt-Berichte VDI, Reihe 9. VDI-Verlag, Düsseldorf (2012)

[MLT11] Meister, T., Lienig, J., Thomke, G.: Interface Optimization for Improved Routability in Chip-Package-Board Co-Design. 13th Int. Workshop on System Level Interconnect Prediction (SLIP), San Diego. S. 1–8 (2011)

[MW00] Moody, J., White, D. R.: Social cohesion and embeddedness: A hierarchical conception of social groups. Eingereicht beim Am. J. Sociol. Tech. Rep. (2000)

[MW03] Moody, J., White, D. R.: Structural cohesion and embeddedness: A hierarchical concept of social groups. Am. Sociol. Rev. **68**(1), 103–127 (2003)

[WN01] White, D. R., Newman, M. E. J.: Fast approximation approximation algorithms for finding node-independent paths in networks. Santa Fe Institute, Working Papers. http://ideas.repec.org/p/wop/safiwp/01-07-035.html. Zugegriffen: 24. Feb. 2012 (2001)

# Thermische Herausforderungen und ihre Berücksichtigung beim 3D-Entwurf

11

Holger Neubert

## 11.1 Einleitung

Die Leistungsparameter moderner elektronischer Systeme mit hoher Integrationsdichte werden wesentlich durch die im Betrieb entstehende Verlustleistung und die damit verbundenen Temperaturen begrenzt. Dementsprechend ist das Entstehen und Abführen von Verlustwärme bereits im Entwurf solcher Systeme auf allen Systemebenen zu berücksichtigen, d. h. sowohl beim Bauelemente-, Baugruppen- als auch Geräteentwurf. Dazu sind einerseits die zu erwartenden Temperaturen mit thermischen Modellen vorauszuberechnen, als auch andererseits optimale Anordnungen und Strukturen für den effektiven Wärmetransport auf allen Systemebenen zu entwickeln und in den Entwurf einzubeziehen. Dabei ist die Temperaturfeldberechnung die Lösung eines direkten Problems. Dagegen stellt der Entwurf von Anordnungen, die bestimmte thermische Randbedingungen einhalten, also z. B. bestimmte Grenztemperaturen nicht überschreiten, die wesentlich schwierigere Lösung inverser, im allgemeinen schlecht gestellter Probleme dar. Die zuletzt genannte Aufgabe lässt sich mit vertretbarem Aufwand in der Regel nur heuristisch lösen.

Wie bereits erwähnt, spricht man von 3D-Integration auf der Bauelementeebene, wenn die Funktionselemente im Schaltkreis in mehreren Ebenen übereinander angeordnet sind. Bezogen auf die Bestückungsfläche vervielfachen sich dadurch die Integrations- und Funktionsdichte gegenüber einlagigen Systemen mit der Anzahl der gestapelten Lagen. Dies ist in vielerlei Hinsicht gewünscht, birgt allerdings auch eine Vielzahl technologischer Herausforderungen in sich [LW10, GBR08]. Eine herausragende ist die Abführung der mit der Integrationsdichte ebenfalls vervielfachten Verlustwärme, sowohl innerhalb des 3D-integrierten Bauelements als auch vom Bauelement in die nächsthöhere Systemebene, die Baugruppe.

H. Neubert (✉)
Institut für Feinwerktechnik und Elektronik-Design, Technische Universität Dresden, Dresden, Deutschland
E-Mail: holger.neubert@tu-dresden.de

J. Lienig, M. Dietrich (Hrsg.), *Entwurf integrierter 3D-Systeme der Elektronik*,
DOI 10.1007/978-3-642-30572-6_11, © Springer-Verlag Berlin Heidelberg 2012

Während in Kap. 6 die thermische Analyse und Modellierung im Vordergrund stand, beschäftigt sich das vorliegende Kap. 11 mit technologischen Ansätzen zur Verlustwärmeabfuhr beim 3D-Layoutentwurf.

Die Übertragung von Wärme vollzieht sich in dreidimensional aufgebauten elektronischen Systemen (3D-Systeme) nach denselben physikalischen Effekten wie in zweidimensional aufgebauten (s. Abschn. 11.2). Jedoch sind die Bedingungen, unter denen Wärme durch Verlustleistung entsteht und abgeführt werden muss, erheblich schwieriger (s. Abschn. 11.3). Den Herausforderungen, die die 3D-Integration in thermischer Hinsicht mit sich bringt, wird auf zwei Ebenen begegnet, zum ersten durch die Entwicklung adäquater technologischer Elemente zum Wärmetransport (s. Abschn. 11.4), zum zweiten durch Entwicklung von Entwurfsalgorithmen, die thermische Restriktionen berücksichtigen (s. Abschn. 11.5).

## 11.2 Wärmeübertragung in elektronischen Systemen

### 11.2.1 Elemente des Wärmetransports in elektronischen Systemen

Das Entstehen und Abführen von Wärme in elektronischen Bauelementen lässt sich mit den Begriffen Wärmequelle, Wärmesenke, Wärmepfad und Wärmewiderstand beschreiben.

Eine *Wärmequelle* ist der Ort, an dem Wärme infolge von Verlustleistung eines Elements freigesetzt wird. Sie ist prinzipbedingt der Unvollkommenheit der Bauelemente und elektrischen Leiter geschuldet oder funktionsbedingt bewusst konzipiert und in Kauf genommen, um z. B. bestimmte Schaltungsfunktionen zu realisieren. Die Wärmequellen in der Elektronik sind aktive und passive Bauelemente, elektrische Verbindungsleitungen sowie ruhende und schaltende Kontakte. Zu unterscheiden sind resistive, dielektrische und magnetische Verluste. Innerhalb von aktiven integrierten Bauelementen haben davon die resistiven und dielektrischen Verluste Bedeutung.

Die in den Quellen entstandene Wärme muss aus dem betrachteten System in die Systemumgebung geleitet werden. Die Temperatur dieser Umgebung ist bei elektronischen Systemen meist so unempfindlich gegen die aus dem System eingetragene Wärme, dass von einer *Wärmesenke* gesprochen werden kann.

Wärmespeicherung spielt zwar bei der Ausbildung zeitlich und lokal begrenzter Temperaturspitzen eine Rolle, im Allgemeinen aber nicht für den Wärmehaushalt eines elektronischen Gerätes oder seiner Teile. Dies liegt daran, dass in aller Regel die Einschaltdauer wesentlich größer als die Zeit zum Erreichen eines thermisch nahezu stationären Zustands ist.

Die Wärmeabfuhr aus einem elektronischen System in die Systemumgebung, von den Quellen zu den Senken, geschieht entlang von *Wärmepfaden* (s. Abb. 11.1a). Ein Wärmepfad lässt sich als eine Reihe von Flussröhren im Wärmestromdichtefeld verstehen, in der die Wärme zwischen zwei jeweils isothermen Randflächen übertragen wird. Es darf dabei keine Wärme durch die Mantelfläche der Flussröhre treten. Für eine einzelne solche

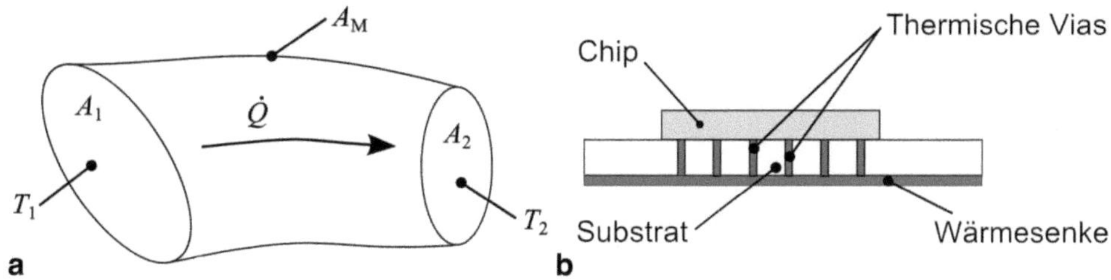


**Abb. 11.1** Wärmepfad für den Wärmestrom $\dot{Q}$: (**a**) einzelne Flussröhre mit jeweils isothermen Randflächen $A_1$ und $A_2$ der Temperaturen $T_1$ und $T_2$ sowie wärmestromfreier Mantelfläche $A_M$, (**b**) Thermische Vias zwischen Wärmequelle und -senke als typische Flussröhren

Flussröhre oder eine zusammenhängende Struktur von ihnen kann ein Wärmewiderstand bestimmt werden [Neu11]. Thermische Flussröhren in elektronischen Systemen sind typischerweise Festkörper, die im Vergleich zu angrenzenden Stoffen die Wärme gut leiten, beispielsweise thermische Vias (s. Abb. 11.1b).

Der *Wärmewiderstand* zwischen zwei isothermen Flächen $A_1$ und $A_2$ eines Wärmepfades ist der Betrag des Verhältnisses aus der Temperaturdifferenz und dem Wärmestrom zwischen diesen Flächen im thermisch stationären Zustand. Es gilt:

$$R_{\text{th}12} = \left|\Delta T_{12}/\dot{Q}_{12}\right| \tag{11.1}$$

Geeignete isotherme Bezugsflächen zur Bestimmung von Wärmewiderständen können die Kontaktflächen miteinander verbundener Festköper sein. In der Praxis sind sowohl die Isothermie der Bezugsflächen als auch die Wärmestromfreiheit der Mantelfläche meist nur näherungsweise erfüllt, so dass die Bedingungen, unter denen Wärmewiderstände bestimmt werden, anzugeben sind.

### 11.2.2 Effekte des Wärmetransports

Wärme wird in elektronischen Systemen fast ausschließlich passiv übertragen, d. h. durch Wärmeleitung oder -strahlung. Dabei ist bei Beteiligung von Fluiden auch konvektiver Wärmeübergang an Grenzflächen zwischen diesen und Festkörpern bedeutsam. Aktive Wärmeübertragung durch thermoelektrische oder thermodynamische Prozesse spielt eine untergeordnete Rolle und ist Sonderanwendungen vorbehalten, vorwiegend in optoelektronischen Bauelementen oder auf der Geräteebene.

Bei rein passiver Wärmeübertragung treten die höchsten Temperaturen und auch die höchsten Wärmestromdichten an den Verlustleistungsquellen auf, da der Wärmetransport den Temperaturgradienten entgegen gerichtet ist. Mit jedem Übergang zur nächsten Systemeebene (Bauelement – Baugruppe – Gerät) nehmen sowohl die Temperaturen als auch die Wärmestromdichten ab.

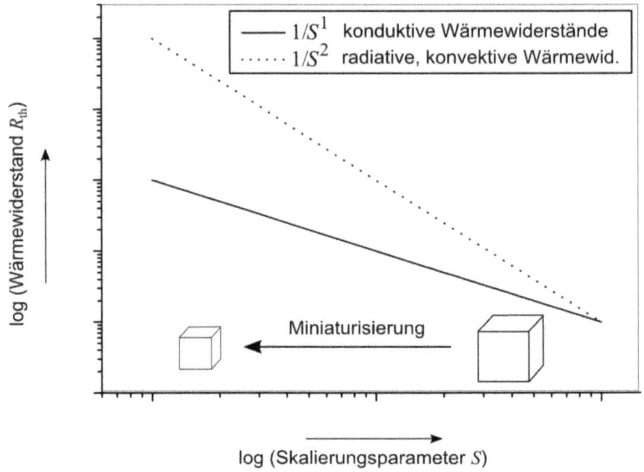


**Abb. 11.2** Skalierungsverhalten der Effekte passiver Wärmeübertragung

Die an passiver Wärmeübertragung beteiligten Effekte Wärmeleitung, Wärmestrahlung und konvektiver Wärmeübergang skalieren in unterschiedlicher Weise. Die konvektiven und radiativen Wärmewiderstände einer Anordnung nehmen bei Verkleinerung mit dem Skalierungsparameter $S$ in stärkerem Maße zu als konduktive. Konvektive und radiative skalieren mit $S^{-2}$, konduktive mit $S^{-1}$ (s. Abb. 11.2). Aus diesem Grund ist auf Bauelementeebene die konduktive Wärmeübertragung gegenüber der konvektiven und radiativen dominierend und tritt mit fortschreitender Miniaturisierung auch auf höheren Systemebenen immer weiter in den Vordergrund. Konvektive Wärmeabfuhr aus Bauelementen ist nur mit Flüssigkeiten und hochentwickelten Wärmeübertragern realisierbar.

### 11.2.3 Wärmeleitung

Unter Wärmeleitung versteht man den Effekt des Wärmetransports infolge von Temperaturunterschieden in ruhenden Stoffen. In elektrisch leitfähigen Werkstoffen beruht er überwiegend auf freien Leitungselektroden, in nicht leitfähigen Feststoffen auf Phononen. In bewegten Medien ist die Wärmeleitung dem Wärmetransport durch die Bewegung des Stoffes überlagert.

Die mikroskopischen Vorgänge der Wärmeleitung lassen sich durch einen makroskopischen Kontinuumsansatz für den die Wärme leitenden Stoff in Form der Wärmeleitungsgleichung erfassen:

$$\rho c_{\mathrm{P}} \frac{\partial T}{\partial t} - \nabla \cdot \lambda \nabla T = q_{\mathrm{V}}. \tag{11.2}$$

Sie beschreibt in dieser Form die zeitliche und räumliche Ausbildung des Temperaturfeldes $T$ in ruhenden Medien als Folge von im Feldgebiet freigesetzter oder entzogener Wärme, beschrieben durch die volumetrische Wärmestromdichte $q_{\mathrm{V}}$. Die beteiligten Stoffe

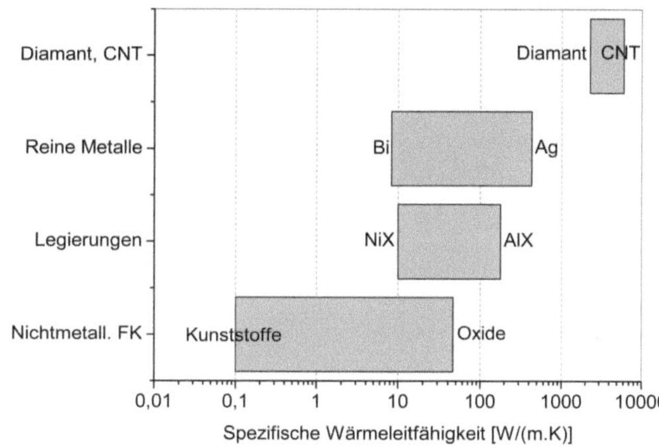


**Abb. 11.3** Wärmeleitfähigkeit verschiedener fester Stoffe, nach [IDBL06]

werden durch die Dichte $\rho$, die spezifische Wärmekapazität $c_P$ und die Wärmeleitfähigkeit $\lambda$ charakterisiert. Wenn, wie meistens, nur der thermisch stationäre Zustand interessiert, vereinfacht sich Gl. (11.2) durch Wegfall des Terms mit der zeitlichen Ableitung. Von den Stoffeigenschaften ist dann allein die Wärmeleitfähigkeit maßgebend. Diese Eigenschaft überstreicht über verschiedene Stoffklassen etwa sechs Größenordnungen. Die in der Elektronik eingesetzten Werkstoffe erreichen die in Abb. 11.3 dargestellten Werte. In 3D-Systemen werden davon bisher Nichtmetalle, Legierungen und reine Metalle eingesetzt. Die Wärmeleitfähigkeit ist temperaturabhängig, allerdings weniger stark als die elektrische. Ihre Temperaturabhängigkeit wird daher in der Elektronik meist vernachlässigt.

Gleichung (11.2) bildet die Grundlage jeglicher thermischer Modelle integrierter elektronischer Bauelemente (s. Kap. 6).

### 11.2.4 Mikroskaleneffekte

Durch technischen Fortschritt werden die Strukturabmessungen elektronischer Systeme immer kleiner. Nähern sie sich der mittleren freien Weglänge $L_{\mathrm{mfp}}$ der an der Wärmeleitung beteiligten Teilchen (Elektronen und Phononen), gilt der Kontinuumsansatz für die Wärmeleitung, auf dem Gl. (11.2) basiert, nur noch näherungsweise [IDBL06]. Die Streuung von Leitungselektronen und Phononen an Dotierungen, Festkörper- und Korngrenzen behindert dann die Wärmeleitung in nicht mehr zu vernachlässigtem Maß. Dies ist bei modernen mikro- und nanoelektronischen Systemen wie bei 3D-Systemen zunehmend der Fall. Unter Beibehaltung des Kontinuumsansatzes kann dieser Effekt mit einer Anpassung der Wärmeleitfähigkeit für Schichten der Dicke $L$ bis hinab zu $L/L_{\mathrm{mfp}} \geq 1$ berücksichtigt werden. Dabei ist die Wärmeleitung in der Ebene der Schicht ($\lambda_x$) anders beeinflusst als senkrecht zu ihr ($\lambda_y$). Mit einem Fehler kleiner 20 % gilt näherungsweise [FCG92]:

$$\lambda_x = \left(1 - \frac{2L_{\mathrm{mfp}}}{3\pi L}\right)\lambda \tag{11.3}$$

**Abb. 11.4** Wärmeleitfähigkeit dünner Schichten der Dicke $L$ im Vergleich zum hinreichend dicken Material, $\lambda_x$ Leitfähigkeit in der Schichtebene, $\lambda_y$ senkrecht dazu, $L_{mfp}$ mittlere freie Weglänge im wärmeleitenden Festkörper

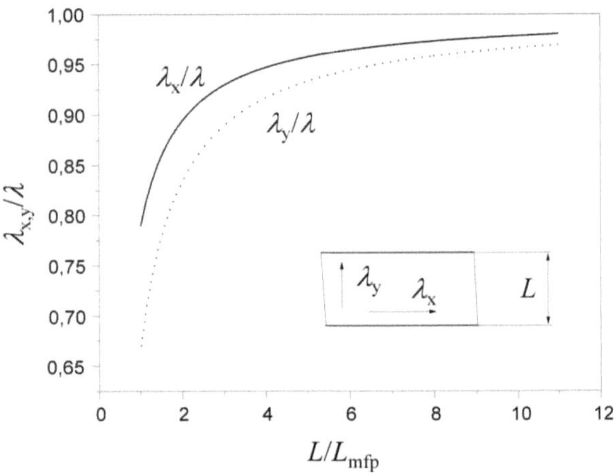


$$\lambda_y = \left(1 - \frac{L_{mfp}}{3L}\right)\lambda \tag{11.4}$$

und somit $\lambda_y < \lambda_x < \lambda$ (s. Abb. 11.4).

Tabelle 11.1 gibt die mittlere freie Weglänge ausgewählter Stoffe an, ergänzt um kritische Schichtdicken $L_{krit,\ x/y}$, bei denen die Abweichung der Wärmeleitfähigkeit von derjenigen bei genügend großen Abmessungen 5 % übersteigt.

Für dünnere Schichten mit $L/L_{mpf} < 1$ kann ein vergleichbarer Ansatz nicht angegeben werden.

## 11.3 Thermische Herausforderungen bei 3D-Systemen

3D-Systeme lassen sich entweder (i) durch Stapelung einzelner Lagen auf Wafer- oder Chipebene in einem Bauelementegehäuse oder durch (ii) native, d. h. monolithische 3D-Integration der Ebenen herstellen [DML11]. Die zweite Herangehensweise steckt noch in den Anfängen [WEGG+07, WL11, WPL+09, BCT+11]. Deshalb wird im Weiteren eine Stapelung gemäß (i) angenommen.

Abbildung 11.5 zeigt ein einfaches thermisches Modell eines 3D-integrierten Systems, das durch Stapelung von $n$ Lagen innerhalb eines Gehäuses zustande kommt. Wird die Wärmeabfuhr über die Bauelementegrundfläche beibehalten, sind die Bedingungen für die Verlustwärmeabfuhr bei einem solchen Aufbau im Vergleich zu einem konventionellen mit $n = 1$ (2D-Baugruppe) aus mehreren Gründen erschwert:

- Die Verlustleistung im 3D-System erhöht sich ungefähr um den Faktor $n$.
- Die dem Wärmeabtransport zur Verfügung stehende Bauelementegrundfläche (Bestückungsfläche) bleibt annähernd gleich, d. h. die Wärmestromdichte erhöht sich hier um den Faktor $n$.

**Tab. 11.1** Mittlere freie Weglänge für den konduktiven Wärmetransport und kritische Schichtdicken verschiedener Stoffe bei T ≈ 300 K, nach [YBTE02, Che96, NC74]

| Stoff | $L_{mpf}$ in nm | $L_{krit,x}$ in nm | $L_{krit,y}$ in nm |
|---|---|---|---|
| Aluminiumoxid | 5,08 | 22 | 36 |
| Diamant (IIa) | 315 | 1400 | 2200 |
| Galliumarsenid | 23 | 100 | 160 |
| Gold | 31 | 140 | 220 |
| Kupfer | 39 | 176 | 273 |
| Silizium | 43 | 180 | 290 |
| Siliziumoxid | 0,6 | 3 | 4 |
| Yttrium-stabilisiertes Zirkonoxid | 25 | 110 | 170 |

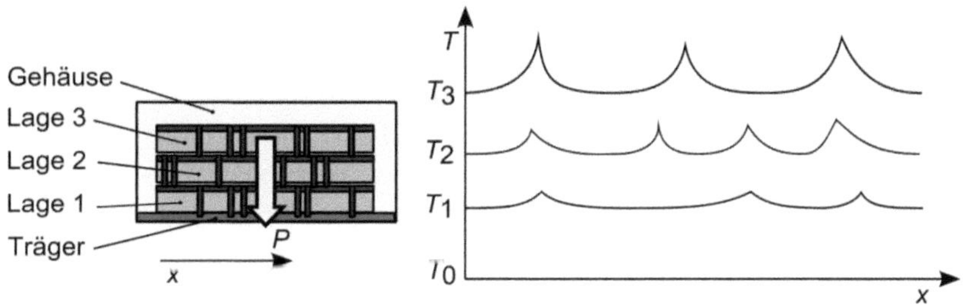


**Abb. 11.5** Einfaches thermisches Modell eines 3D-Systems mit 3 Lagen und der Verlustleistung $P$; $T_1$ bis $T_3$ stationäres Temperaturfeld der Lagen im Betrieb (schematisch), $T_0$ Temperatur der Baugruppe

- Die Wärmepfade innerhalb des 3D-Systems werden mit jeder Stapelebene länger, d. h. die Wärmewiderstände sind für jede hinzukommende Ebene größer.
- Die elektrisch isolierenden Schichten zwischen den Stapelebenen bilden zusätzliche Wärmewiderstände.
- Temperaturspitzen (Hot Spots) prägen sich auf von der Grundfläche weiter entfernten Stapelebenen stärker aus, d. h. die Temperaturunterschiede innerhalb einer Ebene wachsen von Ebene zu Ebene.

Bereits dieses einfache Modell zeigt die wesentlichen Ansatzpunkte zur Beherrschung des Verlustwärmeproblems in 3D-Systemen. Eine Verringerung der auftretenden Temperaturen und Temperaturgradienten ist möglich durch [XCS10]:

- *Leistungsvermeidung* durch den Entwurf verlustleistungsarmer Funktionselemente und Schaltungen,
- *Verringerung der inneren Wärmewiderstände* des Bauelements, d. h. der lateralen Wärmewiderstände in den einzelnen Stapelebenen und besonders der vertikalen zwischen ihnen,

- *Verringerung des äußeren Wärmewiderstands* vom Bauelement zur Baugruppenebene bzw. zur Wärmesenke,
- *Temperaturoptimierte Anordnung* der Verlustleistungsquellen im Layoutentwurf bei Floorplanning und Platzierung.

Während Leistungsvermeidung nicht Gegenstand dieses Kapitels ist, gehen die folgenden Abschnitte auf die Verringerung der inneren und äußeren thermischen Widerstände (s. Abschn. 11.4) sowie die temperaturoptimierte Anordnung der Verlustleistungsquellen ein (s. Abschn. 11.5).

## 11.4 Technologische Ansätze zur Verlustwärmeabfuhr

Eine Verringerung der Wärmewiderstände im Bauelement und zur Systemumgebung nivelliert und senkt die Temperaturdifferenzen innerhalb jeder Ebene als auch zwischen ihnen. Dies hat positive Auswirkungen auf die Bauelementezuverlässigkeit. Eine Voraussetzung ist die Verfügbarkeit von technologisch kompatiblen Werkstoffen mit hoher Wärmeleitfähigkeit (11.4.1). Ansätze zur Verringerung der inneren Wärmewiderstände (11.4.2) sind von solchen zu unterscheiden, die den Wärmeübergang vom Bauelement zur Baugruppe intensivieren (11.4.3).

### 11.4.1 Wärmeleitende Werkstoffe

Eine Verringerung der Wärmewiderstände in 3D-Systemen durch Vergrößerung der Querschnitte wärmeleitender Strukturen ist wegen des damit einhergehenden Verlustes an Verdrahtungsfläche und Integrationsdichte nur begrenzt möglich. Es wird deshalb intensiv nach technologisch integrierbaren Werkstoffen hoher Wärmeleitfähigkeit gesucht, die sich für wärmeleitende Strukturen im den Lagen und im Bauelement eignen. Da die gegenwärtig eingesetzten Werkstoffe zum Teil bereits zu den besten bekannten Wärmeleitern gehören, kommen nur unkonventionelle Werkstoffe in Betracht, besonders kohlenstoffbasierte Materialien wie Kohlenstoffnanoröhren (CNTs) und Graphen (s. Abb. 11.3). Insbesondere mit Hinblick auf einen möglichen Einsatz solcher Werkstoffe in integrierten 3D-Systemen werden seit einiger Zeit besonders Kunststoff-CNT- und Metallmatrix-CNT-Komposite untersucht.

Das Anwendungspotenzial solcher Komposite lässt sich mit Hilfe von Simulationsmodellen vorab bestimmen und daran die technologische Forschung ausrichten [HNL12]. So zeigen beispielsweise Modelle, dass ohne eine genügende Ausrichtung und thermische Kontaktierung der CNTs untereinander in der Matrix des Komposits kein entscheidender Zuwachs an Wärmeleitfähigkeit zu erzielen ist [HTNL11] (Tab. 11.2).

**Tab. 11.2** Wärmeleitfähigkeit $\lambda$ von ausgewählten Werkstoffen integrierter Schaltkreise (chemisch rein, bei Raumtemperatur)

| Werkstoff | $\lambda$ in $W/(m \cdot K)$ |
|---|---|
| Silizium | 149 |
| $SiO_2$ | 1,2 |
| Kupfer (techn.) | 385 |

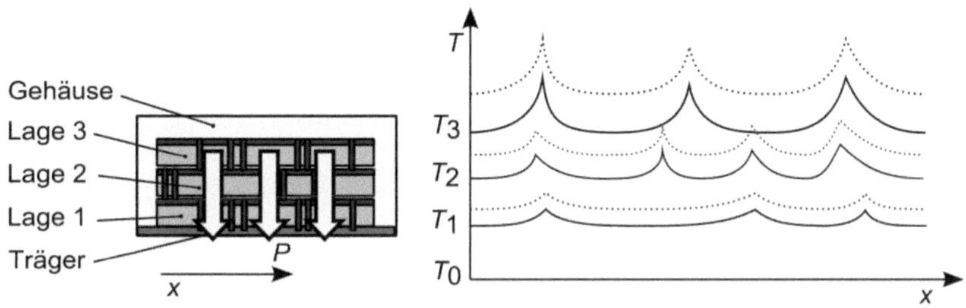


**Abb. 11.6** Wirkung zusätzlicher thermischer Durchkontaktierungen auf das stationäre Temperaturfeld eines 3D-Systems nach Abb. 11.5 (schematisch); ursprüngliche Temperaturen gestrichelt

## 11.4.2 Strukturen für den Wärmetransport innerhalb von 3D-Systemen

Innerhalb eines 3D-integrierten Bauelements sind Strukturen zur Verringerung vertikaler Wärmewiderstände zwischen den gestapelten Ebenen von solchen zur Verringerung lateraler innerhalb einzelner Lagen zu unterscheiden.

**Thermische Silizium-Durchkontaktierungen (Through-Silicon Vias – TSVs)** Zur thermischen Kontaktierung zwischen gestapelten Ebenen sind durch das Siliziumsubstrat führende Durchkontaktierungen (TSVs) erforderlich. Die Technologie für solche Vias basiert üblicherweise auf Kupfer als thermischer Leiterwerkstoff. TSVs stellen auch die elektrischen Verbindungen zwischen den Ebenen her, wenn diese nicht, wie in älteren Technologien, durch Bondverbindungen auf Randbereichen der gestapelten Lagen realisiert sind.

Die Wirkung von TSVs auf das stationäre Temperaturfeld in einem 3D-integrierten Bauelement zeigt schematisch Abb. 11.6. Da TSVs die Wärmewiderstände zwischen den Ebenen verringern, sinken die Temperaturen besonders in den von der Bauelementgrundfläche entfernten Ebenen. Lokale Temperaturspitzen innerhalb einzelner Ebenen können durch massierte Anordnung von TSVs an Stellen hoher Verlustleistungsdichte gesenkt werden.

TSVs sind mit Abmessungen im µm-Bereich groß, verglichen mit den aktiven Funktionselementen eines Schaltkreises, die im nm-Bereich liegen. Daher wird stets ein Minimum an TSVs angestrebt, um den Verlust an Chipfläche klein zu halten. Dies ist auch wegen der thermomechanischen Fehlanpassung von Kupfer und Silizium geboten. Die

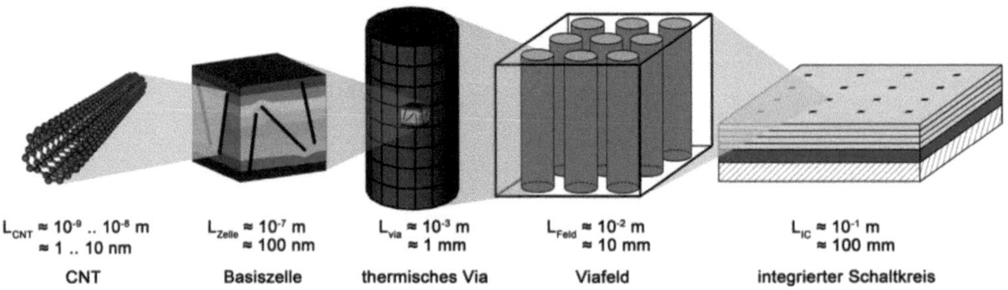


**Abb. 11.7** Mehrskalenmodell thermischer Viafelder mit CNT-Kompositen in 3D-Systemen [HTNL11]

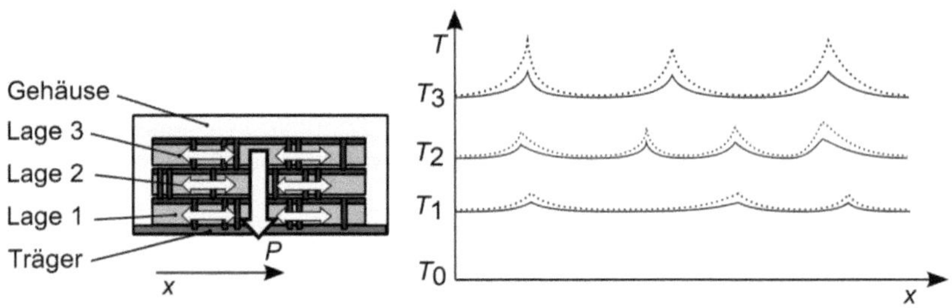


**Abb. 11.8** Wirkung thermischer Leiterzüge auf das stationäre Temperaturfeld in einem 3D-System (schematisch); ursprüngliche Temperaturen gestrichelt

optimale Anzahl und Anordnung von thermischen TSVs ist Gegenstand von Algorithmen und Entwurfswerkzeugen für den thermisch geführten Entwurf von 3D-Systemen (s. Abschn. 11.5 und Kap. 8).

Weiterhin wird in Richtung TSVs mit höheren Wärmeleitfähigkeiten bzw. kleineren Abmessungen geforscht. Dabei kommen die in 11.4.1 genannten Werkstoffe in Betracht, insbesondere sind TSVs mit CNT-Kompositen Gegenstand der Forschung [XWCT07, WPL+09, WJYL11, GKK+11, BL11]. Um die Wirkung solcher Ansätze zu analysieren, werden in der Regel Mehrskalenmodelle aufgebaut, die ausgehend von effektiven thermischen Werkstoffmodellen Strukturen höherer Ordnung wie TSVs und TSV-Felder im Schaltkreis analysieren (s. Abb. 11.7).

**Thermische Leiterzüge (Thermal Wires)** In Analogie zu elektrischen Verdrahtungsebenen wurde das Konzept der thermischen Leiterzüge (thermal wires) entwickelt [ZZS06, PF09]. Damit sind in einer Ebene liegende thermische Leitstrukturen gemeint, die die Wärme von Verlustleistungsquellen lateral wegführen und in der Ebene spreizen oder sie zu TSVs führen. Solche thermischen Leiter können lokale Temperaturspitzen abbauen. Die prinzipielle Wirkung veranschaulicht Abb. 11.8.

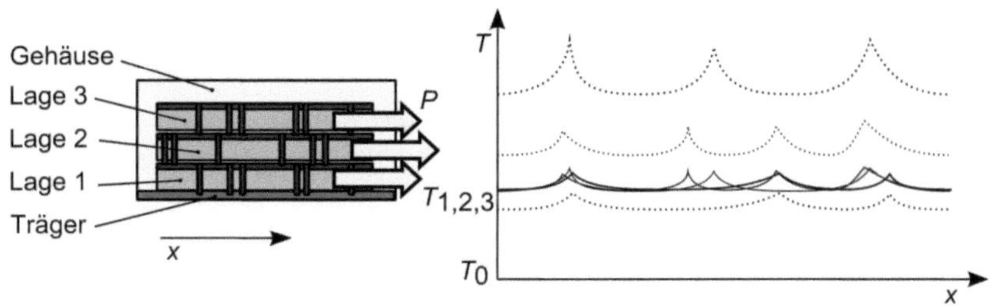


**Abb. 11.9** Wirkung von Zwischenlagenkühlung mit Fluiden auf das stationäre Temperaturfeld in einem 3D-System (schematisch)

### 11.4.3 Strukturen für den Wärmetransport aus 3D-Systemen in die Systemumgebung

Es liegt nahe, die vergleichsweise langen Wärmepfade durch die gestapelten Lagen hindurch zu vermeiden und die in den einzelnen Lagen entstehende Wärme unabhängig voneinander direkt in die Umgebung abzuführen. Dies ist beispielsweise durch Fluidkühlung möglich, wenn zwischen den gestapelten Lagen Wärmetauscher in Zwischenlagen eingefügt sind (Interlayer Cooling). Da für den konvektiven Wärmeübergang nur sehr kleine Flächen zur Verfügung stehen, ist die Verwendung von Luft oder anderen gasförmigen Kühlmitteln nicht möglich. In der Regel wird entionisiertes Wasser eingesetzt. Der Herstellung der Zwischenlagen und der Gestaltung der Wärmetauscher für einen intensiven Wärmeübergang kommt besondere Bedeutung zu. Beispiele sind [DML11, ZSADM11, KJF+10, BMR+09].

Der Vorteil einer für jede Lage separaten Wärmeabfuhr besteht darin, dass die Wärmewiderstände der einzelnen Lagen annähernd gleich gestaltet werden können. Dies hat annähernd gleiche Temperaturen zur Folge mit Vorteilen für die Zuverlässigkeit. Das zu erwartende Temperaturfeld zeigt schematisch Abb. 11.9.

Eine lagenweise konduktive Wärmeabfuhr wäre mit hochleitfähigen Werkstoffen nach 11.4.1 zu bewerkstelligen und würde den Vorteil des gegenüber der Konvektion günstigeren Skalierungsverhaltens der Wärmeleitung zunutze machen (s. Abschn. 11.2.2). Hierfür sind gegenwärtig allerdings noch keine technologischen Ansätze bekannt.

Neben den genannten sind weitere Ansätze Gegenstand der Forschung, z. B. die Integration von thermoelektrischen Modulen oder Mikrowärmerohren (Micro heat pipes). Eine aktuelle Übersicht bietet [VSSS11].

## 11.5 Berücksichtigung der Verlustwärmeabfuhr beim 3D-Layoutentwurf

Voraussetzung für die Berücksichtigung der Verlustwärmeabfuhr im 3D-Entwurf ist die Verfügbarkeit adäquater thermischer Modelle (s. Kap. 6). Wegen der insgesamt höheren thermischen Belastungen und der damit einher gehenden höheren Bedeutung der Verlustwärmeabfuhr sind die Genauigkeitsanforderungen an die thermischen Modelle im

Vergleich zu 2D-Systemen höher. Deshalb treten neben Netzwerkmodellen zunehmend Modelle auf, die das Feldgebiet feiner diskretisieren. Wie in Kap. 6 dargelegt, dominiert die Finite-Differenzen-Methode (FDM), die einen guten Kompromiss zwischen benötigter Rechenzeit und erzielbarer räumlicher Auflösung und Genauigkeit darstellt.

Für den Layoutentwurf von 3D-Systemen sind bisher hauptsächlich Methoden erarbeitet worden, die thermische Restriktionen beim *Floorplanning* und der *Platzierung* berücksichtigen, desweiteren solche zur optimalen Platzierung thermischer Vias. Nachfolgend werden diese Layoutschritte unter Berücksichtigung der thermischen Anforderungen kurz angesprochen, eine weitergehende Abhandlung unter Einbeziehung *aller* 3D-Anforderungen findet sich in Kap. 8.

### 11.5.1 Floorplanning mit thermischen Restriktionen

Ziel des Floorplanning in 2D-Systemen ist es, die Funktionsblöcke einer Schaltung so anzuorden, dass eine Zielfunktion aus benötigter Chipfläche und Verdrahtungslänge hinreichend klein wird. Dies wird durch eine Folge von Operationen auf Funktionsblöcke in der Anordnung erreicht, die von einem Optimierungsalgorithmus gesteuert wird. Die Zielfunktion kann mit Termen hinsichtlich anderer Eigenschaften der Anordnung ergänzt sein, z. B. bezüglich der Signalverzögerungen. Im Floorplanning von 3D-Systemen ist die Zielfunktion um einen Term zu erweitern, der die Anzahl der erforderlichen elektrischen Verbindungen zwischen den Schaltkreislagen (TSVs) enthält [CWZ04, PF09].

Ein Floorplanning, das zudem erwartete Temperaturen berücksichtigt, benötigt noch einen weiteren Term mit einer an die Temperatur gekoppelten Kostenfunktion. Zu den an Blöcken möglichen Operationen in 2D-Systemen treten solche hinzu, die in Stapelrichtung (z-Richtung) möglich sind [CZ05b, CZ05a, CLWZ07, HLX+06, GBR08].

### 11.5.2 Platzierung mit thermischen Restriktionen

Auch Methoden zur Platzierung der Blöcke sind um eine thermische Komponente der Zielfunktion erweiterbar. Diese lässt sich mit Hilfe thermischer FDM-basierter Modelle bestimmen. Da das thermische Modell nach jedem Optimierungsschritt neu berechnet werden muss, ist der Rechenaufwand hoch. Es werden daher vor allem Methoden entwickelt, die die thermische Komponente der Zielfunktion in der Platzierung schneller ermitteln können [GS03, PF09].

### 11.5.3 Entwurfsmethoden für thermische Vias

Das Einbringen thermischer Vias zwischen den Lagen ist einer der aus thermischer Sicht leistungsfähigsten Ansätze zur Verlustwärmeabfuhr in 3D-Systemen. Deswegen ist gerade für deren optimale Platzierung eine Vielzahl von Ansätzen erarbeitet worden [GS05, GS06,

GS07, LHZ+06a, LHZ+06b, LHZ+07, GBR08, PF09]. Dabei können verschiedene Zielfunktionen berücksichtigt werden wie:

- maximale oder mittlere Temperaturgradienten,
- maximale oder mittlere Temperatur,
- maximale oder mittlere Viadichte,

jedoch nicht gleichzeitig [PF09].

Auch wenn die Berücksichtigung thermischer Vias das dominierende Thema im thermisch geführten Entwurf von 3D-Systemen ist [XCS10, DML11, FLM11], haben bereits andere technologische Ansätze der Wärmeabführung nach Abschn. 11.4 Berücksichtigung gefunden, z. B. Interlayer-Kühlung [QCY11, ZKZ+11].

## 11.6 Zusammenfassung

3D-Systeme sind ein erfolgreicher Ansatz, um die Integrations- und Funktionsdichte von Bauelementen und Baugruppen weiter zu entwickeln. Eine erstrangige Herausforderung bei ihrer Verwirklichung ist die mit der Integrationsdichte steigende Verlustleistungsdichte. Diese verlangt nach neuen technologischen Lösungen für die Wärmeabfuhr ebenso wie nach Entwurfswerkzeugen, die genauer und effektiver als bisher das thermische Verhalten von integrierten Bauelementen in den Layoutentwurf einbeziehen können.

Die technologischen Ansätze und ihre Wirkungen lassen sich an Hand eines einfachen thermischen Modells aufdecken. Wesentliche Ansätze sind thermische Vias zwischen Lagen, thermische Leiterzüge innerhalb der Lagen sowie die direkte Wärmeabführung aus zwischen den Lagen angeordneten Schichten in die Systemumgebung.

Im Entwurf werden gegenwärtig thermische Restriktionen beim Floorplanning und bei der Platzierung berücksichtigt. Das Hauptaugenmerk liegt bei Methoden, die modellbasiert die optimale Anzahl und Anordnung thermischer Vias finden.

Sowohl hinsichtlich der Technologie der Wärmeabführung in elektronischen 3D-Systemen als auch der Berücksichtigung thermischer Restriktionen in Entwurfswerkzeugen ist die Entwicklung längst nicht abgeschlossen, sondern nach wie vor sehr dynamisch.

## Literatur

[BCT+11] Bobba, S., Chakraborty, A., Thomas, O., Batude, P., Ernst, T., Faynot, O., Pan, D. Z., De Micheli, G.: CELONCEL: Effective design technique for 3-D monolithic integration targeting high performance integrated circuits. In: Proceedings of the 16th Asia and South Pacific Design Automation Conference. Piscataway, NJ, USA: IEEE Press, (ASP-DAC '11), S. 336–343 (2011)

[BL11] Bailey, C., Lu, H.: Interconnect technologies using Carbon Nanotubes: Current status and future challenges. In: Electronics Technology (ISSE), 2011 34th International Spring Seminar on. S. 1–5 (2011)

[BMR+09] Brunschwiler, T., Michel, B., Rothuizen, H., Kloter, U., Wunderle, B., Oppermann, H., Reichl, H.: Interlayer cooling potential in vertically integrated packages. Microsyst. Technol. **15**, 57–74 (2009)

[Che96] Chen, G.: Nonlocal and nonequilibrium heat conduction in the vicinity of nanoparticles. J. Heat. Transf. **118**(3), 539–545 (1996)

[CLWZ07] Cong, J., Luo, G., Wei, J., Zhang, Y.: Thermal-Aware 3D IC Placement Via Transformation. In: Luo, G. (Hrsg.) Proc. Asia and South Pacific Design Automation Conference ASP-DAC '07. S. 780–785 (2007)

[CWZ04] Cong, J., Wei, J., Zhang, Y.: A thermal-driven floorplanning algorithm for 3D ICs. In: Computer Aided Design, 2004. ICCAD-2004. IEEE/ACM International Conference on. S. 306–313 (2004)

[CZ05a] Cong, J., Zhang, Y.: Thermal-driven multilevel routing for 3D ICs. In: Design Automation Conference, 2005. Proceedings of the ASP-DAC 2005. Asia and South Pacific, Bd. 1, S. 121–126. (2005)

[CZ05b] Cong, J., Zhang, Y.: Thermal via planning for 3-D ICs. In: Computer-Aided Design, 2005. ICCAD-2005. IEEE/ACM International Conference on. S. 745–752 (2005)

[DML11] De Micheli, V., Leblebici, Y.: Design methods and tools for 3D integration. In: 2011 Symposium on VLSI Technology Digest of Technical Papers. S. 182–183 (2011)

[FCG92] Flik, M. I., Choi, B.-I., Goodson, K. E.: Heat transfer regimes in microstructures. J. Heat. Transf. **114**, 666–674 (1992)

[FLM11] Fischbach, R., Lienig, J., Meister, T.: 3D Physical design: Challenges and solutions. In: Proceedings of the eda-Workshop 11, 05/10/2011– 05/12/2011, Dresden, Germany. S. 39–44 (2011)

[GBR08] Garrou, P., Bower, C., Ramm, P. (Hrsg.): Handbook of 3D integration: Technology and applications of 3D integrated circuits. Wiley-VCH (2008)

[GKK+11] Gupta, A., Kim, B.C., Kannan, S., Evana, S.S., Li, L.: Analysis of CNT based 3D TSV for emerging RF applications. In: Electronic Components and Technology Conference (ECTC), 2011 IEEE 61st. S. 2056 (2011)

[GS03] Goplen, B., Sapatnekar, S.: Efficient thermal placement of standard cells in 3D ICs using a force directed approach. In: Computer Aided Design, 2003. ICCAD-2003. International Conference on. S. 86–89 (2003)

[GS05] Goplen, B., Sapatnekar, S.: Thermal via placement in 3D ICs. In: ISPD '05: Proceedings of the 2005 international symposium on Physical design. New York, NY, USA: ACM. S. 167–174 (2005)

[GS06] Goplen, B., Sapatnekar, S.: Placement of thermal vias in 3-D ICs using various thermal objectives. Comput-Aided. Des. Integr. Circuit. Syst. IEEE. Trans. **25**(4), 692–709 (2006)

[GS07] Goplen, B., Sapatnekar, S.: Placement of 3D ICs with thermal and interlayer via considerations. In: Sapatnekar, S. (Hrsg.): Proc. 44th ACM/IEEE Design Automation Conference DAC '07. S. 626–631 (2007)

[HLX+06] Hung, W.-L., Link, G. M., Xie, Y., Vijaykrishnan, N., Irwin, M. J.: Interconnect and thermal-aware floorplanning for 3D microprocessors. In: Link, G. M (Hrsg.): Proc. 7th International Symposium on Quality Electronic Design ISQED '06. S. 6–104 (2006)

[HNL12] Hertwig, J., Neubert, H., Lienig, J.: Modeling of thermal vias using CNT-based composites. In: Gerlach, G., Wolter, K.-J. (Hrsg.): Bio and nano packaging techniques for electron devices: Advances in electronic device packaging. Springer, Berlin. S. 601–620 (2012)

[HTNL11] Hertwig, J., Thiele, M., Neubert, H., Lienig, J.: Modellierung CNT-basierter thermischer Vias für den effektiven Wärmetransport. In: Tagungsband Dresdner Arbeitstagung Schaltungs- und Systementwurf (DASS 2011) 3.-4. Mai 2011, Dresden. S. 24–29 (2011)

[IDBL06] Incropera, F. P., DeWitt, D. P., Bergman, T. L., Lavine, A. S.: Fundamentals of heat and mass transfer, 6. ed. Wiley (2006)

[KJF+10] Kim, Y. J., Joshi, Y. K., Fedorov, A. G., Lee, Y.-J., Lim, S.-K.: Thermal Characterization of Interlayer Microfluidic Cooling of Three-Dimensional Integrated Circuits With Nonuniform Heat Flux. J. Heat. Transf. **132**(4), S. 041009 (2010)

[LHZ+06a] Li, Z., Hong, X., Zhou, Q., Zeng, S., Bian, J., Yang, H., Pitchumani, V., Cheng, C.-K.: Integrating dynamic thermal via planning with 3D floorplanning algorithm. In: ISPD '06: Proceedings of the 2006 international symposium on Physical design. New York, NY, USA: ACM. S. 178–185 (2006)

[LHZ+06b] Li, Z., Hong, X., Zhou, Q., Bian, J., Yang, H. H., Pitchumani, V.: Efficient thermal-oriented 3D floorplanning and thermal via planning for two-stacked-die integration. ACM Trans. Des. Autom. Electron. Syst. **11**(2), S. 325–345 (2006)

[LHZ+07] Li, Z., Hong, X., Zhou, Q., Zeng, S., Bian, J., Yu, W., Yang, H. H., Pitchumani, V., Cheng, C.-K.: Efficient thermal via planning approach and its application in 3-D floorplanning. Comput-Aided. Des. Integr. Circuit. Syst. IEEE. Trans. **26**(4), S. 645–658 (2007)

[LW10] Li, J.-F., Wu, C.-W.: Is 3D integration an opportunity or just a hype? In: Proceedings of the 2010 Asia and South Pacific Design Automation Conference. Piscataway, NJ, USA: IEEE Press, (ASPDAC '10). S. 541–543 (2010)

[NC74] Nath, P., Chopra, K.L.: Thermal conductivity of copper films. Thin. Solid. Film. **20**(1), S. 53–62 (1974)

[Neu11] Neubert, H.: Vorlesungsskript Thermischer Entwurf elektronischer Baugruppen und Geräte. Technische Universität Dresden, Fakultät Elektrotechnik und Informationstechnik, Institut für Feinwerktechnik und Elektronik-Design. (2011)

[PF09] Pavlidis, V.F., Friedman, E.G.: Three-dimensional integrated circuit design. Morgan Kaufmann (2009)

[QCY11] Qian, H., Chang, C.-H., Yu, H.: An efficient channel clustering and flow rate allocation algorithm for non-uniform microfluidic cooling of 3D integrated circuits. Integrat. VLSI J. http://dx.doi.org/10.1016/ j.bbr.2011.03.031 (in press) (2011)

[VSSS11] Venkatadri, V., Sammakia, B., Srihari, K., Santos, D.: A review of recent advances in thermal management in three dimensional chip stacks in electronic systems. J. Electro. Packag. **133**(4), S. 041011 (2011)

[WEGG+07] Wong, S., El-Gamal, A., Griffin, P., Nishi, Y., Pease, F., Plummer, J.: Monolithic 3D Integrated Circuits. In: VLSI Technology, Systems and Applications, 2007. VLSI-TSA 2007. International Symposium on. S. 1–4 (2007)

[WJYL11] Wang, T., Jeppson, K., Ye, L., Liu, J.: Carbon-nanotube through-silicon via interconnects for three-dimensional integration. Small. **7**(16), S. 2313–2317 (2011)

[WL11] Wu, T.-H., Lee, M.H.: The fabrication of poly-Si MOSFETs using ultra-thin high-K/metal-gate stack for monolithic 3D integrated circuits technology applications. In: Semiconductor Device Research Symposium (ISDRS), 2011 International. S. 1–2 (2011)

[WPL+09] Wei, H., Patil, N., Lin, A., Wong, H.-S. P., Mitra, S.: Monolithic three-dimensional integrated circuits using carbon nanotube FETs and interconnects. In: Electron Devices Meeting (IEDM), 2009 IEEE International. S. 1–4 (2009)

[XCS10] Xie, Y., Cong, J., Sapatnekar, S. (Hrsg.): Three Dimensional Integrated Circuit Design EDA, Design and Microarchitectures. Springer, (Integrated Circuits and Systems) (2010)

[XWCT07] Xu, T., Wang, Z., Chen, J., Miao X., Tan, C.M.: Aligned carbon nanotubes for through-wafer interconnects. Appl. Phys. Lett. **91**(042108), S. 1–3 (2007)

[YBTE02] Yang, H.-S., Bai, G.-R., Thompson, L.J., Eastman, J.A.: Interfacial thermal resistance in nanocrystalline yttria-stabilized zirconia. Acta Mater. **50**(9), S. 2309–2317 (2002)

[ZKZ+11] Zhang, Y., King, C.R., Zaveri, J., Kim, Y.J., Sahu, V., Joshi, Y., Bakir, M.S.: Coupled electrical and thermal 3D IC centric microfluidic heat sink design and technology. In: Electronic Components and Technology Conference (ECTC), 2011 IEEE 61st. S. 2037–2044 (2011)

[ZSADM11] Zanini, F., Sabry, M.M., Atienza, D., De Micheli, G.: Hierarchical thermal management policy for high-performance 3D systems with liquid cooling. Emerg. Sel. Top. Circuit. Syst. IEEE J. **1**(2), S. 88–101 (2011)

[ZZS06] Zhang, T., Zhan, Y., Sapatnekar, S.: Temperature-aware routing in 3D ICs. Design Automation, 2006. Asia and South Pacific Conference. S. 6 ff. (2006)

# Glossar

**3D-Integration:** Ermöglicht 3D-Baugruppen und 3D-Schaltkreise durch das Stapeln einzelner Schaltkreislagen (Tiers). Jede dieser Lagen besteht, wie bei 2D-Schaltkreisen, aus einer Bauelementeebene und mehreren Verdrahtungsebenen.

**Bauelement:** Funktionseinheit „unterhalb" der Hierarchieebene einer Zelle, z. B. Transistor, Widerstand oder Kondensator.

**Benchmark:** Vergleichsobjekt, um Verfahren hinsichtlich ihrer Leistungsfähigkeit bezüglich einer definierten Problemstellung gegenüberzustellen.

**Block:** Teilschaltung, die bei digitalen Schaltungen i. Allg. aus mehreren Zellen besteht. Analoge bzw. Mixed-Signal-Blöcke beinhalten Bauelemente bzw. Bauelemente und Zellen.

**Bonden:** Überbegriff für unterschiedliche Techniken zum Verbinden einzelner Schaltkreise. Beim Drahtbonden werden mithilfe dünner Drähte die Anschlusspads eines Schaltkreises kontaktiert. Das Chipbonden realisiert die Befestigung eines Nacktchips (Die) mit seinem Gehäuse. Die Flip-Chip-Montage ermöglicht eine elektrische Kontaktierung der Anschlusspads durch das Aufbringen von Lot oder leitfähigem Kleber. Das Waferbonden verbindet mehrerer Schaltkreislagen zu einem 3D-Schaltkreis.

**Bounding Box/Volume:** Vereinfachte geometrische Darstellung, welche komplexere dreidimensionale Körper umschließt. Typisch sind Rechtecke (2D) bzw. Quader (3D).

**Design Rule Check (DRC):** Verifikation der technologischen Realisierbarkeit des Layouts, indem die Einhaltung der technologisch bedingten Entwurfsregeln in der Layoutdarstellung kontrolliert wird.

**Die (Nacktchip):** Vollständig oder teilweise prozessierter, ungehäuster Schaltkreis, welcher durch Zerteilen eines Wafers entsteht.

**Ebene, Lage (Layer):** Entwurfsebenen, die in den meisten Fällen aus den unterschiedlichen Dotierungs- und Abscheidungsschritten der Schaltkreis-Herstellung resultieren. Für die Layoutsynthese sind insbesondere die Polyebene und die Metallebenen interessant, wobei letztere auch als Verdrahtungsebenen oder -lagen bezeichnet werden.

**Electrical Rule Check (ERC):** Der ERC stellt die elektrische Funktionstüchtigkeit des entworfenen Layouts sicher, indem man die elektrische Konsistenz des Layouts veri-

J. Lienig, M. Dietrich (Hrsg.), *Entwurf integrierter 3D-Systeme der Elektronik*,
DOI 10.1007/978-3-642-30572-6, © Springer-Verlag Berlin Heidelberg 2012

fiziert. Beispielsweise wird überprüft, ob keine Kurzschlüsse vorliegen, ob Transistoren mit Versorgungsleitungsnetzen verbunden und ob Transistorausgänge angeschlossen sind.

**Entwurfsschere:** Wachsende Diskrepanz zwischen technologisch möglicher und entwurfstechnisch beherrschbarer Schaltungskomplexität.

**Field Programmable Gate Array (FPGA):** Meistens digitale Schaltkreise, bestehend aus regelmäßig verteilten Basisblöcken (typischerweise aufgebaut aus Lookup-Tabellen und Flip-Flops) sowie einem programmierbaren Verbindungsnetzwerk.

**Finite Differenzen Methode:** Methode zur näherungsweisen Lösung partieller Differentialgleichungen durch Aufteilung des Gebietes in ein Rechengitter, Approximation der Ableitungen in den Gitterpunkten durch Differenzenquotienten und numerische Lösung des daraus gebildeten Systems von Differenzengleichungen.

**Finite Elemente Methode:** Methode zur näherungsweisen Lösung partieller Differentialgleichungen durch Aufteilung des Gebietes in eine endliche Anzahl von Teilgebieten, Formulierung von Ansatzfunktionen für diese und Lösung des daraus gebildeten Gleichungssystems mittels Variationsrechnung.

**Funktionaler Entwurf:** Der funktionale Entwurf befasst sich mit der Umsetzung bzw. Implementation der Spezifikationen für ein System in eine Beschreibung der nötigen Bestandteile des Systems auf einer niedrigeren Abstraktionsebene.

**GDSII:** Graphical Design Station II oder Graphic Data System II; Beschreibungssprache zur Darstellung von Layouts; dabei werden Polygone als eine Folge von Punkten beschrieben.

**HF:** Hochfrequenz (meistens ab MHz gebraucht).

**Histogramm:** Ausdrucksmittel der Statistik zur grafischen Darstellung von Häufigkeitsverteilungen. Dazu werden metrische Daten in Klassen eingeteilt. Die Zuordnung der einzelnen Datenpunkte erfolgt in Wertebereiche mit fester oder variabler Breite.

**Interposer:** Zwischenverdrahtungsebene zur Verbindung von Schaltkreisen innerhalb einer Baugruppe.

**Kontakt:** Durchkontaktierung bei Schaltkreisen zwischen Silizium (Poly- oder Active-Ebene) und unterster Metallebene, oft zum Anschluss einer Zelle an die Verdrahtungsebenen.

**Layout Versus Schematic (LVS):** Netzlistenvergleich, bei dem die zum Layoutentwurf benutzte originale Netzliste mit einer aus dem Schaltungslayout extrahierten Netzliste verglichen wird.

**Layoutentwurf:** Erstellen und Verifizieren der geometrischen Anordnung der Zellen bzw. Bauelemente und ihrer Verbindungen.

**Layoutrepräsentation:** Eine Layoutrepräsentation ist die rechnerinterne Abbildung eines Layoutproblems anhand abstrakter Datenstrukturen. In Kombination mit Permutationsoperationen zur Modifikation der zugrundeliegenden Datenstrukturen ermöglicht diese eine Layoutoptimierung.

**Layoutsynthese:** Rechnergestütztes Erstellen der geometrischen Anordnung der Zellen bzw. Bauelemente und ihrer Verbindungen. Eingangsinformationen sind die im Schaltungsentwurf erstellte Netzliste sowie Bibliotheksinformationen zu den Zellen und Technologie-Informationen. Ergebnis der Layoutsynthese ist die graphische, ebenenspezifische Abbildung aller Elemente der Schaltung, oft in einem sog. GDSII-Fileformat.

**Layoutverifikation:** Die Layoutverifikation umfasst i.Allg. die Prüfung des entworfenen Layouts auf seine technologische Realisierbarkeit (Design Rule Check, DRC), die elektrische Korrektheit (Layout versus Schematic, LVS) und seine elektrische Funktionstüchtigkeit (Electrical Rule Check, ERC).

**Low-Power Design:** Beschreibt den Entwurf mit Fokus auf geringe Leistungsaufnahme und führt damit auch zur Reduktion der auftretenden Verlustleistung eines Schaltkreises. Die breit gefächerten und alle Entwurfsstufen umfassenden Maßnahmen beinhalten beispielsweise das Verwenden kleinerer Versorgungsspannungen, das Anpassen der Logik zur Optimierung der Schaltvorgänge und die geschickte Wahl der Transistorgeometrien.

**Lösungsraum:** Die Menge aller abstrakten Lösungen eines gegebenen Problems.

**Makromodell:** Hierarchisch strukturiertes Modell, das in seiner Gesamtheit ein geschlossenes funktionales Element darstellt.

**Makrozelle:** Eine Zelle, meistens ohne Abmessungsvorgaben, die Einzelzellen zu einer funktionalen Einheit zusammenfasst.

**Manhattan-Metrik:** Bei der für die Schaltkreisverdrahtung typischen Manhattan-Metrik werden alle Verbindungen ausschließlich durch Wege in horizontaler und vertikaler Richtung realisiert.

**Modelica:** Standardisierte Beschreibungssprache für die physikalische Modellierung von Multi-Domain-Systemen.

**Multi-Chip-Modul (MCM):** Verbindungstechnik von mehreren Nacktchips in einem Gehäuse auf Basis von verschiedenen Techniken (z. B. Dickschichttechnik).

**Multi-Domain-System:** Ein System, das für seine Modellierung fachbereichsübergreifende physikalische Zusammenhänge (z. B. Mechanik, Elektrik, Regelungstechnik) benötigt.

**Netz, Signalnetz:** Menge von Pins/Anschlüssen gleichen Potenzials, welche elektrisch miteinander zu verbinden sind.

**Netzliste:** Alphanumerische Angabe von sämtlichen Signalnetzen einer Schaltung. Eine Netzliste enthält alle zu verbindenden Pins/Anschlüsse einer Schaltung und die jeweiligen, die Verbindung realisierenden Netze bzw. Netznamen.

**Pads (I/O-Pins):** Außenanschlüsse eines Verdrahtungsträgers. Diese sind oft Bondinseln in den Metallebenen, von denen aus der Verdrahtungsträger (z. B. Siliziumchip) mit den Gehäuseanschlüssen (z. B. IC-Anschlussbeine) mittels Drahtbonden verbunden wird.

**Physikalische Modelle:** Modelle, die das Systemverhalten auf der Grundlage physikalischer Gesetze und relevanter Größen beschreiben.

**Physischer Entwurf:** Beim physischen Entwurf erfolgt die Definition von Position und Größe der Bauelemente (Zellen) und ihrer Verbindungen untereinander sowie des Gehäuses.

**Pins:** Elektrische Anschlüsse einer Zelle bzw. eines Bauelements.

**Schaltungsentwurf:** Entwurf der elektrischen Verschaltung, d. h. Abarbeitung der Schritte von der Systemspezifikation bis zur Schaltplanerstellung. Ergebnis des Schaltungsentwurfs ist in der Regel eine Netzliste, welche die Bauelemente und ihre Verbindungen enthält.

**Schaltungslayout bzw. Layout:** Geometrische Repräsentation der Schaltung durch Polygone (Vielecke), die jeweils bestimmten Ebenen zugeordnet sind.

**Silicon-on-Insulator (SoI):** Speziell präpariertes Halbleitersubstrat, welches verbesserte Schaltungseigenschaften ermöglicht (z. B. geringere Leckströme). Bei einem SoI-Wafer befindet sich unter dem zu prozessierenden Siliziumsubstrat eine Isolationsschicht. Typisch ist etwa Siliziumdioxid.

**Simulated Annealing:** Heuristisches Optimierungsverfahren zur näherungsweisen Lösung hochkomplexer Optimierungsaufgaben, bei dem der Abkühlungsprozess von Metallschmelzen nachgebildet wird. Mit voranschreitendem Verlauf akzeptiert das Verfahren immer weniger (kostensteigernde) Eingriffe in die gegenwärtige Lösung. Findet beispielsweise bei der Platzierung von Zellen Anwendung.

**Standardzelle:** Zelle mit einer vorgegebenen Höhe mit dem Ziel der Reihenanordnung in einer Standardzellenschaltung.

**Streumatrizen:** Darstellung des Klemmenverhaltens einer analogen elektronischen Schaltung mit Hilfe einer Matrizendarstellung (Vierpoltheorie und Mehrtortheorie).

**System-in-Package (SiP):** Die Integration von diskreten Bauelementen und integrierten Schaltkreisen in einer elektronischen Baugruppe.

**System-on-Chip (SoC):** Integration von einem großen elektrischen System auf einem Chip (digitale und analoge Schaltungsteile).

**SystemC:** Simulations- und Modellierungssprache zur Beschreibung elektronischer Systeme. SystemC bietet unterschiedliche Abstraktionsniveaus, basiert auf C++ und erweitert diese verbreitete Programmiersprache um Funktionen zur Modellierung von Hardware.

**Through-Silicon Via (TSV):** Elektrisch leitende Durchkontaktierung durch den Substratwerkstoff zur Verbindung mehrerer Schaltkreislagen.

**Transmissionsmatrizen:** Darstellung des Klemmenverhaltens einer analogen elektronischen Schaltung mit Hilfe einer Matrizendarstellung (Vierpoltheorie und Mehrtortheorie).

**Verhaltensmodelle:** Mathematische Modelle, die das Verhalten eines Systems (z. B. Schaltungsverhalten) in einem begrenzten Parameterraum näherungsweise wiedergeben. Dabei ist ein unmittelbarer Bezug der Modellparameter zu den Parametern physikalischer Modelle des Systems meistens nicht gegeben. Verhaltensmodelle werden eingesetzt, um eine vergleichsweise schnelle Simulation zu ermöglichen.

**Verilog-AMS:** Standardisierte Beschreibungssprache von Mixed-Signal Schaltungen (AMS, analog mixed signal).

**Versorgungsnetze:** Stromversorgungs-/Power-Netz (Vdd) und Masse-/Ground-Netz (Vss/GND) zur Bereitstellung der Stromversorgung der Zellen.

**VHDL-AMS:** VHSIC hardware description language (VHSIC, very high speed integrated circuit); Standardisierte Beschreibungssprache von Mixed-Signal Schaltungen.

**Via:** Durchkontaktierung zur Verbindung von Leiterbahnen auf verschiedenen Metallebenen.

**Wellenleiter:** Darstellung des Verhaltens von elektrischen Leitungen mittels verteilter Parameter.

**XML:** Sprache zur Beschreibung hierarchisch geordneter Daten.

**Zelle:** Logische Funktionseinheit, die bei digitalen Schaltungen einem Gatter entspricht (INV, NAND, NOR usw.). Der Begriff wird hauptsächlich bei Standard- und Makrozellen-Schaltungen benutzt.

# Sachverzeichnis



J. Lienig, M. Dietrich (Hrsg.), *Entwurf integrierter 3D-Systeme der Elektronik*,
DOI 10.1007/978-3-642-30572-6, © Springer-Verlag Berlin Heidelberg 2012

MIX
Papier aus verantwortungsvollen Quellen
Paper from responsible sources
FSC® C105338

If you have any concerns about our products,
you can contact us on
**ProductSafety@springernature.com**

In case Publisher is established outside the EU,
the EU authorized representative is:
**Springer Nature Customer Service Center GmbH**
**Europaplatz 3, 69115 Heidelberg, Germany**

Printed by Libri Plureos GmbH
in Hamburg, Germany